岩溶缝洞型储集体地震预测与目标评价

——以塔河油田为例

漆立新　李宗杰　著

石油工业出版社

内 容 提 要

本书系统描述和总结了塔河油田碳酸盐岩缝洞型储集体地震预测与目标评价新方法、新技术，重点阐述了面向缝洞型储集体成像的高精度三维地震资料采集和处理关键技术，基于多尺度随机介质建模及正演模拟技术论述了复杂缝洞储层模型的地震响应特征，并列举了缝洞型圈闭描述技术及其应用的成功实例。

本书可供从事石油物探研究工作的科研生产技术人员和油气勘探专业研究生参考使用。

图书在版编目(CIP)数据

岩溶缝洞型储集体地震预测与目标评价——以塔河油田为例/漆立新,李宗杰著. —北京:石油工业出版社,2018.4

ISBN 978 - 7 - 5183 - 2483 - 5

Ⅰ. ①岩… Ⅱ. ①漆… ②李… Ⅲ. ①塔里木盆地 - 碳酸盐岩油气藏 - 油气勘探 - 地震勘探 - 研究 Ⅳ. ①P618.130.8

中国版本图书馆 CIP 数据核字(2018)第 045951 号

出版发行:石油工业出版社

　　　　(北京安定门外安华里 2 区 1 号楼　100011)

　　　　网　　址:www. petropub. com

　　　　编辑部:(010)64523543　图书营销中心:(010)64523633

经　销:全国新华书店

印　刷:北京中石油彩色印刷有限责任公司

2018 年 4 月第 1 版　2018 年 4 月第 1 次印刷

787 × 1092 毫米　开本:1/16　印张:15

字数:375 千字

定价:130.00 元

序 一

油气勘探工作是讲究科学的哲学思路的。

翻阅立新同志编著的这本《岩溶缝洞型储集体地震预测与目标评价——以塔河油田为例》，我看到了塔里木盆地海相碳酸盐岩油气勘探事业中的哲学精神。这些认知，是对客观世界认识以后的再实践，同时，这本专著是中国海相油气田勘探理论在塔河油田的技术实践，也是对焦方正同志十年前所著《海相碳酸盐岩非常规大油气田——塔河油田勘探研究与实践》在物探方法技术与岩溶地质理论相结合上的再认识，值得做进一步的研究与探讨。

塔里木盆地北部的缝洞型油藏，尤其是塔河油田，其地质条件的特殊性，在国内外油气勘探开发历史上可以说是极端典型甚至是绝无仅有。古隆起造就的鼻状构造和碳酸盐岩岩溶缝洞型储层在空间与时间上的叠置，岩溶历史、断裂体系、圈闭形成与油气运移关系错综复杂，这些都需要地质工作者选择合理的认知手段去分析、解剖、认知。本书所采取的现代岩溶地质（地貌）学和地球物理模型正演相结合不失为一个好的手段，前者提供了储层发育概率分布的理论基础，后者演绎了不同地质体在地球物理角度的识别可能。

在这本著作里，作者研究了塔河岩溶缝洞型油藏的特点，分析了地球物理勘探难点，提出了解决问题的思路与方法，针对地震资料采集、处理、解释这一基本程序，对岩溶缝洞型储层的勘探工作进行了深入而切合实际的分析，并开展了油气勘探工作的实践，取得了巨大的成功。及时总结这些理论、技术、方法和手段对于油气勘探工作者是非常有必要的。

都说地球物理资料是勘探家的眼睛，我们不仅要用好这双"千里眼"，还要将它发展成我们认识油藏、展现油藏的重要方法手段。面对信息化的未来，地球物理勘探作为最重要的勘探方法，与地质学的结合越发深入，我们仍然需要在学科融合上做深入的探索。

"上穷碧落下黄泉、两处茫茫皆不见"，已故著名地球物理学家赵九章先生这么形容地球物理学，就让我们用这句话来勉励在地球物理勘探上不懈努力、永不言弃的科研工作者。

中国工程院院士

2017.4.26.

序 二

塔里木盆地的油气勘探史是一部创业史，浓缩了 40 年来我们国家上下求索油气勘探的艰辛，是地质勘查工作者"三光荣"精神的升华，也是石油工作者"三老四严"精神的体现；塔里木盆地的油气勘探史也是一部物探技术进步史，既生动展现了我们物探工作者"卷席筒"的艰苦创业精神，也展现了物探技术人员不懈追求科技进步的每一个脚印。我们欣慰地看到，近年来物探技术的整体推进，在山前带地震勘探、沙漠区地震采集与处理解释等都取得了突破性的进展，这也使国内油气勘探工作者在推进缝洞型油藏勘探这一全新领域的占领认知高点具备了条件。从这个意义上说，我们取得的是"两论"在油气勘探事业具体运用的又一次胜利。

特殊条件下形成的岩溶缝洞，其复杂的空间结构已经远超我们想象，无论是广西桂林的冠岩还是贵州绥阳的双河溶洞，以及暴露在这些景观周围广阔的碳酸盐岩地层，目光所及，都会无比的震撼，感叹大自然的鬼斧神工。但是当这些景观、地层被破坏、被压实、被再次改造，然后沉寂于地下 5000 余米，充注着原油、天然气和水，形成当今的油藏，又该如何认识它？《岩溶缝洞型储集体地震预测与目标评价——以塔河油田为例》的著者用 20 年时间潜心研究与积极实践，从地震勘探角度向我们展现了塔里木盆地北部塔河油田岩溶缝洞型油藏的面貌。通过这本著作可以看到，对于这一特殊地质现象的认识，从表观构造到深入细致空间描述，对于问题的提出、分析、对策、化解、实践、再认识的全过程。尤为难得的是，从这本著作也能够了解到从地震勘探角度为了解目标所应当分步骤考虑的地震资料采集、处理、解释，以及应当系统构建的科学构架。

这本著作的更大亮点在于，为勘探工作者提供了充分利用地球物理资料、系统解决问题的思路，它已不是单纯的地球物理技术参考书，而是面向复杂地质条件下勘探工作者应当如何思考问题，制订全面攻关计划的范例。这是深入的"矛盾论""实践论"在科研工作中的具体体现，也是每一个科技工作者所应遵循的系统论的工作方法。

塔里木盆地的油气勘探开发关系到国家石油工业的未来与国家能源安全，我衷心地希望本书的著者，能够继续为塔里木油气勘探开发事业实现新的跨越做出更大贡献，也希望本书的读者，能够汲取有益的思路与方法，运用于更广阔的科学技术领域中去。

中国工程院院士

2017.5.16

前　　言

　　塔里木盆地塔河油田奥陶系碳酸盐岩特大型油气藏是埋藏深度大于 5300m 的超深层、碳酸盐岩缝洞型储层大面积连片不均匀含油、不具有统一油水界面的复杂油气藏。碳酸盐岩储层发育带的成功预测是勘探评价乃至开发动用的技术关键。奥陶系碳酸盐岩储层类型以缝洞型为主，发育极不规则，纵横向非均质性强，储层预测难度大，属于世界级难题。经过多年的攻关研究和勘探评价与开发实践，储层预测技术取得了重要进展，形成了针对碳酸盐岩缝洞型储集体的高精度三维地震资料采集、处理和解释一体化技术，应用该技术提高了断裂体系特征描述及古岩溶地貌刻画精度，细分了断裂的期次、级别，精细雕刻了岩溶残丘、古地表水系及地下暗河系统。在此基础上建立了塔河油田古岩溶发育模式及"串珠状"地震反射为主的缝洞体识别模式，明确了岩溶发育特征及纵横向展布规律。高精度三维地震技术应用进一步提高了缝洞型储集体三维空间识别与量化精度，建立了碳酸盐岩缝洞型圈闭评价与目标优选技术，提高了钻井命中率，为塔河奥陶系碳酸盐岩特大型油气田的勘探开发提供了技术支撑。

　　本书是多年来对塔河油田奥陶系碳酸盐岩缝洞型油气藏三维地震技术攻关研究及应用成果的系统总结，是针对奥陶系碳酸盐岩缝洞型储集体这一特殊地质对象的地震资料采集、处理和解释一体化与地质的有机结合，形成了塔河油田奥陶系碳酸盐岩储层地震预测的方法技术系列，实现了针对碳酸盐岩缝洞体的目标评价，是全体奋斗在塔河油田技术人员智慧的结晶。本书共分五章，第一章介绍了塔河油田奥陶系碳酸盐岩缝洞型储层预测技术发展历程；第二章重点阐述了塔河油田奥陶系碳酸盐岩缝洞型储集体成像的高精度三维地震资料采集、处理关键技术；第三章论证了如何基于缝洞型储层岩石物理特征分析、多尺度随机地震地质模型的建立及其正演模拟技术，建立缝洞型储层地震识别模式；第四章系统总结了缝洞型储层预测关键技术，形成包括缝洞型储层的识别模式和缝洞型储层预测关键技术系列；第五章列举了碳酸盐岩缝洞型圈闭描述技术及其应用的成功实例。本书主要由漆立新、李宗杰编写，刘群、顾汉明、马学军、禹金营、邓光校、王震、马灵伟等参与部分内容编写。

　　由于碳酸盐岩缝洞型油气藏储集体预测、描述与评价难度大，本书有些观点和认识可能存在不妥之处，敬请广大读者批评指正！

目　　录

第一章　概　　述

第一节　岩溶缝洞型储集体基本地质特征

塔河油田位于新疆轮台县、库车县境内,构造上处于塔里木盆地沙雅隆起轮台断裂带南部(奥陶系碳酸盐岩分布区)。涉及沙雅隆起次级构造单元如阿克库勒凸起、哈拉哈塘凹陷、草湖凹陷及顺托果勒低隆起和满加尔坳陷的北部(图1-1)。塔河油田奥陶系碳酸盐岩油气藏主要油气产层为奥陶系鹰山组及一间房组。

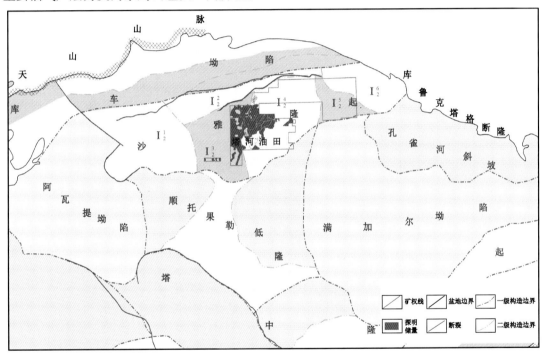

图1-1　塔河油田区域构造轮廓与构造位置图

沙雅隆起(塔北隆起)的次级构造单元:I_2^1—沙西凸起;I_2^2—雅克拉断凸;I_2^3—哈拉哈塘凹陷;I_2^4—阿克库勒凸起;

I_2^5—草湖凹陷;I_2^6—库尔勒鼻凸

一、钻遇地层特征

塔河油田钻井揭示的地层有:寒武系、奥陶系、下志留统、上泥盆统、下石炭统、下二叠统(火山岩)、三叠系、下侏罗统、白垩系、古近系、新近系和第四系(表1-1)。钻井揭示最老地层为上寒武统下丘里塔格群,钻达深度8408m(塔深1井)。由于多期构造运动对沙雅隆起区的剥蚀与沉积作用的控制,表现出各构造单元在不同的构造活动期地层剥蚀与残存状态迥异。尤其是海西运动早期,造成了沙雅隆起主体部位志留系—中泥盆统剥蚀殆尽,甚至奥陶系也遭受不同程度的剥蚀。

表1-1 阿克库勒凸起钻井揭示地层简表

界	系	统	组（群）	地层代号	岩性特征	厚度（m）	代表井	沉积相
新生界	第四系			Q	灰白色砂层及黄灰色黏土层	63	TS1	三角洲—河流—湖泊—洪积相
	新近系	上统	库车组	N_2k	浅灰、灰白色粉砂岩、细砂岩与黄灰色泥岩、粉砂质泥岩略等厚互层	2009	TS1	
		下统	康村组	$N_{1-2}k$	浅灰、灰白色粉砂岩、细砂岩与黄灰、棕褐色泥岩、粉砂质泥岩等厚互层，泥岩中常含分散状石膏	1052	TS1	
			吉迪克组	N_1j	上部黄、棕褐色泥岩段；中部为蓝灰色泥岩段；下部为棕褐色泥岩段，夹粉细砂岩	694	TS1	
			苏维依组	N_1s	灰白、黄褐、棕红色细砂层、粉砂岩为主，夹棕褐色泥岩、灰白色含砾中—细砂岩	306	TS1	
中生界	古近系	上统	库木格列姆群	K_2-E	上部灰白、黄褐色中—细砂岩、粉砂岩为主夹泥岩；下部灰白、黄褐色细砂岩、粉砂岩略等厚互层夹泥岩	745	TS1	三角洲平原
	白垩系	下统	卡普沙良群	K_1kp	上部棕红色泥岩为主，夹粉—细砂岩；中部棕褐、绿灰色粉砂质泥岩为主，夹粉砂岩、泥页岩；底部含砾中—粗砂岩	436	TS1	辫状河三角洲
	侏罗系	下统		J_1	浅灰、灰黄色含砾中—粗砂岩、细—中砂岩为主，与绿灰色粉砂质泥岩及泥岩、碳质页岩互层，夹煤线	76	TS1	河流—沼泽相
	三叠系	上统	哈拉哈塘组	T_3h	上部深灰色泥岩、砂质泥岩夹浅灰色粉细砂岩，下部浅灰色中—细砂岩、粉砂岩与深灰色泥岩不等厚互层	174	TS1	辫状河三角洲—滨浅湖相
		中统	阿克库勒组	T_2a	上部深灰、灰黑色泥岩与灰白色细砂岩、粉砂岩略等厚互层；下部为灰色、灰白色巨厚砂岩段夹灰绿色、深灰色泥岩	298	TS1	
		下统	柯吐尔组	T_1k	深灰色泥岩、泥页岩夹灰、灰绿色粉砂岩、细砂岩	120	TS1	
古生界	二叠系	下统		P	安山岩、英安岩、玄武岩、凝灰岩及火山碎屑岩	163	HT1	扇三角洲相，潮坪相
	石炭系	下统	卡拉沙依组	C_1kl	上部棕褐、褐灰色泥岩、粉砂质泥岩与灰色粉细砂岩不等厚互层；下部深灰、棕褐色泥岩、粉砂质泥岩	537	TS1	
			巴楚组	C_1b	顶部深灰色灰岩夹深灰色含膏泥岩，中上部为深灰色泥岩，下部以砂砾岩为主	235	TS1	潟湖—潮坪相
	泥盆系	上统	东河组	D_3d	以砂砾岩为主，由褐灰、灰色砂砾岩、石英砂岩、浅灰色粉砂岩组成几个反韵律组合	80	AD1	滨海海岸沙坝
	志留系	下统	塔塔埃尔塔格组	S_1t	上段灰白色粉砂岩与灰绿色、紫红色泥岩夹砂岩，下段黄灰色、灰褐色砂岩夹褐红色、灰绿色泥岩，砂岩中含沥青	480	TP39	潮坪相

地层			地层代号	岩性特征	厚度（m）	代表井	沉积相
界	系	统	组（群）					

界	系	统	组（群）	地层代号	岩性特征	厚度（m）	代表井	沉积相
古生界	志留系	下统	柯坪塔格组	S_1k	灰绿色泥岩、灰、棕褐色灰质泥岩与浅灰色细粒岩屑石英砂岩、细粒含沥青质岩屑石英砂岩等厚—略等厚互层	225	TP39	潮坪相
	奥陶系	上统	桑塔木组	O_3s	绿灰、灰绿色泥质、灰质粉砂岩、粉砂质泥岩夹泥岩；中段灰、浅褐灰色泥—粉晶灰岩、粉砾生屑灰岩及角砾状灰岩与粉砂质泥岩、泥灰质粉砂岩、泥岩不等厚互层	600	TP39	混积陆棚相
			良里塔格组	O_3l	褐灰色泥微晶灰岩、粉—细晶灰岩、角砾状生屑灰岩	120	S101	
			恰尔巴克组	O_3q	上段紫红色泥质灰岩及瘤状泥灰岩夹暗棕色灰质泥岩；下段灰色、棕红色泥微晶灰岩夹绿灰色泥质条带	25	S101	广海陆棚相
		中统	一间房组	O_2yj	灰白、灰色含生物屑、亮晶砂屑灰岩、泥微晶灰岩及细—粉晶灰岩，夹层孔虫—海绵礁灰岩、藻粘结灰岩	120	S101	局限台地—开阔台地—台地浅滩相
		下统	鹰山组	$O_{1-2}y$	黄灰、浅褐灰色泥微晶灰岩、细—粉晶灰岩、亮晶砂屑灰岩，局部夹浅灰色白云质灰岩、灰质白云岩	900	TS1	
			蓬莱坝组	O_1p	上部为灰白色白云质灰岩、灰质白云岩、泥微晶藻白云岩、砂砾屑白云岩；下部为细晶白云岩、中晶白云岩夹粉晶白云岩、深灰色硅化白云岩	400	TS1	
	寒武系	上统	下丘里塔格群	$\bigin_3ql$	灰色、浅灰及深灰色泥晶粉晶白云岩、细晶白云岩、中晶白云岩、粗晶白云岩等呈略等厚互层，夹灰色、浅灰色碎裂化中—细晶白云岩	800	TS1	局限台地—开阔台地相
		中统	阿瓦塔格组	$\bigin_2a$	台地区以白云岩为主，夹泥质白云岩、含膏泥岩；台缘区岩性主要为深灰、浅灰色粉晶白云岩、细晶白云岩以及鲕粒云岩、亮晶砂屑云岩、藻粘结白云岩及碎裂化白云岩等	1000	S7	局限台地
			沙依里克组	$\bigin_2s$	灰、深灰、灰褐色粉晶白云岩	100	YH5	潮坪
		下统	吾松格尔组	$\bigin_1w$	深灰、灰色、灰黑色泥质白云岩、云质泥岩和白云岩不等厚互层	250	YH10	潮坪
			肖尔布拉克组	$\bigin_1x$	灰色、深灰色粉晶云岩、灰质云岩和硅质云岩	400	XH1	缓坡台地
			玉尔吐斯组	$\bigin_1y$	黑灰色碳质页岩、浅灰色硅质岩	50	XH1	斜坡—盆地

界	系	统	组（群）	地层代号	岩性特征	厚度（m）	代表井	沉积相
新元古界	震旦系	上统	奇格布拉克组	Z_2q	上部为深灰、灰色泥晶白云岩、灰色砂屑泥晶白云岩、角砾状泥晶白云岩、浅灰色灰质泥晶白云岩，局部夹深灰色藻屑泥晶白云岩；中部灰、浅灰色泥晶白云岩、粉晶白云岩、灰黑、深灰色泥质泥晶白云岩，局部夹灰黑、深灰色泥晶灰岩、白云质泥岩；下部为浅灰色白云质泥晶灰岩、深灰色含白云质泥晶灰岩、浅灰色泥质泥晶灰岩、浅灰、浅棕色粉晶灰岩，局部夹灰色泥质泥晶白云岩、泥晶白云岩，底部为浅棕色泥质泥晶灰岩	240	XH1	台内藻礁
		下统	苏盖特布拉克组	Z_1s	褐色泥岩	40	XH1	台地—台缘

二、寒武—奥陶系沉积特征

（一）寒武系

据沙雅隆起西部星火1井钻遇34m下寒武统玉尔吐斯组黑色泥页岩及震旦系与寒武系间的地震反射结构特征，推测寒武纪早期沙雅隆起上广泛沉积陆棚—斜坡相泥页岩，构成了震旦系白云岩与寒武系黑色泥页岩的储盖组合。更为重要的是这套陆棚—斜坡相泥页岩广泛分布于吐木休克—塔中Ⅰ号断裂以北，包括现今的阿瓦提坳陷、顺托果勒低隆起和沙雅隆起，现今深埋于海拔9000m以下，是塔里木盆地最重要的烃源岩系（漆立新等，2015）。

在全球海平面上升及持续拉张的地质背景下，形成塔里木规模宏大的碳酸盐岩台地（傅恒，2011），露头及地震资料显示沙雅隆起、阿瓦提坳陷、顺托果勒低隆起稳定分布下寒武统肖尔布拉克组—中寒武统阿瓦塔格组厚达1000余米白云岩夹石灰岩、含膏云岩沉积，但膏云岩发育规模较小，不足以形成区域分布的潟湖相沉积。

塔河油田仅有塔深1井钻遇上寒武统下丘里塔格群，未穿，钻遇厚度1524m。主要为台地相灰色、浅灰及深灰色泥晶粉晶白云岩、细晶白云岩、中晶白云岩、粗晶白云岩等呈略等厚互层，夹灰色、浅灰色中—细晶白云岩。局部发育台地边缘"建隆"，岩性主要为亮晶砂屑云岩、亮晶鲕粒云岩、泥晶鲕粒云岩、薄层藻粘结云岩等生物屑云岩（云露，2008）。

（二）中—下奥陶统

塔河油田中—下奥陶统受海西早期构造运动剥蚀，总体上呈南厚北薄，地层厚度为1100～1700m。靠近轮台断裂，中奥陶统一间房组和下奥陶统鹰山组上部受到不同程度的构造剥蚀。通过岩相古地理与构造剥蚀恢复，原始地层厚度在1700m左右。主要为一套海相台地相（局部发育小面积的点滩）碳酸盐岩沉积。

依据岩性及测井曲线特征，中—下奥陶统自下而上可划分为：蓬莱坝组、鹰山组、一间房组。下奥陶统蓬莱坝岩性上部为灰白色白云质灰岩、灰质白云岩、泥微晶藻白云岩、砂砾屑白云岩；下部为细晶白云岩、中晶白云岩夹粉晶白云岩、深灰色硅化白云岩；厚度599m（于奇6

井）。塔河油田区早奥陶世蓬莱坝组沉积时期，延续了寒武纪沉积格局，为开阔台地碳酸盐岩沉积，向东逐渐过渡为台地边缘、斜坡及盆地相。

中—下奥陶统鹰山组岩性主要为浅褐灰色泥微晶灰岩、细—粉晶灰岩、亮晶砂屑灰岩，局部夹浅灰色白云质灰岩、灰质白云岩，厚度约1050m。早奥陶世—中奥陶世早期鹰山组沉积时期继承了蓬莱坝组沉积时期的沉积特点，塔河油田区为开阔台地相并向东逐渐过渡为台地边缘、斜坡及盆地相。

中奥陶统一间房组岩性主要为黄灰、灰、褐灰色砂屑灰岩、含生物屑或鲕粒灰岩、亮晶砂屑灰岩、泥微晶灰岩及细—粉晶灰岩，夹暗色燧石团块、层孔虫—海绵礁灰岩、藻粘结灰岩，厚度140m。塔河油田区中奥陶世一间房组沉积时期在鹰山组沉积时期开阔台地相的基础上进一步扩大乃至鼎盛，水体变浅，生物繁盛，在广大的开阔台地的东部发育小规模台地边缘礁体，向东逐渐过渡为斜坡、盆地相。

（三）上奥陶统

上奥陶统仅残留分布在轮台断裂带以南，塔河油田主体的阿克库勒凸起高部位被海西早期构造剥蚀。钻井揭示自下而上可划分为：恰尔巴克组、良里塔格组、桑塔木组。

发生在中奥陶世末的加里东中期Ⅰ幕运动在塔河油田区表现较弱，仅剥蚀了一间房组顶部，造成了一间房组与上奥陶统恰尔巴克组平行不整合关系。晚奥陶世，塔里木发生了两次可与全球对比的大规模海侵（傅恒，2011）。第一次海侵发生于晚奥陶世的早期（恰尔巴克组沉积时期）淹没了塔里木北部低隆区，沉积了恰尔巴克组深水台地相；随着海平面相对下降，在恰尔巴克组深水台地相的基础上发育良里塔格组沉积时期塔里木北部孤立台地，南东方向为缓坡向深水区沉积减薄，北部以亚南断裂为界推测有台缘碳酸盐岩建造并向北过渡为陆棚泥页岩沉积（漆立新等，2015）。第二次海侵（桑塔木组沉积时期）致使良里塔格组沉积时期碳酸盐岩孤立台地消亡，进入桑塔木组沉积时期混积陆棚及浊积盆地相沉积。

（1）恰尔巴克组：平行不整合于中奥陶统一间房组之上，岩性为棕褐、棕红色泥灰岩、瘤状泥灰岩，厚度25～30m，属深水台地相。塔河油田区往南相变为混积陆棚，往东由混积陆棚过渡到盆地相。

（2）良里塔格组：与恰尔巴克组整合接触，岩性为灰、深灰、褐灰色泥微晶灰岩、生屑灰岩、砾屑灰岩、鲕粒灰岩，夹含泥灰岩，局部发育小型生物礁，为开阔台地相。在塔河油田主体被剥蚀，往南钻井揭示厚度为几米至170m，反映向南、向东由具有缓坡的由于水体加深而沉积减薄并逐渐相变为混积陆棚相；塔河油田主体以北推测为具陡坡的台缘碳酸盐岩建造，沉积厚度大于170m。

（3）桑塔木组：本组是海侵产物，在良里塔格组沉积时期孤立碳酸盐岩台地淹没、消亡的基础上沉积了一套陆棚—混积陆棚相的灰色灰质泥岩、泥岩为主夹泥微晶灰岩，沉积厚度为548m并向南、向东增厚。塔河油田区为混积陆棚—陆棚相，往南、向东则过渡到陆棚及浊积盆地相。

三、构造沉积演化特征

塔河油田区涉及塔里木盆地沙雅隆起、顺托果勒低隆起构造单元，本书着重论述古生代塔里木盆地构造与沉积演化在沙雅隆起及其周缘的表现。

塔里木盆地是大型复合叠加盆地。在早古生代就经历了稳定克拉通盆地阶段（Z—O$_2$）和被动陆缘盆地阶段（O$_3$—S）两期盆地叠加即加里东构造运动与沉积演化；晚古生代经历了克拉通周缘坳陷、陆内裂谷、前陆盆地三期盆地叠加即海西构造运动与沉积演化。

（一）早古生代构造沉积演化

1. 塔里木中部古陆的形成与塔里木运动

塔里木运动相当于华南的晋宁运动，是元古宙晚期的一次重要构造运动，以震旦系与前震旦系之间的不整合为代表。塔里木运动标志着盆地前震旦系基底构造演化结束和盆地基底最终形成并进入盆地发展演化阶段，是盆地演化过程中发生的最重要的构造事件之一，这次运动之后塔里木盆地接受了真正的未变质的盖层沉积。震旦纪联合古陆解体，在现塔里木盆地中部残存一呈东西向展布，东西长约600km、南北宽80～120km的古陆即塔中—巴楚古隆起，古陆的北界为图木休克—塔中Ⅰ号断裂，南界为色力布亚—玛扎塔格塘北断裂带。古陆之北为南天山洋，之南为昆仑洋。钻井证实，塔中—巴楚古隆起缺失震旦纪—寒武纪早期（玉尔吐斯组沉积时期）沉积，如同1、玛北1、巴探5、塔参1均钻遇花岗片麻岩，测得锆石年龄为755～790Ma，表现为古陆特征。古陆的活动控制了南天山洋、昆仑洋海域的海相沉积相带分布。震旦纪第一套沉积地层分布于古陆南北两侧的变质岩基底上，主要为陆相冰碛岩。在震旦纪晚期拉张、海侵背景下，沉积台地相奇格布拉克组石灰岩。塔河油田区广泛分布震旦系陆相冰碛岩、台地相奇格布拉克组石灰岩。

2. 寒武纪玉尔吐斯组沉积时期深水泥页岩沉积与加里东早期运动Ⅰ幕

加里东早期运动Ⅰ幕又称柯坪运动，发生在震旦纪末，形成震旦系与寒武系平行不整合（地震T_9^0）。在柯坪隆起，下寒武统玉尔吐斯组石灰岩、硅质泥页岩和磷块岩平行不整合于上震旦统奇格布拉克组白云岩之上，后者顶部白云岩发育古岩溶；库鲁克塔格隆起也可见下寒武统西山布拉克组薄层硅质岩、白云岩和含磷泥岩平行不整合于上震旦统汉格尔乔克组块状含砾砂岩和微晶白云岩之上；孔雀河斜坡西部尉犁1井下寒武统西山布拉克组直接覆盖于下震旦统育肯沟组之上；古城虚隆起塔东1、塔东2井下寒武统西山布拉克组不整合于南华系白云岩之上；卡塔克隆起东部塔参1井中寒武统直接覆盖于南华系侵入岩之上；巴楚隆起方1井、和4井下寒武统肖尔布拉克组则覆于震旦系白云岩和火山岩之上；沙雅隆起星火1井揭示寒武系玉尔吐斯组平行不整合与震旦系奇格布拉克组白云岩之上。反映了加里东早期运动Ⅰ幕造成了巴楚—塔中古陆（隆起）进一步隆升剥蚀，而古陆的南北两侧则沉陷，接受沉积。寒武纪初期（玉尔吐斯组沉积时期）进一步拉张、海侵作用，淹没了奇格布拉克组沉积时期碳酸盐岩台地。在古陆南北两侧沉积了陡岸的滨海相碎屑岩，而滨海之外广泛而稳定沉积了浅海陆棚—斜坡相泥页岩。根据露头及星火1井、库南1井、尉犁1井等揭示以深水陆棚—斜坡相黑色泥页岩为主，厚度34～26m，分布广泛，构成盆地具有勘探意义的第一套区域烃源岩。塔河油田区玉尔吐斯组沉积时期陆棚相泥页岩发育，构成了现今油藏下伏直接烃源岩供烃的沉积基础。

3. 塔里木稳定克拉通碳酸盐岩建造（$\text{Є}_1 x$—O_2）与加里东早期运动

加里东早期运动在塔里木表现持续拉张的背景。寒武纪—中奥陶世，持续的全球海平面上升淹没了塔中—巴楚古陆，使其为一个宽缓（低）台隆，并广泛向南北两侧洋盆方向加积形成南北大于400km、东西大于700km、纵向叠加厚度大于4300m，平面分布面积大于$30 \times 10^4 km^2$的联合台地。寒武纪末发生在塔里木碳酸盐岩台地上加里东早期运动Ⅱ幕的暴露剥蚀与此时全球海平面下降有关，处在拉张构造背景下的塔里木碳酸盐岩台地，在生长过程中发生的短暂暴露主要受控于全球海平面下降。

由于早寒武世玉尔吐斯组沉积期末的海平面上升,塔中—巴楚古陆淹没而形成以古陆为核心的早寒武世(肖尔布拉克组沉积时期)—中奥陶世(一间房组沉积时期)统一的大型碳酸盐岩台地。分布面积30多万平方千米,纵向叠加厚度4300多米。寒武纪碳酸盐岩沉积厚度2000余米,在中寒武世,古陆及其附近为蒸发环境下膏盐岩发育的局限台地(实钻井普遍钻遇厚达300m的中寒武统膏盐岩,地震剖面解释膏盐岩不连续发育面积在 $14 \times 10^4 km^2$ 以上)。在古陆以北、以南向洋盆地区则表现为开阔台地向深水盆地过渡的碳酸盐岩沉积建造,膏盐岩不发育。晚寒武世由于海平面再度上升,形成了面积广大的统一台地,并为奥陶纪早—中世开阔碳酸盐岩台地发育奠定了基础。中—下奥陶统整体表现为开阔台地碳酸盐岩建造。最大沉积厚度达2300余米,平面分布面积大于 $30 \times 10^4 km^2$,为塔里木盆地下古生界碳酸盐岩缝洞型储层提供了稳定的物质基础。

4. 早古生代被动陆缘盆地阶段(O₃—S)与加里东中、晚期运动

1)加里东中期运动与奥陶纪晚期被动陆缘盆地沉积

加里东中期运动在塔里木有三幕,第一幕发生在中奥陶世末,第二幕发生在奥陶纪晚期,第三幕发生在奥陶纪末。

(1)加里东中期运动Ⅰ幕与盆地沉积演化:加里东中期运动Ⅰ幕发生在中奥陶世末,形成中—下奥陶统与上奥陶统之间角度、平行不整合,即地震 T_7^4 界面。该构造变动是北昆仑洋向其南部的中昆仑微陆块强烈俯冲,其缝合带(蛇绿岩带)主要沿乌依塔格—库地—阿其克库勒湖一线分布,导致塔里木陆块南缘由拉张背景转变为挤压。其结果是塔里木陆块内部由南向北挤压形成近东西走向的隆、坳格局,造成了塔里木盆地寒武纪—中奥陶世统一的大型碳酸盐岩台地消亡,并使得前述塔中—巴楚古陆复活,隆升剥蚀,古隆起带钻井普遍缺失一间房组和鹰山组上段,恰尔巴克组直接覆盖在鹰山组之上,中—下奥陶统剥蚀最大厚度500~600m。但沙雅低隆起隆升幅度小,钻井表现为恰尔巴克组覆盖在一间房组之上,仅缺失中奥陶统2~3个牙行刺带。据加里东中期运动Ⅰ幕构造运动在各地表现特征,将盆地内碳酸盐岩分布区加里东中期Ⅰ幕古地质单元划分为:西南坳陷、麦盖提—塘古斜坡、巴楚—塔中隆起、阿东—顺托—顺南斜坡、阿瓦提—满加尔坳陷、塔北斜坡、沙雅低隆起。这些古构造单元均呈东西向展布,是由南向北逐步挤压应力作用的结果。此次暴露剥蚀与全球海平面下降同步,由于巴楚—塔中隆起中—下奥陶统碳酸盐岩普遍遭到剥蚀(剥蚀厚度达500~600m),岩溶储层相对发育,而沙雅低隆起及阿东—顺托—顺南斜坡、阿瓦提—满加尔坳陷、塔北斜坡仅部分缺失奥陶系一间房组顶部地层,岩溶作用不太发育。盆地性质由克拉通被动大陆边缘向前陆盆地(在塔西南为周缘前陆盆地)转化。由于南缘北昆仑—阿尔金洋渐次关闭导致了晚奥陶世早期(恰尔巴克组沉积时期)海侵开始了碳酸盐岩台地的第一次淹没——深水台地沉积、晚奥陶世中期(良里塔格组沉积时期)海平面上升与隆起复活——孤立台地沉积、晚奥陶世晚期(桑塔木组沉积时期)裂陷槽盆浊积岩相快速沉积。

(2)塔里木下古生界(O₃)深水陆棚—浊积盆地沉积:晚奥陶世再次海侵,原复活的古隆起均淹没于水下,由于古陆南北两侧断裂性质由加里东中期运动Ⅰ幕的逆冲而转变为良里塔格组沉积时期的生长正断层,形成塔中—巴楚(南北具备台缘的"浅水台地")、沙雅低隆起(北部台缘和南部缓坡的"深水台地")两大分离台地,其间以深水海槽相隔。加里东中期运动Ⅱ幕发生在晚奥陶世中期,形成上奥陶统内部的良里塔格组与桑塔木组岩性界面,即地震 T_7^2 界面。加里东中期运动Ⅱ幕是在北昆仑—阿尔金洋关闭隆升过程中及东北缘库鲁克塔格形成的

边缘隆起提供大量物源注入于满加尔、塘古近东西向延伸海槽浊流沉积由东往西推进有关。并造成良里塔格组沉积时期两大孤立碳酸盐岩台地第二次淹没接受了浅海陆棚沉积。由于奥陶纪晚期桑塔木期槽盆区扩大，表现为台地淹没和桑塔木组混积陆棚的广泛发育。塘古—麦盖提及其以南、阿东—顺托—顺南、满加尔—阿瓦提为槽盆浊积沉积，构成广泛覆盖的区域盖层。造就了塔里木寒武纪—中奥陶世统一的大型碳酸盐岩台地之上覆盖巨厚的上奥陶统泥岩盖层。从地震层序结构看，隆起区上奥陶统陆棚相桑塔木组沉积最大厚度约 1000 余米，而槽盆区浊积岩相沉积厚度达 2000m 至 5000 余米（不包括加里东中晚期—海西早期剥蚀厚度），是加里东中期运动Ⅰ幕古构造背景下，下古生界碳酸盐岩的直接区域盖层。

（3）加里东运动中期Ⅲ幕与志留纪沉积：发生于奥陶纪末期的加里东中期运动Ⅲ幕构造运动是受北昆仑洋关闭影响，造成吐木休克—塔中Ⅰ号断裂带及其以南冲断隆升、剥蚀。自盆地南缘向塔中—巴楚隆起发生由南向北冲断隆升，致使上奥陶统剥蚀厚度达 1000m 以上，是志留系沉积的物源区。受塔中Ⅰ号—吐木休克断裂的控制，下志留统柯坪塔格组下段仅分布于断裂下盘，中上段不同层位越过断裂带由北往南超覆沉积于加里东中期运动Ⅲ幕构造活动带上。而天山洋仍处于拉张沉积阶段，表现在塔中Ⅰ号—吐木休克断裂下盘至塔里木北部广大地区上奥陶统基本未遭受剥蚀，上奥陶统与下志留统为假整合—过渡沉积。志留纪早期具有拉张期深水陆棚沉积特点，中—晚期沉积进一步扩大。南天山地区中—下志留统为巨厚碳酸盐岩—碎屑岩夹多期火山岩，厚度 2000~6000m；上志留统为碳酸盐岩，厚度 1600m；志留系顶部为火山碎屑岩夹硅质岩和石灰岩，厚度 1300m；南天山志留系累计厚度 4900~8900m。推测塔里木南部边缘为滨浅海碎屑岩沉积，厚度约 3500m；塘南—麦盖提、塔中—巴楚为浅海碎屑岩、碳酸盐岩台地沉积，厚度可达 4000m；而吐木休克—塔中Ⅰ号断裂带以北至塔北地区则为浅海陆棚相碎屑岩夹碳酸盐岩沉积，厚度约 3500m。

2）加里东晚期运动与泥盆纪沉积

发生于泥盆纪沉积之前的区域构造运动——加里东晚期运动造成了塔里木盆地志留系与泥盆系之间的平行不整合，即地震 T_6^1 界面。上覆下泥盆统克兹尔塔格组砂砾岩中未见寒武系—奥陶系碳酸盐岩屑，可见其剥蚀程度有限。盆内仅在海西早期发生褶皱运动的向斜带内存在下泥盆统与中—下志留统平行不整合接触关系的地质记录。有学者认为原划分为中志留统的依木干他乌组划归下泥盆统，如此则加里东晚期构造运动在台盆区造成志留系为成藏组合的大规模油气聚集以及志留系中—上统被剥蚀，最终破坏了志留系油藏，形成现今下志留统广泛分布的干沥青质砂岩。据南天山海槽沉积特征与柯坪露头和盆内钻井揭示，以及成藏地质研究成果，油气藏形成需要上覆盖层基本厚度约 2000 余米，此时下寒武统烃源岩埋深达 7500~8000m，达到成熟阶段，在加里东晚期构造运动下运移、聚集形成规模宏大的志留系油藏（有学者估算可达百亿吨规模）。因此，估计塔中—巴楚隆起及其以南地区加里东晚期构造剥蚀可达 1500~2000m，残留下志留统厚度 200~1000m；吐木休克—塔中Ⅰ号断裂带以北至塔北地区剥蚀厚度 1000~1500m，残留下志留统厚度 1000~1500m。笔者认为加里东晚期构造运动在寒武—奥陶系碳酸盐岩分布区并没有剥蚀掉其上覆盖层，也不足以形成此期碳酸盐岩岩溶储层。

由于加里东晚期构造运动影响，阿尔金山、塔里木盆地南部为隆起物源区，可能缺失早泥盆世沉积，或有边缘相沉积，厚度可能有 1000 余米；塔中—巴楚隆起及其以北地区为浅海碎屑岩沉积，厚度 1500m；南天山地区以槽盆相区沉积为特征，中—下泥盆统总厚度达 12500m，下泥盆统为绿色片岩夹大理岩、碎屑岩、火山岩，厚度大于 5000m，中泥盆统下部为浅海相浅变质碎屑岩、碳酸盐岩夹火山岩、火山碎屑岩,厚约5000m,上部为白云质灰岩,厚约2500m。

(二)晚古生代构造沉积演化

海西运动在塔里木表现有两期,早期发育在晚泥盆世,晚期发育在石炭—二叠纪。

1. 海西早期运动

海西早期运动发生于晚泥盆世,塔里木盆地北部表现为上泥盆统或下石炭统由北向南依次超覆在下奥陶统、中奥陶统、上奥陶统及志留系之上,该角度不整合为地震T_6^0界面,剖面上可见清晰的下削、上超现象。

受泥盆纪末塔里木南部北昆仑洋关闭造山及北部南天山洋俯冲综合作用的影响,发生大规模的褶皱与断裂活动。据海西早期构造运动在各地表现特征,将盆地内古地质单元划分为:和田复背斜构造带(隆起带)、麦盖提—塘古复向斜带(斜坡或坳陷带)、巴楚—塔中复背斜构造带(隆起)、阿瓦提—满加尔复向斜带(坳陷带)、沙雅(含现今的库车坳陷)复背斜带(隆起带)。这些古构造单元走向也均呈东西向,是南北挤压应力的结果。三大复背斜带(隆起带)抬升、变形,并遭受规模空前的剥蚀。如沙雅隆起,由于南天山洋俯冲作用的影响更大,沙雅隆起主体及北部剥蚀4500m以上,寒武—奥陶系碳酸盐岩剥露,形成约$2×10^4 km^2$的古喀斯特地貌景观。和田古隆起高部位已剥至下奥陶统蓬莱坝组,也经历了大规模的喀斯特化。而塔中—巴楚隆起虽然受北昆仑洋关闭影响,同样遭受较大程度的剥蚀,但剥蚀厚度小,未剥至寒武—奥陶系碳酸盐岩,由于东西走向古断裂复活使塔中—巴楚隆起及其以南麦盖提—塘古地区下伏寒武系盐体差异活动,形成一系列北北东向狭窄断垒与宽缓断堑,断堑内,大部分地区仅剥蚀至志留或上奥陶统,仅在一系列北东向断垒上剥蚀至下奥陶统碳酸盐岩。因此奥陶系碳酸盐岩海西早期的岩溶型储层在塔中—巴楚隆起、麦盖提—塘古地区分布,明显差异于沙雅隆起、和田古隆起。塔河油田区大部处于海西早期运动奥陶系碳酸盐岩剥露区,形成大面积古喀斯特地貌与地质景观,夷平后保存了岩溶缝洞系统,构成了塔河油田区碳酸盐岩缝洞型储层。

2. 海西晚期运动

海西晚期运动发生在石炭纪—二叠纪(地震界面T_5^0),对塔里木陆块的构造演化具特殊意义,是北天山洋和泛华夏大陆早古生代弧—盆区南缘古特提斯洋(包括南昆仑—阿尼玛卿洋)关闭造山的构造响应,从此塔里木陆块成为欧亚大陆的南缘,石炭纪后结束了大范围的海相沉积。由于北天山洋向伊犁微陆块(石炭纪—二叠纪已与塔里木陆块拼贴为一体)俯冲消减碰撞造山,南昆仑洋向中昆仑岛弧(石炭纪—二叠纪也与塔里木陆块拼贴为一体)俯冲消减碰撞造山,塔里木陆块内部实际处于广义的弧后扩张状态。石炭纪广泛接受了海陆交互相碎屑岩沉积及海相碳酸盐岩沉积,二叠纪除局部发育海陆交互相碎屑岩沉积及海相碳酸盐岩沉积外,还普遍发育基性岩浆侵入和火山喷发,二叠纪末开始转换为前陆盆地陆相碎屑沉积。

海西晚期运动Ⅰ幕主导塔里木海陆变迁,由于南北挤压造山,塔里木整体隆升成陆,陆内拱张形成一系列南北走向的拱张断裂带(5～6条/百千米)并发生多期次的大规模火山侵位、喷发与河湖相沉积活动。是塔里木盆地寒武—奥陶系碳酸盐岩储层形成重要地质因素——热液碳酸盐岩储层形成机制的关键时期。

海西晚期运动Ⅱ幕是三叠系沉积前的二叠纪末期构造隆升剥蚀运动,也是塔河油田奥陶系油藏重要成藏期。由于轮台断裂带由北向南的逆冲运动,造成了沙雅隆起带由北而南的剥蚀,即北部将二叠系、石炭系大部分层位剥蚀,而南部如阿克库勒凸起南部、哈拉哈塘凹陷南部、顺托果勒北部仅剥蚀上二叠统沙井子组。在轮台断裂带附近发生油气逸散、水洗氧化与稠油沥青封堵带的形成，造成塔河油田奥陶系油藏调整成现今复杂状态。

（三）中新生代构造与沉积

晚古生代末期，塔里木陆块与周缘造山带拼合，在山前带转换为前陆盆地陆相碎屑沉积初始阶段。中新生代塔里木周缘前陆和陆内坳陷沉积主要受控于中、新特提斯域构造的影响。当然，特提斯域构造活动对塔里木是远源影响，主要导致海西晚期拱张断裂复活并转变为压扭性断裂，整个盆地构造随着特提斯域构造活动而逐步发生右旋活动。

1. 印支运动

始于三叠纪末（地震界面 T_4^6），是含塔里木陆块在内的欧亚板块与羌塘微陆块碰撞造山，即金沙江洋关闭的构造响应。塔里木周缘开始进入陆内造山发展阶段，主要以整体隆升构造运动为主。库车前陆盆地、西南前陆盆地进入发展阶段，而沙雅隆起区、满加尔—阿瓦提、塔中—巴楚隆起、麦盖提—塘古则为大面积的陆内坳陷型河湖相沉积区。

2. 燕山运动

燕山运动发生于侏罗纪到白垩纪（地震界面 T_4^0），羌塘微陆块与欧亚板块拼贴，是羌塘中部澜沧江洋、羌塘南部班公—怒江洋（泛华夏大陆晚古生代—中生代弧—盆区）关闭的构造响应。塔里木周缘陆内造山进一步发展，主要仍以整体隆升及陆内坳陷沉积交替旋回为主。

侏罗纪末的燕山中期运动结束了塔里木陆内坳陷沉积，进入大规模的整体隆升与暴露剥蚀状态，形成了大区域的侏罗系甚至三叠系被剥蚀，而库车前陆则剥蚀较弱。如沙雅隆起残存下侏罗统含煤岩系，巴楚—塔中隆起东部残存中—下三叠统。在燕山中期运动的夷平作用下，塔里木又进入伸展陆内坳陷型湖泊—河流相沉积阶段，广泛分布白垩系。

白垩纪末的燕山晚期运动远不及燕山中期运动的强烈，但在巴楚西部、麦盖提则造成强烈隆升剥蚀，上二叠统沙井子组普遍遭受不同程度剥蚀。塔里木其他地区如沙雅隆起仅剥蚀了上白垩统。

3. 喜马拉雅运动

喜马拉雅运动始于古近纪（地震界面 T_3^0），是印度板块与欧亚板块碰撞，即雅鲁藏布江洋关闭的构造响应。天山、昆仑山强烈陆内造山，形成了库车、塔西南两个陆内前陆盆地，山前均接受了巨厚（超过 10000m）的陆相碎屑沉积。而广大塔里木陆内坳陷基本与库车前陆、西南前陆连为一体，接受坳陷型湖泊相碎屑岩沉积。随着雅鲁藏布江洋渐次关闭，对塔里木最直接的作用是周缘山系崛起，前陆冲断带产生和陆内坳陷盆地内海西期断裂再度复活并发生挤压逆冲与断褶运动。

四、储层特征及形成地质因素

（一）岩石学特征与成岩作用

碳酸盐岩相对于陆源碎屑岩而言，其最大的特点在于以内源沉积为主，对生物具有强烈的依赖性，而且受成岩作用影响明显。碳酸盐岩储集体的形成与原始沉积物类型及后期的成岩改造作用息息相关，因此研究碳酸盐岩沉积物的岩石学特征和成岩作用就显得尤为重要，同时也是分析储集体成因和控制因素的基础。塔里木盆地寒武系和奥陶系发育了多种类型的碳酸盐岩，而且这些岩石经历了复杂和漫长的地质演化过程，各类成岩作用对岩石的改造也非常明显。

1. 岩石学特征

塔河油田区下古生界储集体主要发育于碳酸盐岩台地,分布范围广,沉积厚度大。储集体岩石类型主要以石灰岩、白云岩以及两者之间的过渡岩类为主。储集体发育层位主要集中在下寒武统肖尔布拉克组、中寒武统沙依里克组、上寒武统下丘里塔格组;下—中奥陶统蓬莱坝组、鹰山组、一间房组以及上奥陶统的良里塔格组。其中沙依里克组、鹰山组中上部、一间房组及良里塔格组主要以石灰岩为主,肖尔布拉克组、下丘里塔格组、蓬莱坝组、鹰山组下部主要以白云岩为主(表1-2)。

表1-2 塔里木盆地寒武—奥陶系碳酸盐岩分类表

类别			基本岩石类型	层位
石灰岩	颗粒灰岩 (颗粒含量>50%)	亮晶颗粒灰岩 (亮晶>泥晶)	亮晶砂(砾)屑灰岩、亮晶鲕粒灰岩、亮晶生屑灰岩、亮晶核形石灰岩、亮晶颗粒灰岩(3种以上颗粒混合)	良里塔格组 一间房组 鹰山组 沙依里克组
		微亮晶颗粒灰岩	微亮晶砂(砾)屑灰岩、微亮晶鲕粒灰岩、微亮晶生屑灰岩、微亮晶核形石灰岩、微亮晶颗粒灰岩(3种以上颗粒混合)	
		微晶颗粒灰岩 (微晶>亮晶)	微晶球粒灰岩、微晶砂(砾)屑灰岩、微晶生屑灰岩、微晶颗粒灰岩(3种以上颗粒混合)	
	颗粒微晶灰岩 (颗粒含量50%~25%)		砂屑微晶灰岩、生屑微晶灰岩、球粒微晶灰岩	良里塔格组 鹰山组 沙依里克组
	含颗粒微晶灰岩 (颗粒含量25%~10%)		含砂屑微晶灰岩、含生屑微晶灰岩	
	微晶灰岩(颗粒含量<10%)		泥晶灰岩、微晶灰岩	
	生物灰岩	礁灰岩	骨架岩、粘结岩、障积岩	良里塔格组
		藻灰岩	隐藻凝块石灰岩、藻层纹灰岩、藻核形石灰岩、藻粘结岩	
白云岩	晶粒白云岩		粉晶云岩、细晶云岩、中—粗晶云岩、不等晶云岩	鹰山组下部 蓬莱坝组 下丘里塔格群 阿瓦塔格组
	(残余)颗粒白云岩		(残余)砂屑白云岩、(残余)砾屑白云岩、(残余)鲕粒白云岩等	
	泥微晶白云岩		纹层状泥微晶白云岩	
	碎裂化白云岩			
过渡岩类及其他岩类			泥灰岩(瘤状灰岩)、含泥灰岩、含云灰岩、云质灰岩、含灰云岩、灰质云岩(斑状云岩)、含膏云岩、膏质云岩、膏岩、含灰膏岩、云质膏岩	恰尔巴克组 鹰山组中下部 吾松格尔组 阿瓦塔格组

石灰岩:石灰岩主要分布在奥陶系上统良里塔格组、中统一间房组及中—下统鹰山组,按灰岩结构分类,主要岩石类型包括颗粒灰岩、颗粒微晶灰岩、含颗粒微晶灰岩、微晶灰岩、生物灰岩等,其中颗粒灰岩又根据微晶、微亮晶和亮晶的含量分为微晶颗粒灰岩、微亮晶颗粒灰岩和亮晶颗粒灰岩。

白云岩:塔河油田区寒武系和下奥陶统碳酸盐岩地层中发育了大量的白云岩,这些白云岩分布面积广、厚度大,而且发育了大量的溶蚀孔洞和白云石晶间孔隙,因此极具勘探潜力。纵向上，白云岩主要出现在肖尔布拉克组、下丘里塔格组、蓬莱坝组、鹰山组下部。横向上，主要分布在碳酸盐岩台地上。根据白云石的晶粒大小、岩石的结构类型及特殊构造可将该区白云岩分为晶粒白云岩（包括粉晶云岩、细晶云岩、中晶云岩、粗晶云岩和不等晶白云岩）、残余颗粒白云岩、泥微晶白云岩等。

2. 成岩作用

在碳酸盐储集体的研究中，尤其是在对储集体质量评价和预测中，碳酸盐对于成岩作用的强烈敏感性显得尤为重要。这是因为与各种成岩机制有关的次生孔隙是碳酸盐最为主要的储集空间，全部由次生孔隙构成的碳酸盐储集体屡见不鲜，塔里木盆地寒武—奥陶系的储集体更是如此，因此对各种成岩作用的分析就显得尤为重要（傅恒，2011）。通过对塔河油田区成岩作用研究，总结了各类成岩作用的识别标志、发育规律、对储集体形成的影响，并对其成岩演化序列进行了详细刻画，从而为储集体成因机理和控制因素的探讨提供依据。

塔里木盆地寒武—奥陶系的主要成岩作用包括新生变形、压实及压溶、胶结、硅化、白云石化、去云化、溶蚀、破裂等作用。不同的成岩作用对碳酸盐岩储集体的影响具有较大差异，对碳酸盐岩储集体有建设性作用的包括溶蚀作用、白云石化作用和破裂作用等，起破坏性作用的包括压实作用、胶结作用及去云化作用等，而硅化、泥晶化等作用对碳酸盐岩储集体的影响不明显。

1）中—下奥陶统

中—下奥陶统储集空间演化特征（图1-2）：（1）早期的海底胶结作用导致原生孔隙快速减少，同期的大气水溶蚀作用形成了一定量的铸模孔、粒间溶孔，但是这类溶孔分布范围局限，仅见于塔河南部一间房组滩相地层中，鹰山组中未见该类孔隙，早期的海底胶结使其快速固结成岩；（2）浅埋藏阶段发生的白云石化作用为形成一定的储集空间，为后期的溶蚀作用提供通道；（3）海西早期，中—下奥陶统经历了抬升剥蚀，发生了最大规模的表生岩溶作用，不整合面之下一定深度范围内形成大规模的溶蚀缝、孔、洞，同时构造裂隙及风化裂隙发育；该期尽管化学胶结和机械充填作用也非常强烈，但仍保留了相当数量的孔、洞、缝，构成了现今中—下奥陶统规模最大的有效储集体；（4）随后进入持续埋藏阶段，海西—印支期的埋藏成岩环境中，充填和胶结作用非常强烈，先期形成的孔、洞、缝被粗晶方解石充填，同时在构造应力作用下发生构造破裂，此时的储集空间主要是残余的孔、洞、缝和构造裂缝；（5）海西晚期的岩浆活动为盆地提供了大量热液流体，局部地区发生热液白云石化作用，并伴随热液溶蚀作用的影响，又形成了新的裂缝、孔洞，也使得储集体的非均质性进一步加强；（6）受喜马拉雅期构造应力场影响，发育一些高角度构造破裂缝，大多未充填，对储集空间有一定贡献。总体上，中—下奥陶统酸盐岩储集空间主要以加里东—海西期表生岩溶形成的孔、洞、缝为主，随后的热液作用主要是表生岩溶期储集体的改造调整，但可能在局部地区形成新的储集空间。

2）寒武系成岩序列及孔隙演化

（1）成岩序列。

同生期，作用于沉积物的主要是盆地的沉积水体，因此海水的地球化学特征将直接影响着同生期的成岩作用类型。从区域上看，在塔河油田区的西部，其沉积环境主要是蒸发作用比较强的碳酸盐岩局限台地，在盐度差的驱动下，海水在大范围循环交流，使得塔河地区的海水盐度增加，Mg^{2+}过饱和，从而交代沉积于底床上的灰泥，这就是泥微晶白云石的形成时期；对于颗粒碳酸盐岩而言，在颗粒沉积之后，海水同样对方解石过饱和，而快速晶出第一世代纤维状

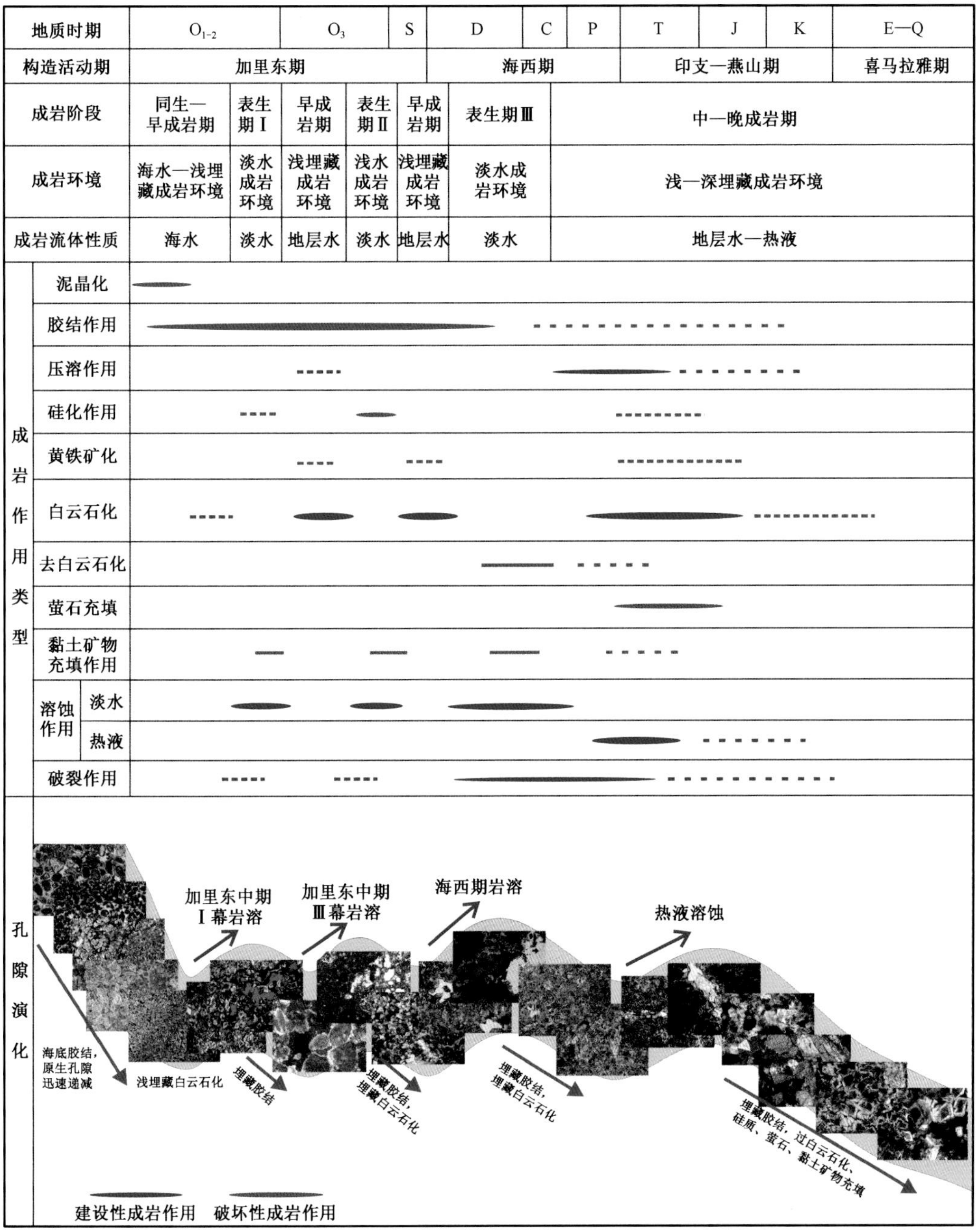
地质时期
O_{1-2}
O_3
S
D
C
P
T
J
K
E—Q
构造活动期
加里东期
海西期
印支—燕山期
喜马拉雅期
成岩阶段
同生—早成岩期
表生期Ⅰ
早成岩期
表生期Ⅱ
早成岩期
表生期Ⅲ
中—晚成岩期
成岩环境
海水—浅埋藏成岩环境
淡水成岩环境
浅埋藏成岩环境
淡水成岩环境
浅埋藏成岩环境
淡水成岩环境
浅—深埋藏成岩环境
成岩流体性质
海水
淡水
地层水
淡水
地层水
淡水
地层水—热液
成岩作用类型
泥晶化
胶结作用
压溶作用
硅化作用
黄铁矿化
白云石化
去白云石化
萤石充填
黏土矿物充填作用
溶蚀作用
淡水
热液
破裂作用
孔隙演化
加里东中期Ⅰ幕岩溶
加里东中期Ⅲ幕岩溶
海西期岩溶
热液溶蚀
海底胶结，原生孔隙迅速递减
浅埋藏白云石化
埋藏胶结
埋藏胶结，埋藏白云石化
埋藏胶结，埋藏白云石化
埋藏胶结，过白云石化、硅质、萤石、黏土矿物充填
建设性成岩作用
破坏性成岩作用

图 1－2 塔里木盆地中—下奥陶统碳酸盐岩成岩序列

胶结物，对颗粒进行胶结。这里不能确定的是寒武系岩石中颗粒的形成主要和藻类的发育有关，如藻球粒、藻团粒、核形石、藻团块和凝块石以及藻砂屑等，由于寒武系的海水和现今的海水性质差别比较大，藻类的作用是否可以直接从海水中沉淀白云石，或者藻类加上细菌的作用使这些与藻类活动有关的内碎屑白云石化作用早一些？在沉积物中因流体和盆地水体的交流比较通畅，海绿石矿物可以在弱氧化和弱还原的地球化学条件下沉淀在沉积物中。在藻类繁盛的地方，可能会形成较强的还原环境，海水的铁离子在这种环境下形成莓状黄铁矿。

早期成岩作用阶段的主要成岩作用有：对颗粒沉积物主要为胶结作用、压实作用及白云石化作用;对晶粒沉积物而言,主要是白云石化作用和重结晶作用。胶结作用主要表现在第二世代粒状胶结物的沉淀,同时由于上覆沉积物对下伏沉积物产生压实作用,使颗粒接触紧密。但是,因胶结作用发生的比较早,压实作用在整体上表现比较弱。沉积物的白云石化作用在这一阶段是比较强的成岩作用,由于细菌的作用以及孔隙水中流体的盐度比较高,使得在同生期没有白云石化的沉积物全部白云石化;同生期已白云石化的沉积物发生重结晶作用,黄铁矿在这一时期可以因封闭的成岩条件、还原的水体,而形成黄铁矿沉淀于白云石的晶间,一些二氧化硅很可能也是在这一阶段逐渐聚集,形成微晶石英。白云石的重结晶作用和埋藏的白云化作用可能形成了比较好的孔隙空间,早期成岩作用阶段的晚期可能有有机质向石油转变,并运移到储层中或赋存于晶间空隙中,只不过早期运移来的原油后来演化成了沥青质。

晚期成岩作用阶段,主要的成岩作用类型是由于构造活动造成岩石的破裂,形成了大量的裂缝系统,深部热液流体进入成岩体系中,结果是原岩发生大量的溶蚀作用,形成大小不等的孔洞,代表着热液流体对碳酸盐岩不饱和,随着溶蚀作用的进行,流体性质发生了变化,热液白云石从流体中快速沉淀下来,一些白云石的晶间孔隙由于热液作用发生重结晶,在原来晶体的边部“次生加大”,也有人称之为白云石的胶结作用,这也是为什么晶粒白云岩中孔隙不是特别发育的原因。在白云石沉淀之后,流体中的二氧化硅以及原岩中的泥质物质开始沉淀,形成了自生石英充填溶蚀孔洞,以及在白云石晶间孔隙中结晶,而且在白云石晶间孔隙中常常与黏土矿物一起沉淀下来,最后一期的充填作用是方解石的晶出,充填在裂缝中、晶间孔隙中以及溶蚀孔洞中,并且对前期形成的白云石进行交代,发生去白云石化作用。在这一期成岩作用与区域构造的强烈活动期相互结合,由于断裂和裂缝系统的发育,不但为热液活动提供了活动场所,也为油气演化生成的液态烃提供了良好的油气运移通道,油气可在这一时期向储层中运移。这也是在裂缝中以及溶蚀孔洞中见到油气显示的主要原因。寒武系岩石的成岩作用演化序列总结在图1-3中。

成岩类型 \ 阶段划分	同生期	早期成岩 $R_o < 0.5\%$	晚期成岩 $R_o > 0.5\%$
胶结作用	——		
白云石化	——		
压实作用		——	
压溶作用			——
白云石重结晶		——	——
自生海绿石	——		
自生黄铁矿	——	——	
自生黏土			——
自生萤石			——
热液白云石化			——
破裂作用			——
热液溶解			——
去白云石化			——
有机质			——

图1-3 寒武系碳酸盐岩成岩演化图

（2）储集空间演化。

塔河油田区寒武系储层的发育主要与沉积物沉积之后的成岩作用有着紧密的联系。分析结果表明，由于同生期白云石化形成的白云石晶体太小，不能形成很好的晶间孔隙，显示出塔河地区寒武系储层的形成似乎与同生期的白云石化作用关系不大；而对于颗粒岩石，早期的胶结作用对粒间孔隙是一种破坏作用，目前在薄片中没有识别出淡水的溶蚀作用存在，基本上颗粒都保存得比较好，即使是被后期的白云石交代，原来的结构被破坏，但颗粒的外貌并没有显示出残缺不全的特征，更没有见到较稳定的淡水胶结物的存在，据此推测在寒武系岩石中可能不发育淡水的溶蚀作用，因而也就没有混合水白云石化的机理的存在。

而埋藏白云石化作用在寒武系岩石中是最为发育的，这也是在岩心和录井中细到中晶白云岩比较常见的原因，也正是埋藏白云石化作用使得白云岩的孔隙比较发育，给后期热液流体的进入提供了空间。然而，遗憾的是目前没有足够的资料来恢复孔隙在不同时期的定量演化。通过对岩石的成岩作用的讨论以及对储层形成机理的分析讨论，对储层的孔隙演化总结出了定性的演化路径，如图 1-4 所示。

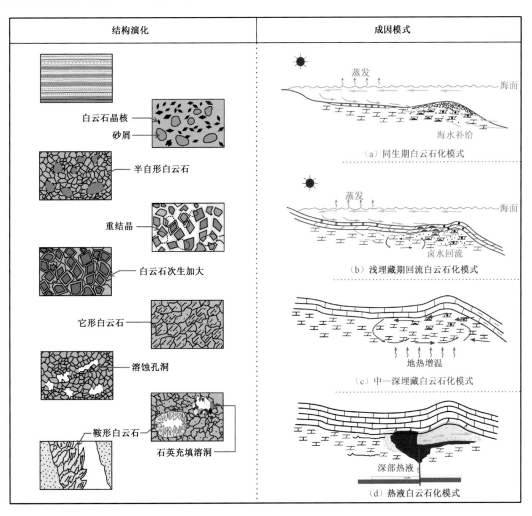

图 1-4 寒武系储集体储集空间演化示意图

(二)储集空间类型及组合

根据岩心观察、薄片分析鉴定,认为塔里木寒武—奥陶系碳酸盐岩储集空间类型以孔洞、裂缝和晶间孔、粒间孔隙等为主,储渗空间几何形态多样,分布不均。根据塔里木盆地碳酸盐岩储集空间分类标准,按照储层储集空间几何形态、大小和成因,将储集空间类型划分为孔隙、溶洞和裂缝3大类(表1-3)。

表1-3 塔河油田奥陶系碳酸盐岩储集空间类型

储集空间类型		成因	孔径大小(mm)	孔隙形态	充填程度	面孔率
孔隙	铸模孔	主要由砂屑、鲕粒、生屑等颗粒被全部溶蚀而成	0.05~1.5	圆、椭圆,具原始颗粒外形	未充填	1%~5%,最高可达8%
	粒内溶孔	主要由砂屑、鲕粒、生屑等颗粒部分溶蚀而成	0.01~1	圆、椭圆及不规则状	半充填—全充填均有	1%~5%
	粒间溶孔	通常为颗粒间胶结物被溶蚀	0.01~1	港湾状或不规则状	未充填、半充—全充填均有	1%~5%,最高可达10%
	非选择性溶孔	沿微裂缝、缝合线扩大而成,颗粒、胶结物及泥晶基质均被溶蚀	0.01~2	港湾状、串珠状、不规则状	未充填、半充填—全充填均有	差别较大
	晶间孔	主要为白云石化作用及重结晶所致	<0.1	四面体状或多面体状	半充填,连通性好	1%~8%,最高达13%
	晶间溶孔	由晶间孔、晶间微孔受大气水、热液等流体溶蚀扩大形成	0.01~2	港湾状、不规则几何状	未充填—半充填	3%~10%,最高达15%
溶洞	溶蚀洞	大于2mm的溶孔称为溶洞,往往与裂缝的扩容有关	2~5 小洞 5~10 中洞 10~100 大洞	不规则状、蜂窝状	未充填、半充填—全充填均有	
	大型洞穴	主要是指直径大于100mm的溶洞,往往与表生岩溶有关	>100	不规则状	半充填—全充填	
裂缝	构造缝	早期形成的构造裂缝,大多已被方解石、白云石或石英全充填,晚期形成的构造裂缝大多未充填,呈开启—半开启状				
	溶蚀缝	由裂缝溶蚀扩大而成,其缝壁凹凸不平,缝宽大于不一,形态弯曲,可使彼此孤立的孔隙相连,溶缝的发育程度受岩性、水介质等条件控制				
	成岩缝	即缝合线,成岩过程中由压溶作用形成压溶缝,大多为泥质、黄铁矿、灰泥、方解石充填,部分扩溶网状缝合线可作为有效的储集空间				

塔河油田区碳酸盐岩储层的储集空间主要为孔、洞、缝。碳酸盐岩基质孔隙度一般小于2%,对储集性能贡献不大,储层的发育程度主要受溶蚀缝洞的发育程度,即后期的构造及岩溶改造程度的影响。

受多期构造运动及岩溶作用的影响,塔河油田区奥陶系碳酸盐岩中发育多期裂缝及溶蚀孔洞,它们构成了奥陶系石灰岩的主要储集空间,该类储层在纵横向上具有极强的非均质性,主要表现在洞缝发育的多少和大小、充填情况、洞缝空间组合类型的不同,从而造成储渗能力的千差万别。

1. 储集空间

1）孔隙

（1）粒间溶孔、粒内溶孔：岩石粒间和粒内溶孔部分为同生期选择性溶蚀所致。溶蚀的颗粒常为生屑、砂屑和鲕粒，发育在礁滩相颗粒灰岩中。

（2）晶间孔、晶间溶孔：晶间孔为晶体构架孔，多见于细—粗晶石灰岩，白云岩，颗粒灰岩的胶结物，以及孔缝中充填矿物（方解石、白云石和石英等）的晶间。该类孔隙分布广泛，但孔径较小。晶间溶孔在晶间孔的基础上溶蚀扩大形成。多在 0.001~0.01mm 之间，对储渗性能的贡献较小。

（3）生物体腔孔（铸模孔）：生物死亡后，壳体内软体腐烂分解，体腔内未被充填而保留下来的空间。

2）裂缝

包括构造缝、压溶缝及溶蚀缝等。全区普遍发育，它是油气主要储集空间和渗滤通道，主要起沟通作用。

（1）构造缝：受构造作用使岩石破裂而产生的裂缝，缝宽大小不一，延伸性亦有差别。主要表现为剪切缝，部分为张性缝。区内以高角度的立缝居多。早期形成的裂缝多数已被方解石、泥质或沥青充填，后期形成的裂缝常呈张开状态。不同时期形成的裂缝相互切割成网状，大大提高和改善了孔渗性。

（2）压溶缝：即缝合线，以平行层面的水平缝合线居多，少量垂直和斜交层面缝合线。缝合线多被方解石（白云石）、泥质、黄铁矿充填。部分见有机质。沥青或原油充填，在荧光薄片中显示缝合线内发亮黄、黄绿、黄褐色荧光。

（3）溶蚀缝：地表水和地下水沿早期裂缝系统再生溶蚀扩大，属于无组构溶蚀。该类裂缝十分发育，各区分布广泛。缝宽一般大于1mm，在岩心观察中常见水平溶蚀和垂直溶蚀，规模较大的高角度溶蚀缝常常穿层延伸，缝内普遍含褐黑色原油。

3）溶蚀孔洞

溶蚀孔洞发育没有组构选择性，分布孤立，时疏时密，有沿断裂和裂缝分布的特点。孔洞之间往往依靠裂缝沟通。孔洞大小在 5~100mm 之间变化，部分孔洞为方解石、粉砂、泥质、碳酸盐岩碎屑全充填或半充填，还有大部分未充填，是主要的储集空间类型。溶孔多为非选择性溶孔，通常沿微裂缝、缝合线发生扩溶，形成不规则溶孔或溶洞。该类溶蚀孔洞大小不一，分布不均，孔洞内常充填泥质、方解石、石英及白云石等。如 S96、S100、S102、S109、T114、T703、T704、T705、T740、T902、T904 等井中—下奥陶统的碳酸盐岩岩心上见到小型溶蚀孔洞或溶蚀孔洞层的发育。

4）洞穴

洞穴系指孔洞大于100mm 的溶洞。在钻井显示往往表现以放空、漏失、钻时骤快或取心收获率低为特征。在岩心观察中常见连续分布的纯白色的巨（粗）晶方解石、地下暗河沉积物、洞穴角砾岩等识别标志。塔河油田以加里东期、海西期岩溶叠加作用形成的洞穴层最为发育，海西期岩溶的改造最为关键。一般具有 3 套洞穴层，分布于油田北部 3 区、4 区和 6 区，9 区的西北部亦有相当程度的发育。大型岩溶洞穴层在中—下奥陶统储集体中常有发育，这类洞穴层中往往出现岩溶角砾岩、巨晶方解石、溶积砂泥岩、钻井过程中的放空、钻井液大量漏失、钻时加快的现象。T615 井 5485~5571m 取心段见被石英砂充填的大型洞穴，TK203 井

— 17 —

5641～5651.23m 放空 2.14m 等都是大型洞穴的显示。

2. 储层类型与组合

塔河油田区奥陶系碳酸盐岩储层主要有以下几种类型。

1）裂缝型储层

裂缝型储层为碳酸盐岩较为发育的一类储层,表现为孔隙度较小(一般分布于0.5%～1.5%之间)、渗透率较大(一般大于1mD)的特征,而裂缝系统的发育,使孔隙度偏小的储集岩具有一定的产能。裂缝在中—下奥陶统碳盐岩中普遍发育,是重要的储集空间之一。

溶蚀缝是由地下水或是地表水的作用形成,通常沿早期的裂缝系统扩溶,并对其进一步改造,从而形成客观的储集空间。缝壁通常不规则,缝内可见多种充填物,如方解石、泥质、白云石以及硅质等。

2）裂缝—孔隙型储层

(1)石灰岩型。

主要分布在塔河油田中奥陶统一间房组生物礁滩及粒屑滩相中,鹰山组颗粒灰岩亦见此类储层,但其发育程度远不及一间房组。孔隙主要是溶蚀孔和晶间孔,溶蚀孔除了表生期溶蚀成因外,还有部分为同生期淡水淋滤溶蚀(在薄片上出现较多的粒内孔和铸模孔),与裂缝一起构成裂缝—孔隙型储层。

(2)白云岩类。

据 S88 井 101 个白云岩岩心物性样品分析,孔隙度最大值6.8%,最小值0.1%,平均值1.59%,其中小于0.5%的占20.8%,小于1.0%的占46.5%,大于1.0%的占53.5%,储层发育段平均有效孔隙为2.89%;渗透率最大值6.43mD,最小值0.004mD,平均值小于1mD,其中小于0.1mD的占样品总数的79.21%,小于1mD的占89.21%。

据 S88 井测井解释,蓬莱坝组上部白云岩与石灰岩互层段储层段平均孔隙度为1.4%左右,蓬莱坝组中部白云岩储层段平均孔隙度为在2.5%以上,表明本区蓬莱坝组下部白云岩具有较好的储集性,但其基质孔渗性较区域上的白云岩储层差(丁勇等,2005)。

3）裂缝—孔洞型储层

以小的溶蚀孔洞和溶蚀裂缝、构造裂缝等一起构成储层的主要储集空间,且裂缝连通多种不同的孔洞并提供渗滤通道。此类储层储集性能好,常不需要酸压等增产措施即可获很高的油气产能。该类储层在3区、4区、6区、9区以及油田西南部T708－S92、T727井区广泛分布。

4）洞穴型储层

该类储层是塔河油田奥陶系最主要的和最优质的储层,以大型洞穴为主要储集空间,以钻遇放空、漏失为主要识别特征。如 S48 井、AD4 井等。这些大型洞穴多呈网状或水系状分布,不同层次的洞穴系统之间由落水洞沟通。由于表生期的沉积作用和埋藏期的垮塌作用,洞穴内多充填碎屑岩和岩溶角砾岩等,局部的堵塞,使得洞穴型储层横向连通性变差或者变得不连通。

上述四种类型储层的划分,是以构成储集条件的最主要储集空间来划分的。但塔河油田区奥陶统储集体系很少由单一类型储层构成,多由两到三种甚至更多种类型储层交织发育,一起构成了复杂的缝洞型储集体系。

3. 储层发育主控因素

塔河油田区勘探开发实践表明溶蚀作用是优质储集体形成的根本原因。通过塔河油田区所处的构造位置以及所经历的构造沉积演化特点,认为海西早期大规模表生岩溶作用最强、形成储层规模更大,是塔河油田区控储主要地质因素。而加里东运动中期Ⅰ幕表生岩溶虽有发育(俞仁连,2005),但仅在古老断裂带附近有一定规模,海西晚期拱张断裂带热液溶蚀型储层虽有一定规模,但与海西早期岩溶相伴,仅仅改善了其纵向贯通条件、提高了渗透性能。

塔河油田区碳酸盐岩储集体中发育同生溶蚀、表生岩溶和埋藏溶蚀作用。各类溶蚀作用对储集体形成都具有积极贡献。其中以表生溶蚀作用对本区储集体的发育以及油气的富集影响最大。

同生溶蚀作用发生于同生期大气成岩环境中。处于台地边缘的粒屑滩、骨架礁等浅水沉积体,伴随海平面暂时性相对下降,时而出露海面或处于淡水透镜体内,在潮湿多雨的气候下,受到富含CO_2的大气淡水的淋滤,发生选择性溶蚀作用,形成粒内溶孔、铸模孔和粒间溶孔。同生溶蚀作用对台地边缘相地层影响明显。但这种溶蚀作用对原始沉积相的要求较高,而且后期埋藏过程常常被充填,因此对于储集体的贡献不及表生溶蚀及埋藏溶蚀作用大。

表生岩溶对储集体的形成至关重要,根据构造演化史和不整合面特征,奥陶系碳酸盐岩的表生岩溶作用存在发育期次多、规模大、分布广等特点。表生岩溶作用垂向分带明显,从剥蚀面向下,大致可分为垂直渗流岩溶带、水平潜流岩溶带和深部缓流岩溶带。储集体主要发育于渗流带和潜流带中。岩溶带的发育深度随地区、岩性、构造部位、古地貌位置及古水系的不同而存在较大的变化,一般在侵蚀面下200m,在有些古构造高部位由于多次遭受构造运动的强烈改造,长期遭受剥蚀,因此其影响深度更大。

埋藏溶蚀也是塔河油田区储集体形成的重要溶蚀作用之一。纵向上沿高陡断裂带分布。埋藏期的溶蚀流体以深部热液为主,受断裂控制明显,分布不均匀。在深埋藏条件下,热液溶蚀作用一方面对早期形成的储集体进行改造,另一方面还使原来致密的岩层形成新的储集空间,尤其是对白云岩的溶蚀方面较表生溶蚀更为明显,对于内幕型储集体的勘探具有重要意义。

根据不同溶蚀作用的主控因素、储集体形态以及矿物组合等特征,系统对比了表生溶蚀作用和埋藏溶蚀作用的差异(表1-4)。

表1-4 表生岩溶作用与埋藏岩溶作用对比表

类型	表生岩溶	埋藏溶蚀
主控因素	不整合面,古隆起,古地貌,古气候(温度、降雨量和二氧化碳分压),古水文,海平面,暴露时间,岩石类型及酸不溶物含量,层厚,组构(微裂隙、节理)	构造断裂或裂隙(及凹陷),尤其是张性断裂,岩浆活动,机械—化学压实、压溶;白云石化及胶结作用;热液流体的性质,对不同岩石的差异性侵蚀
纵横向特征	平面上多层叠合的洞缝网络结构,具分岔型、网络式、海绵状及分枝状等溶蚀体系,具一定层控性;纵向上往往具渗流带、潜流带分带性,可分为地表岩溶带、垂直渗流带、水平潜流带和深部缓流带,可形成巨型溶洞,如暗河渗滤砂泥沉积构造、塌陷构造及洞穴堆积物	横向分布明显具层控性特征,一般沿渗透性好的岩层以及不整合面附近分布,纵向下部溶蚀强度可能要大于上部,或是在一套致密的块状岩层中出现几米厚的溶蚀孔洞层段,与上、下部地层呈突变关系,不具有明显的岩溶分带性
岩心、钻井及测井表征	与剥蚀面伴生的风化残积层,古土壤、铝土矿等风化壳产物,高角度溶沟和溶缝,岩溶角砾岩、大型溶洞、孔、缝、洞充填的粗晶—巨晶方解石及浅绿色碎屑充填物;钻时突然减小,钻速明显加快,井径扩大,钻具放空,严重钻井液漏失,钻井液油气浸,井涌、井喷,取心率低;测井上自然伽马、声波时差、中子孔隙度增高,电阻率和密度降低	与构造活动相关的破裂作用,裂缝内很少有泥质,多为方解石、白云石和硅质充填;溶洞壁由鞍状白云石包裹向内生长,局部见热褪色现象,一般沿裂缝发育,其规模在裂缝两侧几厘米宽的范围内;钻井液漏失与角砾岩无关,而与高孔(>25%)层段相关;测井自然伽马变化不明显,声波时差、中子孔隙度增高,电阻率和密度降低

类型	表生岩溶	埋藏溶蚀
镜下特征	不规则溶孔发育,溶孔内充填淡水方解石、泥质,泥质多为上覆岩层下渗的产物,见示底构造、渗流粉砂以及大气淡水胶结物,如渗流带新月形胶结物、潜流带的马牙状环边胶结物,褐铁矿化作用	多发育于白云岩地层中,以晶间溶孔为特征;溶孔或裂缝内发育鞍形白云石,波状消光,见一系列热液矿物组合:包括石英、黄铁矿、重晶石、天青石、萤石等矿物;白云石重结晶明显,部分发育环带状构造;孔隙的形成晚于化学压实作用
分布	在研究区分布较广,以塔中东南部、塔中Ⅰ号断裂西部和塔中Ⅱ号断裂带中部最为明显	分布局限,受断裂控制明显,塔中围斜区的古隆1井鹰山组下部最为典型,其次在卡1区块中1井、中16井及中4井部分层段有发育

表生岩溶作用与埋藏溶蚀作用主控因素差异显著,表生岩溶受构造不整合面、古构造(及地貌)、海平面升降旋回和古气候影响较大;埋藏(岩)溶蚀主要受断裂与深部流体控制,这种深部流体主要以深处上涌的侵蚀性热液为主,不同的溶蚀作用最终影响了储集体的发育和分布规律。

1)构造破裂作用改善储集体的储集性能

构造破裂作用及其所形成的裂缝对储集体的储集性能有重要影响。塔里木盆地印支期及其以后历次构造变动使得海西期断裂复活,产生高角度裂缝系统,这些裂缝对沟通孔隙、溶洞,提高储集体的渗透率有明显作用,同时也有利于孔隙水和地下水的活动及溶蚀孔洞的发育,形成统一的孔、洞、缝系统,改善储集性能。裂缝发育带往往是优质储集体发育带,甚至是油气聚集的最有利地区。构造变形作用产生断裂与裂缝,形成储集体的储集空间和渗滤通道,同时裂缝系统的产生又促进了岩溶作用的进行。

海西早期表生岩溶在塔河油田区主体区极为发育,对442口井的岩溶型储层段进行识别统计,在330口井钻遇洞穴共计462个,钻遇率74.7%,平均每口钻井钻遇洞穴1.4个。其中,发育有效洞穴(放空、钻时加快、漏失)的钻井达129口,共计放空层段180个,占钻井总数的39.1%。

2)岩溶作用的识别

通过综合分析,有以下几个方面识别岩溶作用的标志。

(1)岩心上古岩溶作用的标志。

不规则裂隙系统内及高角度构造—风化裂隙内方解石及砂泥质充填;缝合线或斜交层面缝合线发生裂开扩大溶蚀形成不规则缝洞及其缝洞内为方解石及砂泥质填积;小型溶蚀孔洞内方解石及砂泥质填积;大型洞穴内塌陷角砾岩、洞穴内暗河沉积角砾岩和砂泥岩沉积;不规则网状裂隙系统发育,并可使岩石呈角砾状构造;缝洞壁显紫红色或褐黄色,缝洞内方解石充填物呈紫红色或褐黄色;洞穴内方解石充填:钟乳石沉淀物、巨晶方解石沉淀物。统计结果还显示出上述前4类岩溶现象在奥陶系岩心上的出现频率较高,具有普遍性;而后3类岩溶现象仅在部分钻井岩心上有发育。

(2)钻井录井过程中岩溶作用的标志。

钻井录井过程中出现严重井漏、放空和钻时降至极低是识别大型缝洞型储集体的标志,同时也是认识岩溶作用的标志。根据前人对塔河油田区有关钻井剖面上放空和严重井漏现象的统计发现,塔河油田奥陶系涉及放空和严重井漏的深度范围较大,不整合面之下0.74~482m的深度范围内出现;另外,严重井漏与放空现象往往相伴发生。

（3）测井曲线上岩溶作用的标志。

由于钻井过程中的井漏、放空等现象主要揭示的是大的缝洞，而井剖面上取心往往非常有限，要较全面地认识和解剖井剖面的洞穴，必须依靠测井曲线。

由于岩溶缝洞常常发育角砾岩、砂岩和泥岩的缝洞充填物，在测井曲线上最明显的识别特征是高自然伽马和低电阻率的出现，对于缺乏陆源碎屑充填物的岩溶孔洞发育段其测井特征表现为电阻率测井值较低，一般为 $0.3 \sim 50\Omega \cdot m$，深、浅双测向电阻率为正差异；声波时差呈周波跳跃，速度值明显降低；密度测井值降低；并可伴随井径扩大，其自然伽马值一般较低。如中 16 井鹰山组顶部自然伽马异常增高，电阻率异常降低；并且取心可见岩心上岩溶缝洞发育，为泥质及方解石充填。在常规测井曲线上，巨晶方解石与普通石灰岩难以区别，而在成像测井（FMI）资料上巨晶方解石有明显特征。因而，在无取心时，FMI 成像测井是识别巨晶方解石充填溶洞的重要依据。如未充填的洞穴层，其色调与上、下地层差别明显；当有沙泥质充填时，洞穴层的颜色往往较深；当充填巨晶方解石时，FMI 成像测井上则显示较亮的颜色。

3）岩溶垂向特征

Estebar（1983）详细分析了岩溶（喀斯特）剖面特征。渗流带位于潜水面之上，其孔洞和裂缝空间未被地下水饱和，这些降落到地表的大气水在重力的作用下主要向下做垂直渗流或流动，水的活动既可以溶解岩石的 $CaCO_3$，也可以沉淀 $CaCO_3$，渗流带可进一步划分为两个次级带——渗透带和渗滤带。潜流带位于潜水面之下，该带内的地下水仍属重力水而非承压水，但水流方向以水平方向为主，在无隔水层的情况下，该带下部通过混合带与基岩深卤水过渡，在潜流带的最上部，也即是在潜水面之下，由于溶解作用和机械侵蚀作用，$CaCO_3$ 既可以溶解再移动，也可以沉淀。潜流带也可划分为两个次级带——透镜带和下部带（停滞潜流带）：在活动性的潜流透镜带之下，水和周围岩石或沉积物达到平衡，并且变成一个停滞环境，即下部停滞潜流带（图 1 – 5）。

在研究岩溶剖面时值得注意的是，Estebar（1983）解释的典型岩溶剖面结构的形成过程与沉积相序的形成过程是完全不同的：沉积相序是由下向上逐渐"构建"起来的，各相带之间可以有成因联系但相互之间不会改造重叠，而岩溶剖面结构却是由上往下加深"破坏"的过程中造成的，在各种外界条件不变的情况下，随岩溶作用持续进行，地层的逐渐剥蚀，岩溶影响的深度逐渐下移，各岩溶带也将在此过程中下移，岩溶特征则可能重叠在一起。因此，要求严格鉴别出完整的"古"岩溶剖面结构是十分困难的。

理论上一个发育完整的表生期岩溶序列从不整合面向下一般由地表岩溶带、垂直渗流岩溶带、水平潜流岩溶带和深部缓流岩溶带四个岩溶带构成（表 1 – 5），每个带对储集体均有不同的改造性能，但钻井中地表岩溶带一般不发育。研究区中—下奥陶统碳酸盐岩的风化壳岩溶都是有一定的垂向分带性。从剥蚀面向下，大致可分为垂直渗流岩溶带、水平潜流岩溶带和深部缓流岩溶带，不同岩溶带储集空间和充填情况各异。中—下奥陶统岩溶带的发育深度随地区、岩性、构造部位、古地貌位置及古水系的不同而存在较大的变化。

分析资料表明，下奥陶统岩溶深度一般最深达 $100 \sim 200m$，其中垂直渗流带厚度为 $70 \sim 120m$，溶蚀作用表现为沿裂缝发育的溶蚀孔洞，小型孔洞具有垂向不连续串珠状分布特点，溶蚀孔洞的延伸方向大多垂直层面。水平潜流带厚度 $120m$ 左右，大型孔洞发育，溶蚀孔洞的形态具有水平伸长状特点。裂缝开启程度高，溶蚀孔洞常沿裂缝呈串珠分布，两者之间连通性好。

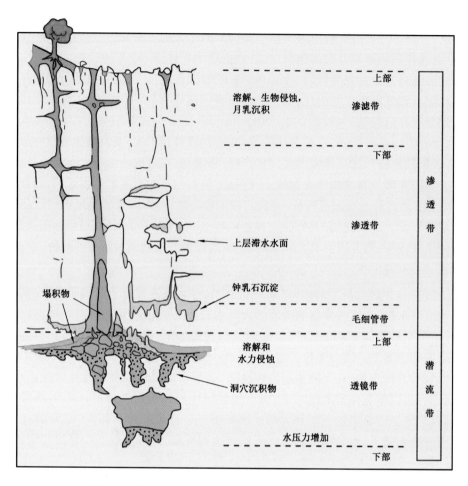

图 1-5 完整和理想发育的喀斯特剖面(据 Estebar,1983)

表 1-5 不同岩溶带所形成的储集空间类型及其评价(据傅恒,2011)

岩溶带	主要储集空间类型	充填情况	有效性评价
地表岩溶带	少量溶孔和溶洞	充填或半充填	中
垂直渗流岩溶带	以高角度溶缝为主,见中小型溶蚀孔洞	半充填或全充填	中
水平潜流岩溶带	大型水平洞穴层、中小型溶蚀孔洞、溶缝、洞顶破裂缝、粒间溶孔、晶间溶孔	大洞几乎全充填,其他为半充填、未充填	好
深部缓流岩溶带	零散分布的溶孔和溶缝	半充填或全充填	差

五、油气藏特征

塔河油田自 1996 年发现以来,不断探底、扩边,取得了东至奇东 1 井、南到顺北 1 井,西达哈拉哈塘、英买力,北抵轮台断裂,总体控制含油面积可达 $1.5 \times 10^4 \mathrm{km}^2$,其油藏达到巨型油田规模。经过长期的勘探实践,逐步逼近客观地质实际,到目前才比较精确地刻画出塔河奥陶系碳酸盐岩特大型油气藏。塔里木盆地塔河油田是指在海西早期沙雅隆起背景下,以轮台断裂为界的奥陶系碳酸盐岩顶面向南倾伏大型鼻状构造,由奥陶系碳酸盐岩岩溶缝洞型储层(在平面上、纵向上的不均匀分布而形成数量众多连通性较差的储集体集合)作为储层并与上覆上古生界碎屑岩盖层形成储盖组合,在轮台断裂带印支期以后形成的沥青、稠油和承压水洗氧化带联合上倾封挡条件下(俞仁连,2001)形成的特大型奥陶系碳酸盐岩岩溶缝洞型圈闭油气藏。以奥陶系碳酸盐岩储集体不均匀连片多期富集油气为成藏主体,上叠沿纵向断裂沟通古生界、中—新生界中小型圈闭次生调整油气藏群的叠合油气藏的统称。

塔里木盆地塔河油田区奥陶系碳酸盐岩岩溶缝洞型圈闭油气藏总体特征有以下几点。(1)古生界碎屑岩盖层统一封盖。在古隆起高部位区直接盖层为石炭—二叠系,厚度1500~2000m;向南部的斜坡区发育间接盖层上奥陶统—下志留统,厚度2000~3000m。(2)倚靠边界大型断裂带形成向盆倾伏的鼻状构造背景。如轮台断裂与其南部下古生界碳酸盐岩向盆倾伏的巨型鼻状构造。(3)边界大断裂带稠油沥青、承压水动力以及致密碳酸盐岩共同封挡条件。(4)圈闭之下发育寒武系玉尔吐斯组烃源岩。(5)海西晚期拱张断裂带及其成藏期活动,纵向油气运移通道。(6)油质分布复杂,靠近轮台断裂带为中—重质油,往南到托普台、跃进区块、顺北为轻质—凝析油;没有统一油水界面;温压系统基本一致的非稳态的复杂油气藏,反映了北部轮台断裂带不断调整(具有弱的开放性),南部多期充注动态成藏过程。具有上述特征的碳酸盐岩圈闭,油气富集的主控因素是储层分布,碳酸盐岩储层的非均质性反映于碳酸盐岩油气藏特有的"油(气)层纵向叠置、横向不均匀连片含油"特点。

塔河油田其成藏演化经历了以下三个阶段。

(1)海西晚期Ⅱ幕巨型原生油气藏形成与改造。

二叠纪末,塔里木盆地周缘挤压造山,海西晚期拱张断裂被挤压封闭,有较稳定的上二叠统陆相沉积盖层分布。在海西末期塔河地区寒武系玉尔吐斯组烃源岩埋深约7000~8000m,地温140°以上,海西早期奥陶系碳酸盐岩表生岩溶规模大,并受到海西晚期热液溶蚀改造,海西晚期Ⅱ幕构造变动的催化下,碳酸盐岩储层下伏的玉尔吐斯组烃源岩生成的油气沿断裂带纵向运移聚集形成巨型原生油气藏。此时油藏类似于背斜型油气藏,以沙雅隆起核部为高点向南(轮台断裂以南的阿克库勒凸起、哈拉哈塘凹陷、沙西凸起)奥陶系碳酸盐岩均整体含油,向北到雅克拉—轮台地区推测也富含油气,含油层位可能为寒武系。

三叠系沉积前的海西晚期Ⅱ幕运动末,造成二叠系、石炭系由北往南剥蚀减弱,即北部将二叠系、石炭系大部分层位剥蚀,而南部如阿克库勒凸起南部、哈拉哈塘凹陷南部、顺托果勒北部仅剥蚀上二叠统沙井子组。由于轮台断裂带由北向南的逆冲运动,造成了塔河油田奥陶系油藏在轮台断裂带附近发生逸散,并在轮台断裂带附近逐步水洗氧化而形成重油沥青(由于轮台断裂带活动强弱分段性不均,造成活动性强、开启程度高的仅为水洗氧化带),形成轮台断裂带的初始封挡带。造成了埋深浅的轮台断裂带之南中—重质油富集,而在中—重质油带的南部为较轻质油气富集。原生油气藏发生初始改造而形成塔河中—重质油富集的现今状态。

(2)印支—燕山期油藏改造与次生油藏形成。

塔里木古生界克拉通之上叠合的中生界陆内坳陷河、湖相沉积是古生界较稳定的盖层,受天山崛起,羌塘地体、西藏地块、印度板块右旋拼贴作用影响,巨型原生油气藏受到多期次改造而形成油气重新富集,其规模变小。由于海西晚期拱张断裂带再次活动,由拱张转变为挤压,下古生界碳酸盐岩油藏沿着后期断裂活动调整到上覆盖层碎屑岩圈闭形成次生油藏。下古生界碳酸盐岩油藏上方的古生界—中新生界碎屑岩油气藏均是此种成因。

(3)喜马拉雅期再充注原生轻质油气藏形成。

塔里木喜马拉雅早期陆内坳陷型湖泊沉积使得寒武系玉尔吐斯组泥质烃源岩持续深埋再次生烃。在喜马拉雅早期运动中,由纵向断裂运移而聚集于沿断裂带"热液主导型"碳酸盐岩溶蚀储集体成藏,油气藏的规模与储集体的规模有关。后期充注的油气沿着南北向展布的海西晚期高陡拱张断裂带由南往北充注而形成轻质—凝析油气藏。形成塔河油田奥陶系碳酸盐岩由南部埋深7000m以下轻质—凝析油气层到北部埋深6000~5300m中—重质油气层这一特殊油藏地下相态特征。受中新特提斯构造域的南西方向压扭应力的影响,近南北向高陡断裂活动强度与开启程度控制了油气充注方向、制约了驱替地层水的强度。

第二节 地震预测与目标评价难点

碳酸盐岩缝洞型油气藏地震预测与目标评价的难点,主要体现在地震采集、处理、预测以及目标评价四个方面。

一、采集难点

塔河油田采集难点有以下几方面。首先地表为戈壁、沙漠,激发接收条件较差,对地震波的传播具有很强的吸收衰减效应,获取高频信息存在较大难度;其次,塔河油田勘探目的层埋深大于5300m,主力储层为奥陶系碳酸盐岩,地下地质条件复杂,纵横向非均质性强,造成地震波波场信息在空间属性上纵横向变化加剧,获取全波场信息难度加大;再次,奥陶系缝洞储集体的洞穴规模一般在10~30m,储集体纵横向叠置关系差异明显,溶洞充填物与围岩组合特征多样,要求空间采样率小;最后,奥陶系储集体地震反射波的分辨率和信噪比都偏低,不能满足奥陶系风化面残丘精细刻画。

二、缝洞型储集体成像难点

塔河奥陶系碳酸盐岩缝洞型储层埋深大、非均质性强,地震波吸收衰减严重,缝洞型储层产生的有效信号能量弱、反射特征杂乱、信噪比低,加上各种干扰较为严重,在地震资料处理中如何保护地震波场完整性,保护缝洞型储层有效信号,尤其保护低频信息;如何提高地震资料的信噪比、建立可靠的缝洞型储层速度模型;如何采用适合的偏移方法提高奥陶系碳酸盐岩小尺度的缝洞体识别能力、提高奥陶系目的层风化壳、微小断裂成像精度,成像难度较大。

三、地震预测技术难点

(1)隐蔽断裂以及大断裂带之间的小规模裂缝识别难。

阿克库勒主要发育有3组大型断裂,NNE向、NNW、EW向,这些大型断层起到了控储、控藏的作用。在上奥陶统尖灭线以北,由于海西早期强烈的岩溶作用,大气淡水沿断层溶蚀改造,形成丰富的地表河、地下暗河以及岩溶残丘古地貌,造成沿风化面(T_7^4反射波)隐蔽断裂检测的困难,利用相关技术检测断层,均表现为河道水系,掩盖了大型断层展布形态。在上奥陶统尖灭线以南,由于加里东期大气淡水岩溶较弱,储层主要沿断裂带展布,在大型断裂带之间还发育有小型裂缝性储层,南部地区埋深进一步加大(6000m以上),小型次级断裂展布复杂,造成地震检测的困难。

(2)非均质缝洞型储集体形态复杂,定量预测储集体特征难。

塔河油田碳酸盐岩缝洞型储层的埋深均在5300m以上,古喀斯特洞穴在此深度上大部分成垮塌状态。目前钻井揭示残留洞穴大部分高度在0~10m,宽度根据现代岩溶观察,大部分小于100m,小于目前地震资料的分辨率,在地震资料上表现最为典型的反射特征是"串珠状"

反射,"串珠"在实际资料中,大部分情况下不代表单个洞穴,而是缝洞的集合体的反映。不同缝洞由于组合形式不同,或内部充填物速度不同,可表现为相同形态、大小和能量的"串珠",因此根据地震反射特征准确定量预测缝洞体的展布形态和大小具有较大的困难。

(3)缝洞型油藏油水关系复杂,油气检测难。

由于多期构造变动造成的碳酸盐岩油气藏的反复调整、充注,导致油气分布极不均匀,井与井之间日产量与总产量差异很大,单个缝洞体的油气富集情况并不清楚。因此油气检测是碳酸盐岩油藏研究的重要内容。由于受碳酸盐岩自身缝洞储集体的复杂性的影响,地震信息包含了储集体的结构(溶洞的骨架)、固体充填物(砂泥岩、角砾)、流体充填物(油气、水)在内的多种因素的影响,要把很弱的油气信息从地震复合信息中提取出来(即油气检测),难度非常大。

四、目标评价难点

(1)圈闭描述。

由于缝洞型油藏不同于砂岩油藏,圈闭描述过程中,多解性较多、非均质性较强,造成碳酸盐岩缝洞型圈闭的准确描述具有一定的困难,主要表现在以下几个方面。① 由于缝洞型储集体的非均质性以及利用目前地球物理手段对碳酸盐岩储层预测的方法较为有限,造成圈闭描述中圈闭平面边界难以准确界定:对于塔河地区表层风化壳圈闭的描述,在精细刻画中—下奥陶统碳酸盐岩古喀斯特地表河道与岩溶残丘基础上来确定圈闭的平面边界,往往难以准确界定其边界;对于塔河深部同样需要准确的识别缝洞型储集体的发育特征,同时还需要加强深部断裂、裂缝与储层的关系研究,在前期断裂研究的基础上,需开展重点评价区带断裂系统梳理工作,按成因性质、规模级别、展布形态和形成期次等要素,加强断裂研究的系统化和规范化,不仅要确定圈闭的平面边界,还要考虑到纵向立体的发育范围,圈闭的平面、立体边界的刻画具有一定难度。② 针对碳酸盐岩内幕缝洞型圈闭,由于发育的储盖组合式碳酸盐岩自储自盖,对于碳酸盐岩盖层的预测具有一定的难度,盖层预测中既需要找有利的区域盖层,又要刻画与储层相匹配的局部致密碳酸盐岩盖层,多方面综合判定难度较大。③ 由于碳酸盐岩缝洞型油气藏的复杂性,没有统一的油水界面,油水关系复杂,油气充注、运移、调整具有较强的非均质性,储集体内幕流体的联通关系较难确定,以及目前对缝洞型储层的油气检测技术存在多解性,造成了碳酸盐岩圈闭油水关系及内部连通关系描述的困难。

(2)目标评价。

由于碳酸盐岩圈闭描述中圈闭外部平面、立体边界难以准确确定;内部缝洞体是否连通还难以准确判断;断层、不整合面不同地区对油气的运聚作用还不是很清楚,非均质性缝洞体油水关系复杂,地球物理流体检测技术还不是十分有效,造成有利区带、圈闭的资源规模难以准确确定,目标优选较为困难。同时对于碳酸盐岩内幕圈闭盖层的难确定,也造成目标钻探时保存条件存在较大风险,阻碍目标评价。总之缝洞型油藏经济评价难度较大。

第三节　地震预测与目标评价关键技术

一、技术发展历程

塔河油田碳酸盐岩缝洞型油藏经过近 20 年的勘探开发,缝洞型储层预测也经历了认识、创新、发展、应用和再认识的过程,逐渐形成了古喀斯特岩溶地貌精细刻画,岩溶洞穴、地下暗河刻画,隐蔽断裂解释预测,缝洞体定量化预测等超深碳酸盐岩缝洞型储层预测技术系列。主要有以下 5 个标志性的阶段。

（一）构造勘探阶段（1999 年以前）

该阶段主要标志是三维地震采集技术开始大规模应用于塔河油田,资料解释以落实构造和断层为主,此时在地质上对塔河大型复式油藏仅有初步认识,按照常规潜山的井位部署方式,寻找构造圈闭进行井位部署。这一阶段部署的代表井有 S46、S47、S48 等,均获得高产,从而代表了特大型塔河碳酸盐岩缝洞型油藏发现的开始,此阶段在三区、四区、五区、六区共部署勘探井 38 口,新建产能 43×10^4t。

（二）岩溶储层预测阶段（1999—2003 年）

此阶段有两项认识对塔河油田的发展壮大产生了深远的影响。一项认识是地质认识进步:随着低部位 S64 井的出油,逐渐认识到阿克库凸起整体含油,不受局部构造的控制;一项认识是储层预测的进步:此阶段认识到叠加剖面上的绕射波,偏移剖面上的强反射"串珠"是缝洞体的地震响应,初期采用了地震振幅提取技术,以及简单不连性检测技术,此阶段独创了两项具有知识产权的储层预测技术,即振幅变化率技术以及趋势面差异分析技术。振幅变化率技术是根据地球物理位场数据处理中求取异常导数的基本原理,创造性地将位场数据处理中的导数概念,引入地球物理属性分析中,消除由于碳酸盐岩缝洞型储层上覆岩性组合对绝对振幅的影响,引入了振幅变化率的计算方法。趋势面差异分析法是针对碳酸盐岩储层,在中—下奥陶统暴露区,岩溶储层在残丘比较发育,在上奥陶统覆盖区,储层和褶皱相关,为了进一步表征残丘和褶皱的平面分布,与其他参数相结合,研究储层的分布特征,特提出了趋势面分析法。此方法主要是利用中—下奥陶统顶面深度（T_7^4）计算趋势面,再将原深度层位与此趋势面求差值,即得到了趋势面分析值,正值代表残丘或褶皱,负值代表岩溶洼地或向斜部位。经过综合储层预测,为增大横向钻遇缝洞的几率,在 S48 井区部署了第一口水平井 TK430H 井,在井深 5715～5780m 发生井漏,于 2001 年 2 月 7 日—3 月 2 日裸眼常规测试,10mm 油嘴,获日产原油 430m³。此阶段在三区、四区、六区、七区共部署勘探、开发井 73 口,建产 48 口,建产率 66%,新建产能 123.7×10^4t。

（三）缝洞型储集体预测阶段（2003—2006 年）

随着勘探开发工作不断深入,以及对现代岩溶的考察学习,对缝洞体的地震响应特征逐渐有了更为清晰的认识,特别是实施了 S48 井区 $84km^2$ 高精度三维采集,使缝洞体的识别能力得到了很大的提高;同时由于计算机硬件软件的发展,三维可视化得到了广泛的应用,使储层预测从平面发展到立体空间的储集体预测。此阶段是碳酸盐岩储层预测趋于成熟的阶段,集成创新了以模型正演、振幅变化率、精细相干、趋势面、波阻抗反演、三维可视化、地震多属性叠合、叠前参数反演技术等多项技术为主的超深碳酸盐岩缝洞型储层预测技术,这一阶段塔河油田快速增储上产阶段,丰富的碳酸盐岩储层预测技术为快速的增储上产提供了可靠地技术保障,2003—2006 年在塔河油田奥陶系油藏共部署开发井 366 口,新建产能 536×10^4t。

（四）缝洞型储集体刻画阶段（2007—2012 年）

高精度三维地震于 2006 年后,不断优化了采集观测系统及参数,先后开展了 S48 井、6 - 7 区、兰尔东、10 区东等多块高精度采集,同时随着处理软硬件技术的发展,针对缝洞体横向速度变化大的特点,广泛采用了叠前时间偏移处理成像技术。这两项技术使得地震资料的信噪比、分辨率以及成像精度得到了较大幅度的提高,从而使造构断裂解释精度,缝洞体的识别能力大幅度提高,为后续储层预测方法系列奠定了坚实的资料基础,使储层预测从定性走向定量—半定量化。开展了缝洞体立体雕刻,研究缝洞体的空间展布形态,并对三维空间缝洞体的体积进行了三维体积校正,且进行了体积定量化计算,为特殊的碳酸盐岩缝洞储量计算提供了储集空间量的参考,同时对缝洞体的充填性以及流体性质展开了全面研究,取得了重要进展。S48 井、6 - 7 区、10 区东高精度地震三维区采集后,共部署开发井 194 口,投产 135 口,建产 129 口,建产率 95.6%,新建产能 85.4 × 10⁴t,累计产油 90.5 × 10⁴t,平均单井产能 21t,新增动用储量 4810 × 10⁴t,新增可采储量 697.2 × 10⁴t。

（五）缝洞型圈闭评价阶段（2013 至今）

在此之前,塔河油田阿克库勒凸起整体作为一个大的岩溶缝洞圈闭对待,但是这个大圈闭上的成藏期次、岩溶储层发育规律、断裂强度、油藏的性质等因素都不一样,无论是油藏的勘探还是开发,都要求对这个大的岩溶缝洞型圈闭进一步细化。此阶段高精度三维地震采集资料得到了广泛的应用,深度域逆时偏移（RTM）处理成像技术也进行了推广应用,叠后储集体预测技术发展成熟,叠前预测技术也取得了一定的应用效果,较高精度的地震资料及预测技术为岩溶缝洞圈闭的刻画评价打下了基础。建立了缝洞型圈闭的评价方法:按照圈闭条件、储层条件、保存条件、充注条件四大评价因子分类构建指标评价体系,依据各参数特征及主控因素进行判断量化并分级建立赋值标准,形成碳酸盐岩圈闭含油气性评价标准,2013 年至今共上缴入库 29 个岩溶缝洞型圈闭,钻探 16 个,成功 9 个,失利 7 个,成功率 56.3%。

二、关键技术

在围绕地质目标,采集处理解释一体化攻关思路指导下,针对上述问题和难点,经过 20 余年持续不断的物探技术攻关研究,针对超深层碳酸盐岩缝洞型储层,形成了独具特色的三维地震技术。主要表现在以下几个方面。

（一）面向缝洞体目标的三维地震采集技术

主要采用以下几项技术对策。第一,加强激发接收参数优化,采用先进的激发、接收方案,从技术上提高激发波的能量,尽可能减少接收环节地震波的吸收衰减,提高接收到的地震波波场信息。第二,拓展地震资料采集观测方位,使用宽方位观测,弱化纵横向观测信息差异,尽可能把纵横向非均质性强引起的波场信息变化全面接收,取得相对齐全的缝洞体波场信息。第三,选取性价比较高的最大炮检距（排列长度）和炮检距分布关系,保证三维地震处理叠加、偏移速度的求取精度,全面提高奥陶系速度场的求取精度,有利于不同规模缝洞储集体成像。第四,进行地震勘探观测系统的经济性评价,提高空间采样率,尤其是横向分辨率;野外采集环节加强管理,尽可能地减少外界干扰,压制野外各种规则的和随机的噪声干扰,以及人为的采集痕迹噪声干扰,保证接收到的地震信息的纯净度,做好野外施工的质量控制,保障采集数据质量。

（二）面向缝洞体目标的三维地震处理技术

以原始地震资料和地质研究成果分析为基础,针对勘探开发研究目标的差异,加强叠前预处理的精细化研究。处理过程中,在关键参数的选取,如叠前去噪、反褶积等环节,不能简单地以单炮记录、叠加效果作为参数、流程选择建立依据,而应以叠前时间偏移对缝洞型储层的成像效果为依据。正确把握分辨率与信噪比之间的尺度,处理过程注重低频信息的保护利用,并尽量拓宽频带。去噪方法的应用与流程选择注意保护波场的完整性。针对碳酸盐岩缝洞型储层的特点采用密点速度分析,建立适合超深碳酸盐岩缝洞型储层特点的速度模型。以叠前时间偏移成像为基础,以高精度 RTM 成像为核心,以成熟技术应用研究和针对性新技术研发相结合为手段,探索对该区碳酸盐岩储层反应敏感的成像技术及参数,提高小尺度的缝洞体识别能力、提高奥陶系目的层风化壳、低序级断裂成像精度。

(三)基于缝洞体目标的三维地震预测关键技术

面向超深层碳酸盐岩缝洞型油藏的特殊性,充分发挥采集、处理、解释一体化的作用,在三维地震采集、处理资料基础上,根据缝洞型储集体特点,独创了具有自主知识产权的振幅变化率、趋势面差异分析、地震反射特征分析三项关键性实用技术,逐渐形成了古喀斯特岩溶地貌精细刻画,岩溶洞穴、地下暗河刻画,隐蔽断裂解释预测,缝洞体定量化预测等超深碳酸盐岩缝洞型储层预测技术系列。具体技术主要包括模型正演、振幅变化率、精细相干、趋势面差异分析、反射特征分析,岩溶古地貌、古水系分析,地震叠前/叠后反演,叠前各向异性裂缝检测、流体检测技术,缝洞体定量化立体雕刻技术等。这些技术在塔河油田进行了广泛试验和推广应用,实钻井与预测储层的吻合率达到 95% 以上,已经成为井位优化部署的核心技术,为塔河油田储产量的快速增长提供了技术支撑。

第二章　高精度三维地震采集处理关键技术

高精度三维地震采集要求空间采样连续、均匀、对称,三维数据体纵、横向上有较高的采样密度、较好的一致性,在不同方位能够满足采集区域有效覆盖次数要求;从波场拾取上,要保证全波场接收,不同波段信息齐全,尤其要保护好低频信息获取,为保证地质精确成像提供优质的地震采集数据体。

2006年开始在塔河油田开展高精度三维地震勘探,主要解决油田开发需要的三个地质问题:一是提高中、深部岩溶缝洞系统的刻画精度,为深部开发提供可靠依据;二是提高小尺度的缝洞体和新缝洞体的识别能力,提高地震预测、描述精度,进一步挖潜区内新的储量区;三是提高缝洞体的量化描述精度,解决已动用缝洞体纵向分隔性不清和井间连通性认识程度低、实施调整加密井风险大的难题。针对开发的地质需求,面向开发的高精度地震勘探明确提出三个地质任务目标,即精细刻画孔缝洞、查清落实小断层和控制低幅残丘(图2-1);在地震采集环节从地球物理角度,设计方案要保障能够获取尽量全的地下波场信息,采集过程中保证资料信噪比,提高成像精度,努力提高资料纵、横向分辨能力。

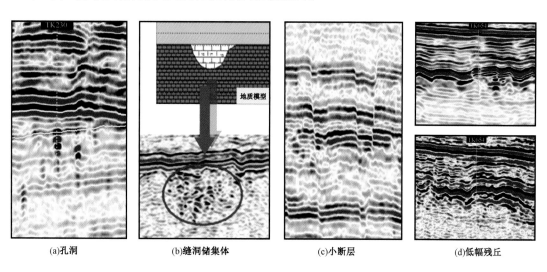

(a)孔洞　　　　　　(b)缝洞储集体　　　　　　(c)小断层　　　　　　(d)低幅残丘

图2-1　塔河油区高精度勘探目标类型

塔河油田高精度三维地震采集技术设计首先考虑基于叠前偏移成像精度的需求优化观测系统,减小采集脚印,降低偏移噪声的影响,强调对观测系统的单次覆盖子集进行正确的采样,保证空间波场连续;其次在野外采用高品质的地震波激发、高质量的检波器接收及老油区特殊噪声的调查与压制等技术,努力提高地震原始资料的信噪比、分辨率和保真度,满足后续精细处理和油藏解释要求。通过塔河油田S48井区、6-7区、10区东高精度三维地震项目的实施,逐渐积累完善了一套面向超深缝洞型油气藏具有较高性价比的高精度地震采集技术。

第一节　高精度三维地震采集关键技术

一、面向深层缝洞体的观测系统参数优化

(一)基于波动方程正演的孔洞体成像垂向分辨率模拟

根据奥陶系孔洞高度和宽度建立单、多孔洞体数学模型,基于波动方程正演的孔洞体成像分辨率模拟,分析不同激发频率和面元尺寸对成像纵、横向分辨率的影响。模型中,围岩介质纵波速度为5200m/s,孔洞充填纵波速度为2500m/s,孔洞埋深均为5300m,单孔洞设计为圆形,直径为25m,多孔洞体由2~6个单孔洞组成。图2-2a给出了单、多孔洞体在不同频率子波激发下所获得的模拟偏移成像结果,可以看出,低频激发得到的孔洞体成像能量明显强于高频激发,这是由于低频激发地震波有更强的穿透能力,更易穿透地层,获得高信噪比、较强能量的深层孔洞绕射,低频更易于在垂直方向获得各种形状的"串珠";而高频激发对提高串珠识别精度有利,但高频能量衰减快,信噪比难以保证;从分辨能力来看,低频响应有利于获得多孔洞储集体的整体轮廓形态,但分辨率低,高频响应有利于区分孔洞横向结构以及获得内幕信息,但由于垂向多次绕射波影响,多孔洞垂向分割难度较大。因此,保护好低频,提升高频,是提高分辨率的最佳途径。

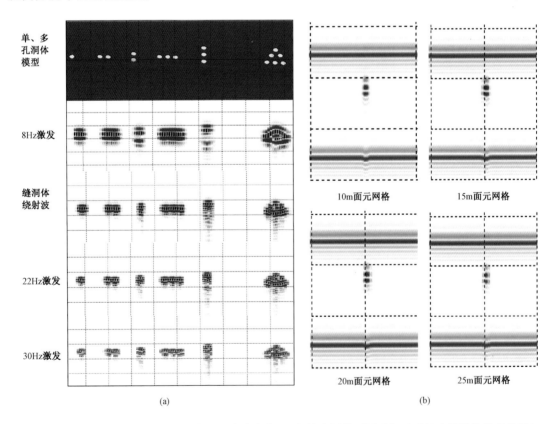

图2-2　单、多孔洞体不同激发频率模拟偏移成像(a)与单孔洞体不同采集面元尺寸模拟偏移成像(b)

图 2 - 2b 给出了不同面元尺寸采集对单孔洞成像效果的影响,可以看出,采用 10 ~ 15m 面元"串珠"成像清晰,大于 15m 效果变差,说明小面元采集有利于"串珠"的成像和识别,虽然采用小面元采集本身不能提高纵向分辨率,但是通过采用较小面元加密空间采样进行高精度采集更容易检测较小溶洞,实际地震资料处理时,通过面元叠加提高高频端的信噪比可以提高地震成像可达到的纵向分辨率。

(二)面元大小与缝洞体规模数值模拟分析

利用数值模型进行面元与分辨率的室内研究,分析面元大小与分辨率之间的关系,从而论证野外实施采集的面元大小。

建立不同宽度的横向目标数值模型,运用共中心点叠加检测数值模型在不同频率(10Hz、30Hz、60Hz)激发时的成像情况(图 2 - 3),可以看出,激发频率越高,分辨率也越高。

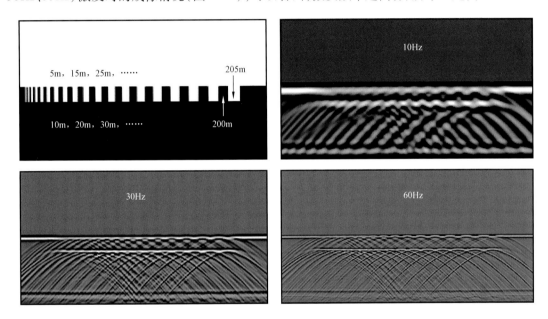

图 2 - 3   不同频率激发共中心点叠加模拟数值模型分辨率

利用 PDSM 成像技术,检测数值模型在不同频率(10Hz、30Hz、60Hz)的成像情况(图 2 - 4),可以看出,30Hz 频率信号的横向分辨率极限在 50m。

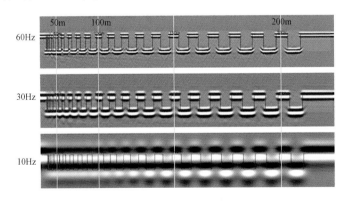

图 2 - 4   PDSM 技术模拟不同频率激发的数值模型分辨率

通过自激自收进行激发接收模拟实验,得到模拟层的振幅响应曲线(图2-5)。在40m炮距,10m接收点距,不同频率激发的沿1000m层的振幅曲线(图2-5a),可以看出,采用10m点距接收,即CMP点距为5m时,激发频率30Hz可以定性分析40m宽度地质体,60Hz激发可以定性分析30m宽度地质体;采用30Hz主频激发,40m炮距,不同接收点距(10m、20m、40m)的顶层振幅曲线(图2-5b),30Hz激发频率5m CMP和10m CMP距可以定性分析的地质体宽度都是40m,20m CMP距可以定性分析的地质体宽度是50m。

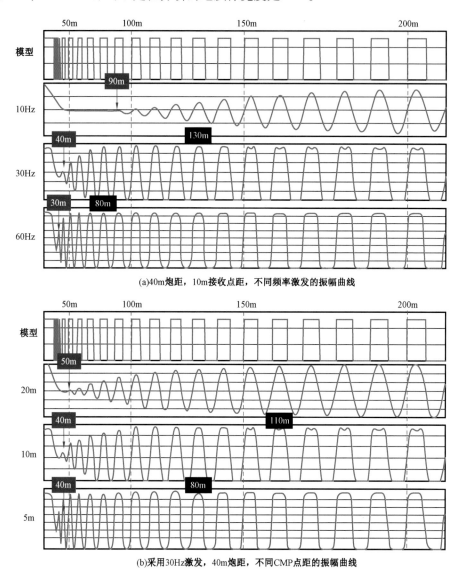

(a)40m炮距,10m接收点距,不同频率激发的振幅曲线

(b)采用30Hz激发,40m炮距,不同CMP点距的振幅曲线

图2-5 自激自收模拟振幅曲线

尽管模拟数据的处理分析回避了噪声、静校正、成像速度误差和各向异性等问题对成像质量的影响,但是,通过数值模拟,可以较清楚认识到,理想条件下,二维地震和三维地震叠前深度成像的可分辨尺度均小于Freeland面元尺度。

在理想情况下(无噪声、静校正和速度误差等问题),同一激发频率情况下,当成像面元满足空间分辨尺度采样条件时,加密空间采样可以提高横向分辨率,但是空间采样点加密到一定程度后对提高横向分辨率的作用不明显。

从地震波的动力学特征对纵横向分辨率综合模拟,在水平地层内等间隔分别建立直径5m、10m、15m、20m、30m、40m 六种孔洞模型,孔洞内充填速度 2300m/s,孔洞外地层速度4200m/s 进行正演模拟实验。通过波形记录和叠加偏移剖面研究溶洞大小与反射强度的关系(图 2-6)可以看出:在地震资料时间域分辨率以内,不论溶洞大小,纵、横向上都有不同响应,地震反射体的反射能量与缝洞体的大小近似成正比;横向上看,有溶洞的地方,振幅明显变大,溶洞越大波形记录上振幅越强,与没有溶洞区的地震波振幅差异越大,随着溶洞体积的变小,振幅差异性越来越小,到孔洞直径 5m 时仍能识别,但是差异已经非常微弱;叠加剖面也是如此,有溶洞的地方纵向上形成"串珠",与没有溶洞区的地震波特征明显不同,溶洞越大"串珠"数越多,绕射波尾巴越长,随着溶洞体积的变小,"串珠"特征越来越弱,到孔洞直径 5m 时也能识别,但表现为弱反射特征。

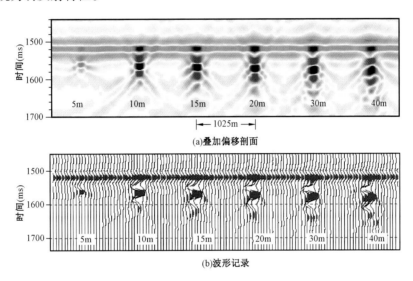

图 2-6 溶洞大小与反射强度的关系

(三)面向超深缝洞体的三维地震采集参数优化

2009 年实施的塔河油田 6-7 区高精度三维地震,针对地质目标缝洞小、埋藏深、裂缝型、解决油水关系、缝洞单元需要量化五个特点进行了详细的论证,确定了塔河油田 6-7 区高精度三维观测系统的设计思路为小面元(提高横向分辨率)、高覆盖(提高信噪比)、大排列(提高深目的层成像)、大道数、宽方位(各向异性研究)。通过科学论证,本次高精度三维采用 32 线34 炮面元细分观测系统,总接收道数 11968 道(32 线 × 374 道/线),面元网格 15m × 15m/7.5m × 7.5m,覆盖次数 352 次/88 次,道间距/炮点距 30m,检波线距/炮线距均为 255m,最大非纵距 4192.5m,纵向炮检距 5730m,横纵比 0.75,线束滚动距离 510m。新采集的塔河油田6-7 区高精度资料和老剖面资料对比(图 2-7),可以看出,高精度三维剖面资料对缝洞型储层的识别能力得到明显提高,"串珠"更加清晰可靠,储层信息更加丰富,其他位置剖面资料同样显示,新资料对断裂的识别能力明显增强,对碎屑岩地层楔状尖灭体的分辨能力也大大增强。

塔河油田 6-7 区高精度三维地震取得非常理想的效果,证明高精度三维采集能够提高缝洞体的纵、横向分辨率,提高孔洞、裂缝的成像及预测精度,形成一套适合于塔河地区缝洞型油藏的地震采集参数,特别是相对优化的采集面元、叠加次数及纵横比参数。使得实际工区地震

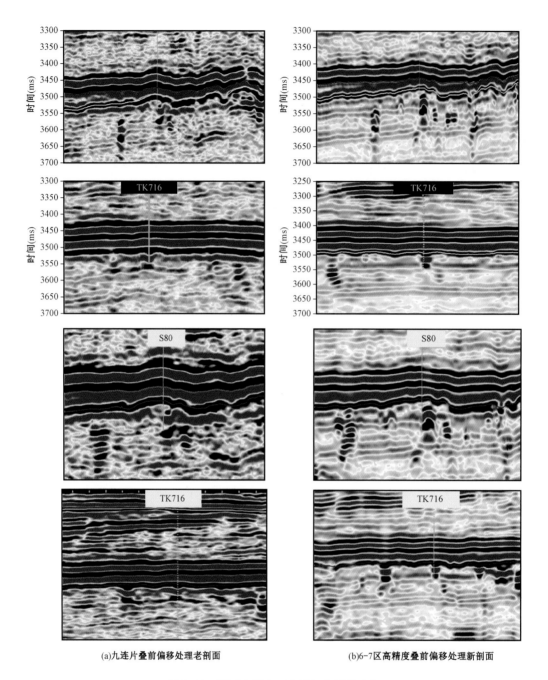

(a)九连片叠前偏移处理老剖面　　　　　　　(b)6-7区高精度叠前偏移处理新剖面

图 2-7　塔河油田 6-7 区新、老剖面对比

资料信噪比、成像质量和精度显著提高,消除采集足印,满足碳酸盐岩油气藏勘探要求,最终优化塔河油田岩溶缝洞储集体的高精度三维地震采集方案。

1. 面元大小的选择

面元的大小必须保证各面元叠加的反射信息具有真实代表性。面元大小的选择要有利于提高资料的横向分辨率,落实构造、岩性及岩溶缝洞特征。因此,必须先求取目标区主要研究地层的地球物理参数,根据 T738 井的钻井分层资料,结合前期三维地震资料,得出区内主要地层反射波地球物理参数见表 2-1。

表 2-1 地球物理参数表

层位	波组	T_0 (ms)	叠加速度 (m/s)	层速度 (m/s)	横波速度	深度 (m)	地层倾角 (°)	主频 (Hz)
侏罗系底	T_4^6	3012	3019	3729	2060	4437	2	32
三叠系底	T_5^0	3256	3062	4023	2081	4913	3	32
巴楚组顶	T_5^6	3450	3130	4772	2294	5427	3	30
中—下奥陶统顶	T_7^4	3516	3139	5217	2812	5500	4	25

面元的设计通常考虑以下几个因素:(1)目标地质体的大小;(2)最高无混叠频率;(3)横向分辨率,横向分辨率依赖于两个绕射点的距离,若小于最高频率的一个空间波长,它们就不能分辨开,如果面元设计过大,可能产生假频,不利于分辨率的提高。

根据所建立的地球物理模型,计算出该勘探区主体区不同目的层对应的面元边长见表 2-2。

表 2-2 主要目的层对应面元边长计算统计表

地震层位	层速度 (m/s)	地层倾角 (°)	最高频率 (Hz)	满足最高无混叠频率 (m)	满足不产生面波假频 (m)	满足横向分辨的要求 (m)
T_4^6	3729	2	80	≤224	≤19	≤23
T_5^0	4023	3	80	≤157	≤19	≤25
T_5^6	4772	3	80	≤169	≤19	≤30
T_7^4	5217	4	80	≤151	≤19	≤32

根据地球物理参数计算不同目的层对应面元边长计算结果可以看出,由于该区地层比较平坦,地层倾角较小,满足不产生假频要求的面元大小应当不大于 19m;满足横向分辨要求的面元大小应当不大于 32m;最高频率按 80Hz 计算,面元大小达到 150m,三叠系以下地层也不会产生最高无混叠频率,说明研究区内地层倾角小于 4°以下地层,面元大小设计基本可以不考虑产生最高无混叠频率问题。

为进一步验证倾斜地层段面元大小对最高无混叠频率的影响,对实际剖面上进行较大倾角段时间倾角验证,按以下公式计算:

$$\frac{\Delta t_1}{n \Delta x_1} \leqslant \frac{T_{min}/2}{\Delta x} = \frac{1}{2 \Delta x f_{max}}$$

$$\Delta x \leqslant \frac{n \Delta x_1}{2 f_{max} \Delta t_1} \qquad (2-1)$$

在剖面上找到倾角较大的区段,量取时间倾角,计算如下:

最大时间倾角 =81 道/80ms =1200m/80ms,假设混叠频率为 60Hz 时,则 CMP 间距≤1200/(4×60×0.08)=62.5m;假设混叠频率 90Hz 时,则 CMP 间距≤1200/(4×90×0.08)=47m。

从以上理论计算和实际资料分析可以看出,塔河满足最高无混叠频率的面元选择空间较大,与理论计算结论一致。

1) 实际资料分析

试验原始资料分析,通过对塔河油田高精度三维采集试验资料不同道距单炮资料对比分析看(图2-8至图2-10),5m道距的资料目的层连续性较好,但环境噪声严重,30m道距的资料(3~5s)之间主要目的层反射连续清晰,资料品质高,50m道距的资料目的层反射连续性变差,资料品质下降。

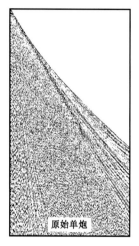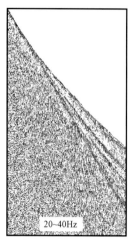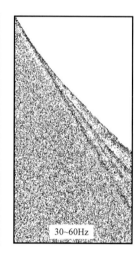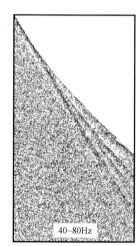

图2-8　5m道距不同频段分频扫描结果

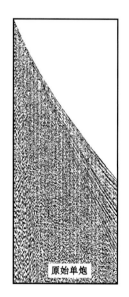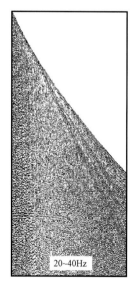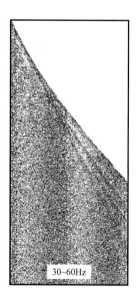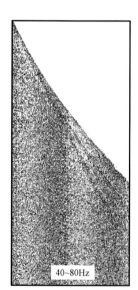

图2-9　30m道距不同频段分频扫描结果

通过抽道获取不同CMP点距叠加剖面(图2-11和图2-12),可以看出CMP点距2.5m、5m、10m的剖面在3.8s处主要目的层反射连续好,分辨率高,CMP点距15m的剖面该层反射能连续追踪,信噪比较高,CMP点距20m、25m的剖面该层连续性变差,只能断续追踪。说明道距小于30m可以提高目的层成像效果。

综合以上分析,基本确定15m×15m面元是该区高精度三维地震勘探有利的面元选择。

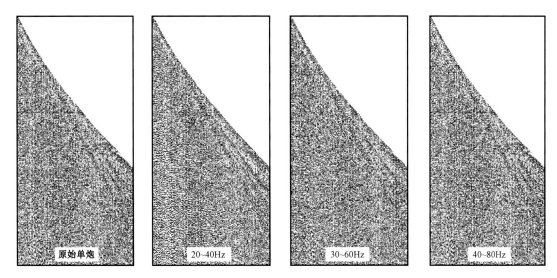

图 2 – 10　50m 道距不同频段分频扫描结果

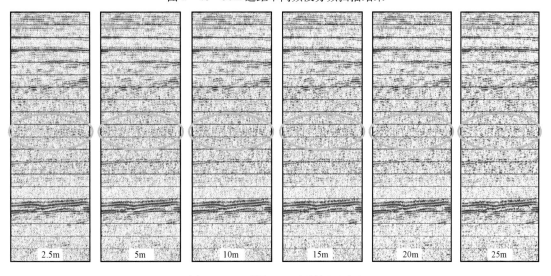

图 2 – 11　不同 CMP 点距剖面对比

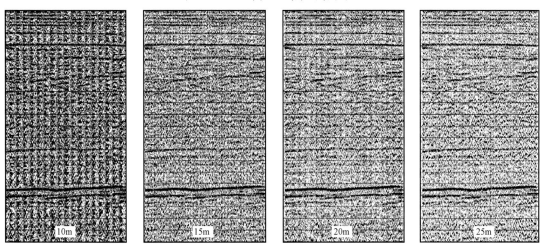

图 2 – 12　试验资料不同 CMP 点距叠加剖面对比

2）不同面元的室内参数组合精细处理剖面分析

从理论分析和叠加资料上基本确定高精度三维采用15m×15m面元比较理想,但是理论计算结论是理想状态,与实际地质情况差异很大;叠加剖面是简单的资料处理,很多地质现象不能刻画出来。对此,利用塔河6-7区高精度三维地震资料,室内进行不同参数组合处理,开展7.5m×7.5m、15m×15m、30m×30m不同面元大小、相同覆盖次数处理效果对比分析,通过不同面元大小的叠加剖面、叠后偏移剖面、叠前时间偏移剖面处理效果(图2-13至图2-16)以及相同覆盖次数(88次)的叠后偏移、叠前偏移剖面效果对比得出以下结论:

（1）在成像精度方面,7.5m×7.5m面元和15m×15m面元在分辨率和能量聚焦上和缝洞成像上差异不大,对奥陶系风化面、"串珠"能量刻画基本相当;30m×30m面元小缝洞体成像不清,30m×30m面元复杂缝洞成像横向分辨率低,信噪比明显降低;

（2）在断面刻画上,7.5m×7.5m面元和15m×15m面元断面刻画基本相当,15m×15m面元信噪比稍低,30m×30m面元断面刻画不清,信噪比明显降低。

从不同剖面对比可以看出,面元大小影响"串珠"的横向分辨率,随面元的增大,"串珠"的收敛性变差,较小溶洞的成像开始变得模糊不清。

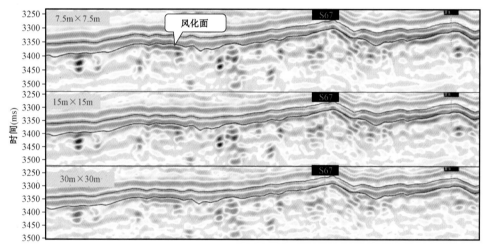

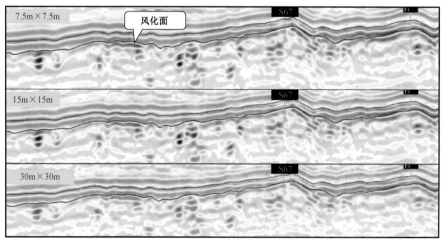

图2-13 塔河油田6-7区高精度三维地震资料不同面元剖面效果对比

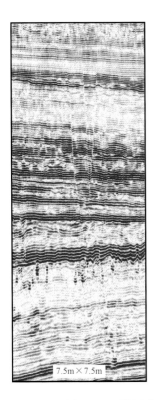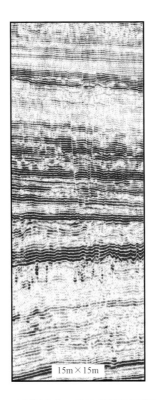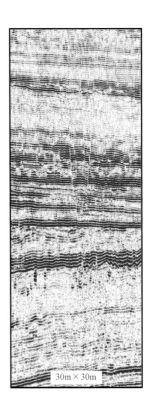

图 2 - 14　塔河油田 6 - 7 区高精度三维地震资料不同面元叠后偏移剖面对比

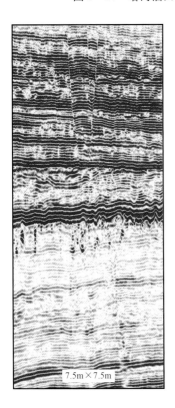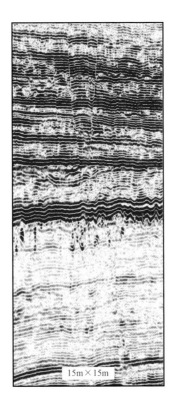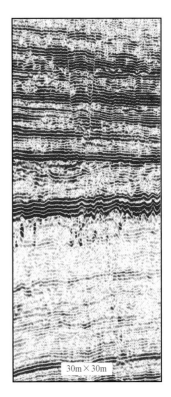

图 2 - 15　塔河油田 6 -7 区高精度三维地震资料不同面元叠前时间偏移剖面对比

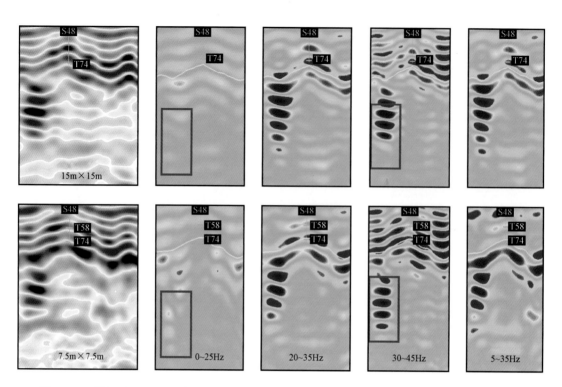

图 2－16　塔河油田 6－7 区高精度三维地震资料不同面元大小叠前深度偏移剖面分频显示对比

随着地震技术,特别是处理和解释技术的提高,传统理论上的横向分辨率限制不一定是横向分辨率的极限。由于塔河油田碳酸盐岩缝洞型储集体具有很强的非均质性,油藏的流体性质也较复杂,为了更好地识别、描述缝洞单元及流体的分布特征,应尽可能地提高资料纵横向分辨率,塔河高精度三维地震采用 15m×15m 的面元是该区域超深缝洞型油气藏地震勘探比较客观的选择。

2. 覆盖次数的确定

碳酸盐岩储集体勘探中的覆盖次数设计与构造型油藏勘探有较大的区别。碳酸盐岩油藏勘探是保证不同大小的储集体的成像效果,并主要体现在偏移剖面上。而偏移剖面上的碳酸盐岩内幕储层反射波的信噪比取决于叠加覆盖次数和可偏移的绕射波数据量(陈学强等,2007)。

对于目的层埋藏深的塔河油田,中、浅部疏松地层对有效信号造成不同程度的衰减,特别是对高频信号的衰减严重,导致深层资料的信噪比较低,高覆盖次数叠加可以快速提高资料信噪比。选择合理的覆盖次数,有效地压制噪声以拓宽有效频带,提高资料的信噪比。塔河油田前期三维地震的覆盖次数为 24 次,造成中、深目的层反射能量较弱,资料信噪比不高。

通过对塔河油田 6－7 区高精度三维地震资料超面元提高覆盖次数、抽炮降低覆盖次数叠加、偏移剖面进行对比分析(图 2－17 至图 2－19),高覆盖次数叠加可以快速提高地震资料信噪比,覆盖次数越高,地震资料信噪比越高,绕射波的能量就越强。在低覆盖次数(44～88 次)剖面上,各目的层反射连续性明显变差,在 3.5～4.5s 层间反射信噪比、分辨率明显变低。当达到一定覆盖次数(176～352 次)后,随着覆盖次数的增加,信噪比有所提升,一些细微的地质现象更清晰,但差异不明显,过高的覆盖次数对地震资料品质改善不大。

从不同覆盖次数叠前时间偏移剖面上(图 2－18)可以看出,横向分辨率对覆盖次数的敏感度较差,它影响剖面能量以及信噪比;随覆盖次数的增加,奥陶系内幕的信噪比高,"串珠"的能量增强(图 2－19)。

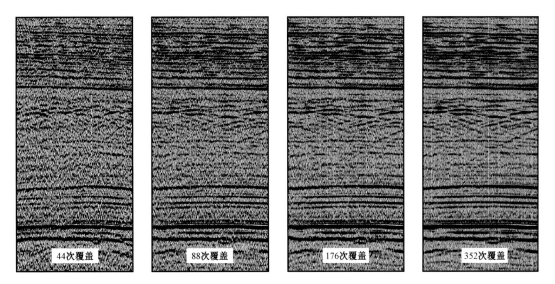

44次覆盖　　　88次覆盖　　　176次覆盖　　　352次覆盖

图 2 – 17　塔河油田 6 – 7 区高精度三维地震资料深层不同覆盖次数叠加剖面对比

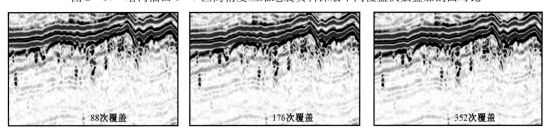

88次覆盖　　　　176次覆盖　　　　352次覆盖

图 2 – 18　塔河油田 6 – 7 区高精度三维地震资料深层不同覆盖次数偏移剖面对比

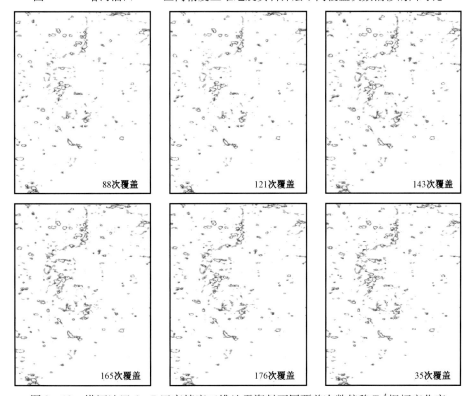

88次覆盖　　　　121次覆盖　　　　143次覆盖

165次覆盖　　　　176次覆盖　　　　35次覆盖

图 2 – 19　塔河油田 6 – 7 区高精度三维地震资料不同覆盖次数偏移 T_7^4 振幅变化率

针对不同覆盖次数叠前时间偏移剖面上，统计不同覆盖次数剖面的综合信噪比值及不同层位(T_5^0、T_7^4、T_8^0)的信噪比值(表 2−3)，绘制出不同覆盖次数剖面信噪比的关系曲线(图 2−20 和图 2−21)，综合统计曲线上，在低覆盖次数区间，剖面的信噪比提高很快，随覆盖次数的增大呈线性增加(图 2−20)，在覆盖次数 143 次附近，曲线出现拐点，为第一台阶；之后覆盖次数的增加信噪比上升幅度减小，趋势变缓，当覆盖次数上升到一定数值后，达到 176 次出现拐点，143 次到 176 次为第二台阶；覆盖次数从 176 次开始，随着覆盖次数增加，信噪比值增加更小，上升趋势更缓。

表 2−3　塔河油田 6−7 区高精度三维地震资料不同覆盖次数剖面分层信噪比值统计表

覆盖次数	22	44	88	99	121	143	165	176	352
T_8^0	2.9	5.8	7.7	8.3	8.9	9.2	9.9	10.3	10.6
T_7^4	4.1	8.1	10.5	11.4	11.7	12	12.6	12.9	13.3
T_5^0	4.9	9.8	12.7	13.6	13.8	14.2	15.1	15.6	15.8

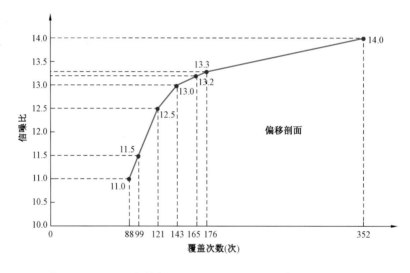

图 2−20　塔河油田 6−7 区高精度三维地震资料偏移剖面信噪比值与覆盖次数关系图

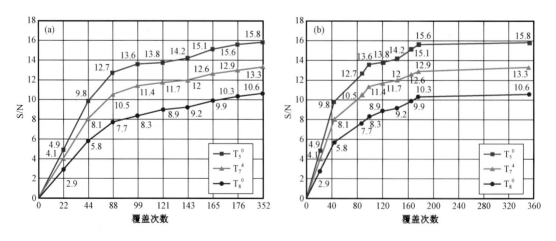

图 2−21　塔河油田 6−7 区高精度三维地震资料不同层位偏移剖面信噪比值与覆盖次数关系图

通过不同目的层统计的不同覆盖次数剖面信噪比值变化曲线(图2-21)。图2-21a按实际覆盖次数对应信噪比值进行绘制,横坐标为不等比例,在低覆盖次数区间,剖面的信噪比提高很快,随覆盖次数的增大呈线性增加(图2-21a),在覆盖次数88次附近,曲线出现拐点;之后覆盖次数的增加,信噪比上升幅度减小,趋势变缓,覆盖次数到352次,信噪比都在缓慢上升,没有出现拐点,不易判断第二台阶。为此,把横坐标表示的覆盖次数按等比例进行绘制(图2-21b),可以明显见到二个台阶三个区间,低覆盖次数区为线性提升阶段,中间区段为较快提升阶段,覆盖次数从176次开始,覆盖次数增加一倍,信噪比值增加非常微弱,曲线趋向于水平,说明覆盖次数达到176次以上后,对信噪比的贡献极其微弱。因此,认为研究区高精度三维覆盖次数设计在176次附近为经济覆盖次数,是高精度三维设计的门槛值。

3. 最大炮检距的选择

三维观测系统炮检距向量片(OVT)大小构成决定于相邻两条炮点线和相邻两条接收线之间的面积。炮检距向量片构成了准最小数据集,对于成像,理想情况就是拥有遍布整个探区的单次覆盖数据集,但是实际这些数据集存在空间不连续性,这样就产生了偏移空间假象,要使偏移假象最少,则数据的空间不连续性就要最小,也就是要采集到具有最小空间不连续性的数据集。

十字排列可以分裂成 N 个不想交的炮检距向量片(N 是覆盖次数),而正交观测系统的基本子集是一个"十字排列",它包含了一条接收线段上的所有有限范围内最小数据集,使炮检距向量的 x 和 y 分量在有限的范围变化,充分利用了用正交来达到中心点面积覆盖。

研究炮检距向量片构成对于构建地震波的连续波场,用炮点和检波点位置的小的移动使波场产生小的变化,保证数据采集中地下反射波场有较好的连续性,在处理中能够完整地重建该波场。

从塔河油区多年的开发过程中,区域上研究区内缝洞发育带分布特征及油水关系,就必须对主要生产层段采集到较高的地震反射波场,以更有利于分析当前状况下油水分布的变化,理想情况下能够在平面进行有利的缝洞发育部位扫描,确定有利钻井或侧钻靶位,提高靶点成功率,达到提高建产率和恢复产能的目的。

炮检距向量构成,与炮检距的设计有很大关系,它直接决定了三维地震采集中以下几个采集参数的确定。

勘探经验表明,长排列可获得深层的强反射信息,并能保证中、深层具有较高的有效覆盖次数,是提高复杂区采集质量的一种切实可行的方式。如果目的层深度在4500~5800m,最大炮检距的选择理论上必须考虑目的层埋深及满足处理方面的需求,即满足反射系数稳定、动校拉伸和速度分析精度的要求以及干扰波等的影响。

1)考虑反射系数稳定

反射系数随排列长度的变化而变化,当设计采集排列长度时,需要考虑最佳的接收范围。采集的目的不同,接收的范围是不一样的,为确保接收反射能量稳定,当反射界面入射角小于临界角时,反射系数比较稳定,从而对最大炮检距提出了要求:

$$X \leqslant 2 \sum_{i=1}^{N} H_i \times \text{tg} \theta_{i_c} \qquad (2-2)$$

式中　H_i——第 i 层地层厚度,m;

　　　　θ_{i_c}——第 i 层的反射临界角,(°);

X——炮检距。

根据地球物理参数及不同层位的临界角,计算反射系数稳定时对应最大炮检距(表2-4)。

表2-4 反射系数稳定对最大炮检距的要求

地层	地震层位	满足纵波反射系数 稳定最大炮检距小于(m)	满足纵波反射系数 稳定入射角小于(°)
侏罗系底	T_4^6	6000	40
三叠系底	T_5^0	7000	50
巴楚组顶	T_5^6	7500	30
中—下奥陶统顶	T_7^4	8000	50

2)动校正拉伸的影响

动校正拉伸会造成频率畸变,使同相轴向低频方向移动,尤其是大炮检距产生较大畸变,要求动校拉伸不得超出一定的误差范围,一般为12.5%。该误差范围受最大炮检距的制约,其关系如下式所示:

$$X_{max} \leqslant \sqrt{2t_0^2 V_{RMS}^2 D} \qquad (2-3)$$

式中 t_0——反射时间,s;

V_{RMS}——均方根速度,m/s;

D——拉伸参数。

3)满足速度分析精度的要求

在处理时求取较为准确的叠加速度,要求必须有足够的排列长度。常规处理中要求速度分析精度高于5%,速度分析精度与最大炮检距有如下关系(程明道等,2009):

$$X_{max} \geqslant \sqrt{\dfrac{2t_0}{f_p \left(\dfrac{1}{(V_{RMS} - \Delta V)^2} - \dfrac{1}{V_{RMS}^2} \right)}} \qquad (2-4)$$

式中 f_p——反射波主频,Hz;

t_0——反射时间,s;

V_{RMS}——均方根速度,m/s。

根据地球物理参数对目标区内各主要目的层进行计算(表2-5)。

表2-5 满足动校拉伸和速度分析精度要求最大炮检距分析表

地层	地震层位	满足动校拉伸的 X_{max}(m)(12.5%)	满足速度精度的 X_{max}(m)(5%)	目的层埋深 (m)
侏罗系底	T_4^6	4548	2759	4556
三叠系底	T_5^0	4982	2971	4989
巴楚组顶	T_5^6	5400	3230	5408
中—下奥陶统顶	T_7^4	5446	3558	5451

由于地层的吸收作用,地震波的反射振幅随着炮检距的增大而减小。当入射角接近或等于临界角时,会出现极不稳定的异常极值,即反射系数不稳定(李刚,2013),计算中—下奥陶

统顶保证满足反射系数稳定对最大炮检距要求不大于8000m。而动校正拉伸会造成频率畸变,使同相轴向低频方向移动,尤其是大炮检距产生较大畸变,要求动校拉伸不得超出一定的误差范围,一般为12.5%,满足动校拉伸要求的最大炮检距不大于5446m。

在处理时求取较为准确的叠加速度,要求必须有足够的排列长度,满足速度分析精度的要求,满足速度分析精度要求的最大炮检距不大于3558m。

4)绕射波识别孔洞分析

由于储集体是缝洞型储集体,绕射波有利于识别孔洞成像,通过建立带有缝洞的地质模型对反射波和缝洞产生的绕射波进行模型正演(图2-22)。可以看出:绕射波在记录上经常以反射波的延续形式出现,而且时距曲线的形式也是双曲线,它的曲率比反射波时距曲线大;绕射波识别孔洞,孔洞埋深越小,其时距曲线曲率越大;孔洞埋深越大,则时距曲线曲率越小。

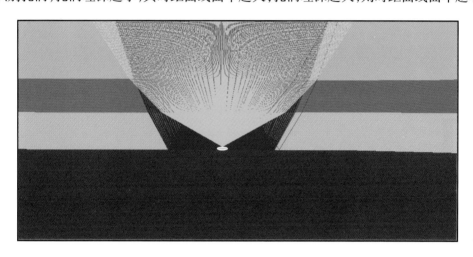

图2-22　带有缝洞的界面处反射波和绕射波模型正演分析

因此,接收绕射波的排列长度应略大于接收反射波所需的排列长度。当缝洞埋深在5000m时接收绕射波所需要的排列长度比接收反射波所需要的排列长度增加8%左右,即需要排列长度为5400m。

5)对低幅度体成像效果模拟

对埋深大于5000m的低幅度构造体(1500m×50m和1000m×25m)进行自激自收单炮模拟,从单炮合成记录上看,5500m偏移距对低幅度构造体能够成像,反射连续性可以追踪(图2-23)。

通过以上理论及实际资料对最大炮检距分析,高精度三维地震采集最大炮检距应在6000m左右。

4. 方位角与储层成像关系

高精度三维地震采集方位角大小与设计观测系统模板的排列片宽窄有关,一个三维观测系统是宽方位或窄方位都用横纵比的大小表示,横纵比大于0.5的模板就是宽方位观测系统,横纵比小于0.5的模板就是窄方位观测系统;方位角越宽越有利于获得来自地下各方向的地震信息,有利于地震波场的连续观测,保证观测系统的单次覆盖子集进行均匀的采样,保证空间波场连续,尽量在每个观测系统的单次覆盖子集采集中达到同样的连续性;目前选择观测系统时,主要通过增加横向接收线数,提高横向覆盖次数,使纵、横向覆盖次数相当,从而改善面

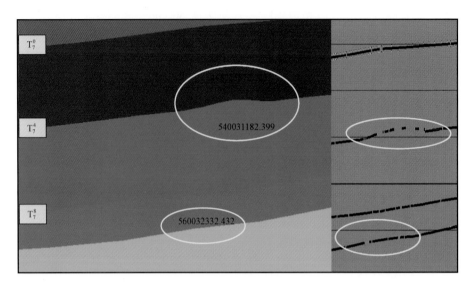

图 2 – 23　对埋深大于 5000m 低幅度构造模拟接收单炮单炮

元中大炮检距方位角的分布,达到宽方位设计的目的。

方位角与成像关系的分析单纯从理论上计算只能研究数值上的差异,同时方位角与横纵比关系密切,相同排列片设计模板上,变更一个参数就可以改变方位角分布,如保持线束数不变,即保持横向覆盖次数不变,改变线束间距可以改变方位角大小;改变线束滚动排列数,同样改变方位角分布。因此,为客观论证不同横纵比情况下的方位角分布与储层成像的关系,可利用塔河实施的 6 – 7 区高精度三维地震实际资料,在其观测系统 32L – 17S – 374T 横纵比达到 0.75 的基础上,再拆分出观测系统 24L – 17S – 374T 横纵比达到 0.57 和 16L – 17S – 374T 横纵比达为 0.38 的观测系统 2 套方案,进行横纵比分别为 0.38、0.57、0.75 的 3 种观测系统。这样保证接收条件、单炮资料不变的条件下,只改变接收排列一个参数,可以更真实研究方位角与储层成像的关系(图 2 – 24)。

通过对塔河油田 6 – 7 区高精度三维地震资料按横纵比分别为 0.38、0.57、0.75 的 3 种观测系统进行方位角变化成像效果处理研究,结果表明:不同方位角整体成像效果差异不大,不同的横纵比方位角不同,风化面和串珠成像效果相当,0.75 串珠的收敛性略好,三种观测系统对大断裂刻画能力相当,但是随着横纵比的增大,对小断裂刻画更为清晰(图 2 – 24)。因此,针对塔河超深缝洞型油气藏进行高精度三维地震,过高的横纵比对提高成像精度实质性贡献不大,同时大大提高勘探成本。10 区东采用横纵比 0.57 的观测系统也进一步验证了这一结论。

5. 基于采集脚印压制的三维观测系统优化设计

观测系统设计目标是实现高精度的叠前偏移成像,均匀、对称、波场连续无假频采样是观测系统最理想的境界,基于该理念设计观测系统能最大程度地降低采集脚印,保障成像质量和有效去噪,提高资料信噪比。采集脚印是描述三维地震勘探的一种地震噪声,它是由观测系统不完全采样引起的地震成像中出现的周期性振幅假象,在叠加或偏移地震数据层切片上表现出与所使用的采集观测系统对应的振幅变化,是影响资料保真度的重要因素之一,由观测系统设计造成对采集数据振幅的这种影响,对岩性和裂缝—孔洞预测来说应当最大限度地削弱或消除。因此,选择采集脚印影响最小的观测系统对成像来说至关重要。

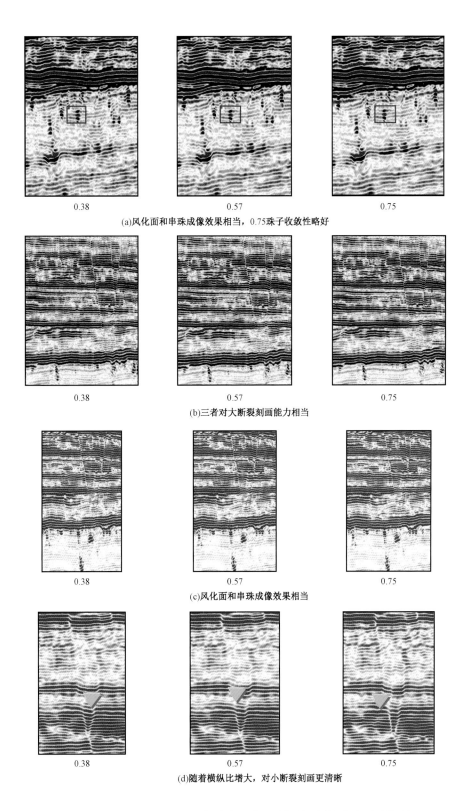

图 2 – 24　塔河油田 6 – 7 区高精度三维地震资料不同方位角试验资料

影响采集脚印的因素是综合的,包括三维观测系统形式及道距、线间距、最大纵向和横向炮检距以及排列片滚动距离等参数,通过以上参数优选,可以在尽可能多的 CMP 面元中获得满足叠前偏移成像要求的规则炮检距分布,使三维地震波场采样均匀、连续、充分和对称,最大限度减小空间不连续性,降低采集脚印,为精确的速度分析、高保真处理和高精度叠前偏移成像提供可靠资料。

依据采集脚印大小评价和选择观测系统有利于塔河地区奥陶系缝洞储层的精确成像和有效识别。减小采集脚印最理想的办法就是在每个 CMP 面元中对炮检距进行精细和规则采样。精细指的是采样密度,即减小道距和线距,均匀地增加炮点和检波点密度,进行宽方位或全方位的高密度采集;规则指的是炮检距和覆盖次数分布,采集脚印与分炮检距覆盖次数分布具有较好的对应关系,而分炮检距覆盖次数的不均匀性是由炮检距属性的不均匀决定的,即采集脚印是由炮检距属性的不均匀性产生的,因此,改善炮检距分布是降低采集脚印的有效办法。另外,排列片滚动的快慢也是形成采集脚印的一个关键因素,对于同一种形式的观测系统,滚动的慢,有利于减小采集脚印。图 2-25 给出了采用 24 线正交观测系统横向每次滚动 1、2、3、4、6 个排列时奥陶系主要目的层(T_7^4)模拟 CRP 覆盖次数分布变化情况。可以看出,每次横向滚动排列线越少则 CRP 覆盖次数分布越均匀,而多线滚动会产生较大的空间不连续性,导致较大的采集脚印。

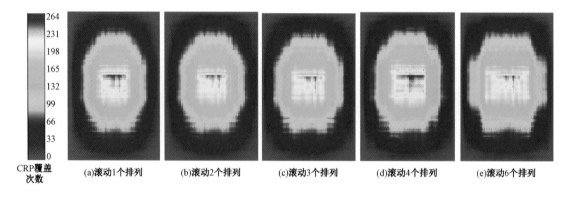

CRP覆盖
次数

(a)滚动1个排列　(b)滚动2个排列　(c)滚动3个排列　(d)滚动4个排列　(e)滚动6个排列

图 2-25　横向每次滚动不同排列时主要目的层(T_7^4)模拟 CRP 覆盖次数分布

研究还表明,排列片滚动快慢对静校正量的求取也有明显影响,静校正不准会加大层位切片上的采集脚印,设计观测系统时,可以通过模拟计算炮点和检波点的静校正耦合值,来评估每种观测系统对采集脚印的压制效果,从而优选观测系统。表 2-6 给出了 24 线正交观测系统每次横向滚动 1、2、3、4、6、12 条排列时的炮点和检波点模拟静校正耦合值。可以看出,每次横向滚动排列越少,炮点和检波点静校正耦合值越大,此时,相邻 CMP 道集中会有更多的相同激发点和接收点,有利于对剩余静校正量的求解,静校正效果就会越好,而每次横向滚动排列数小于 3 时,炮点和检波点静校正耦合值差别很小,说明效果相差不大。

表 2-6　24 线观测系统横向滚动排列数对炮、检点静校正耦合影响模拟值

每次横向滚动排列数	1	2	3	4	6	12
所对应的观测系统形式	24 线 8 炮	24 线 16 炮	24 线 24 炮	24 线 32 炮	24 线 48 炮	24 线 96 炮
炮点静校正耦合值	8064	8044	7920	7526	7224	6523
检波点静校正耦合值	3840	3780	3672	3122	2842	2013

因此,在塔河地区进行高精度超深缝洞型三维地震勘探,逐渐积累了一套成熟的"两小、两大、一高、一宽"(小面元、小滚动线数、大排列、大道数、高覆盖、宽方位)面对塔河超深缝洞型油气藏的高精度地震采集技术方法和经验,选取采用小网格、高覆盖、长排列、宽方位的大道数三维正交观测系统横向慢滚动,有利于降低采集脚印,提高缝洞储集体的叠前偏移成像精度。

综合以上采集参数论证研究结果和实际地震资料综合分析结论,形成了塔河超深缝洞型油气藏高精度三维观测系统。主要参数如下:

(1)观测系统:24 线 ×8 炮 ×336 道;

(2)面元尺寸:15m(Inline)×15m(Crossline);

(3)覆盖次数:14(Inline)×12(Crossline)= 168 次;

(4)道间距:30m;

(5)检波线距:240m;

(6)炮点距:30m;

(7)炮线距:360m;

(8)接收道数:336 道 ×24 = 8064 道;

(9)每束接收线数:24 线;

(10)最大非纵距:2865m;

(11)纵向炮检距:5025m;

(12)最大炮检距:5784.36m;

(13)横纵比:0.57;

(14)排列片宽:5520m;

(15)线束间滚动距离:240m(重复 23 条检波线);

(16)道密度:746667 道/km^2。

按照以上观测系统采集,依据主要目的层的埋深,可以计算出塔河油田各目的层的有效覆盖次数见表 2 – 7。

表 2 – 7　塔河油田 10 区东各主要目的层有效覆盖次数统计

层位	波组	埋藏深度(m)	地层倾角(°)	有效覆盖次数(次)
侏罗系底	T_4^6	4437	2	128 ~ 135
三叠系底	T_5^0	4913	3	140 ~ 149
巴楚组顶	T_5^6	5427	3	155 ~ 166
中—下奥陶统顶	T_7^4	5500	4	156 ~ 168

二、面向深层缝洞体的激发技术

在塔河地区,进行高品质激发的关键是根据表层结构精细调查,在高速层中寻找一个合适的深度,能够避开近地表虚反射的影响,且具有较好的岩性,能够激发出特征较好、频带较宽的地震子波,提高分辨率;其次是优选一个合适的激发药量,在能够获得足够激发能量前提下,努力拓宽有效频带。

塔河地区近地表有较稳定的潜水面,这个较为稳定的潜水面是一个随地表高程平缓变化的界面,由于塔里木沙漠区表层很难钻遇到成岩地层,目前在沙漠地震采集中公认为潜水面就是高速层顶界面;沙漠地表的潜水面既是一个很强的屏蔽面,也是一个很强的虚反射界面。塔里木盆地沙漠地区多年勘探实践证明,潜水面以下激发是塔里木盆地较为成熟的方法(王军锋等,2012),潜水面下5~7m激发能有效地提高地震激发的能量和分辨率。同时,塔河地区潜水面下普遍分布有胶泥层,有利于进行高品质地震波激发,精确获取潜水面的埋深,根据地震波激发理论,逐点优选最佳激发参数,就能够获取高质量地震记录。如何获取到精确的潜水面是沙漠地震勘探解决激发问题的关键。

(一)表层结构调查技术

获取准确的潜水面埋深,必须开展精细的表层结构调查。精细表层调查是针对沙漠区地表类型多,表层结构复杂的特点,通过针对性的技术手段获取表层地质结构的地震采集技术,目前高精度三维地震勘探表层结构调查,主要采用双井微测井和单井微测井的调查方法(图2-26),双井微测井观测的同时布设单井微测井,根据两种微测井解释成果对比,改进单井微测井的观测参数,保证两种方法解释成果基本一致。双井微测井比表层调查精度较高,但是,施工成本高,且施工效率低,实际地震采集施工中往往仅安排在几个代表性的系统试验点实施;而单井微测井由于和双井微测井解释结论差异很小,三维地震工区区域性表层结构调查基本采用单井微测井,因此,沙漠区提到的采用微测井开展表层结构调查,一般都是指采用单井微测井观测。

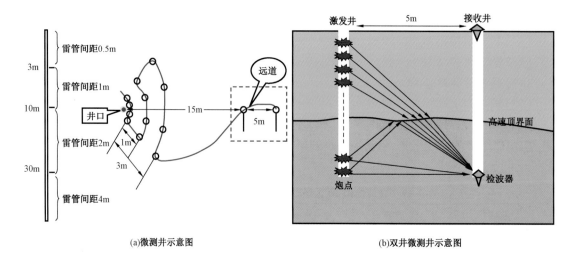

(a)微测井示意图　　　　　　　　　　　(b)双井微测井示意图

图2-26　单井微测井与双井微测井施工示意图

为保证整个工区的表层调查精度,高精度三维地震施工,微测井点位布设密度较高,一般采用(1km×1km)~(2km×2km)的网格进行布设,特殊地段加密到0.5km×1km,微测井的施工原理和方法很多资料里都有详细介绍,这里,只是提醒不同区域微测井观测点位设计必须因地制宜地进行优化,以能够明显解释到表层速度变化拐点,以便提供准确的潜水面埋深。微测井的施工必须早于正常生产,待采集到一定面积内的微测井成果后,综合评判施工区域内潜水面的埋深分布规律,为后续井深设计提供可靠的数据。

由于沙漠区的地表属于不固定流沙和浮土,长期的风沙搬运,形成不同类型的沙垄、沙丘以及低洼地,微测井进行表层调查过程中,发现在沙丘区低洼地带靠近潜水面附近的高速层内有时存在着厚度不一的低频层,在微测井合成记录上可以看到,高速层内(潜水面附近)存在着单道记录的波形特征能量强、频率明显低于其他地震道的某一厚度层(图2-27a)。低频层的特征主要有四个方面：一是波形能量强、频率低；二是低频层速度为高速，一般在1600m/s以上；三是位于潜水面附近，厚度一般不超过5m；四是低频层一般存在于低降速层总厚度小于25m的高速层内(王军锋等，2012)。低频层发育机理尚待研究，分布区域没有规律性(图2-27b)，在低频层中激发获得的资料能量弱、信噪比低。

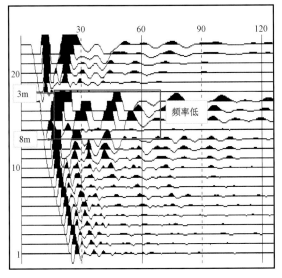

(a) 某区A点微测井记录低频现象　　　　　(b) 某三维工区激发顶界面及低频层分布图

图2-27　塔河地区表层低频层特征及分布情况

在低降速层厚度较薄的高速层内低频层存在区，常规微测井往往会导致一定的解释误差。在常规微测井方法的基础上，采用改进的微测井方法，在折射波观测盲区以外增加观测点，即所谓的微测井折射波调查方法(图2-26b)。折射法微测井是一种更为合适的调查方法，适用范围较广，可以通过远道初至折射波和初至透射波的特征差异，标定各种表层分界面，提高微测井的解释精度。从图2-26a上可以看出，初至折射波特征表现为振幅较小，频率较低，初至时间由深到浅逐步变大；初至透射波特征表现为振幅较大，频率较高，初至时间由浅到深逐步变大。

常规微测井资料解释，往往是单一的依靠时距曲线，存在人为的因素较大。通过在折射波观测盲区以外增加观测点，由于远道观测结果读取的是产生相邻初至折射波和透射波的两个激发深度的中间值，其精度与界面附近的采样间隔有关，采样间隔越小，读取的数据精度越高，根据远道初至折射波和初至透射波的波形特征差异，轻易标定速度界面，其结果直观、可靠。相对以校验时距曲线解释结果，可以大大减小人为因素带来的解释误差。多个工区实例验证，常规微测井观测时，多布设几个远道检波器，可以明显提高解释精度，两者误差可以控制在0.2m。

(二) 激发井深试验优选

确定了各个激发点的潜水面埋深以后，提高激发能量的井深需要严谨的野外试验进行确定，即便是成熟的沙漠三维地震勘探区，由于地表流动性的存在，每次施工前都需要进行激发井深试验优选，尽可能避免照搬以往的施工参数，试验采用的观测系统必须是拟定的三维观测系统，不能用单排列代替三维片。

由于潜水面造成虚反射界面的稳定存在，激发井深应该位于潜水面以下某个深度。这个深度依据两个条件选择：一是该深度应该大于炸药药柱的爆炸半径r，它与药量Q的关系式为

$r \geq kQ^{1/3}$，其中 k 为比例系数，一般取值为 1.5；二是尽量避开虚反射对频率的影响，以塔河油区为例，依据公式 $h \leq v/(4f)$ 进行计算，h 为药顶距虚反射界面的距离，v 为层速度，f 为需要保护的频率。根据以上理论计算药顶与潜水面的距离不能小于 3m，因此，选择潜水面以下 3m、4m、5m、6m、7m、8m、9m 七个深度进行激发因素优选试验。由单炮记录、频率谱和自相关子波分析认为，该区地震激发频率、子波特征对井深变化非常敏感，潜水面以下 5m 激发能够获得好的炮记录，资料有效频带最宽，子波特征好，信噪比高，图 2-28 给出了该区激发井深对比试验 50～100Hz 滤波记录，可以看出，潜水面以下 5m 激发高频段能量强，信噪比高，同相轴更清楚。

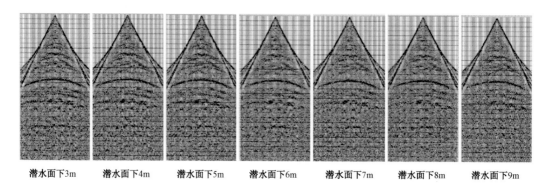

| 潜水面下3m | 潜水面下4m | 潜水面下5m | 潜水面下6m | 潜水面下7m | 潜水面下8m | 潜水面下9m |

图 2-28　塔河地区潜水面以下不同深度激发 50～100Hz 分频滤波记录

（三）激发药量试验优选

激发药量是确保大排列、大道数、宽方位、高覆盖三维观测系统能否有效实施，获得奥陶系缝洞储层勘探目标弱反射信号的重要采集因素之一。根据理论，激发能量随药量的增加而增大，但单炮记录视主频随着药量的增大反而会向低频方向移动，不利于提高激发频率，因此，激发药量不是越大越好，而是选择一个能够激发出较高地震波能量同时激发频带又较宽的参数。图 2-29 给出了塔河地区不同激发药量 40～80Hz 分频滤波记录，可以看出，10～12kg 药量激发高频成分能量较强，目的层信息更清楚，频率谱、能量和信噪比分析也认为，12kg 是最适合该区高品质激发的最佳药量。

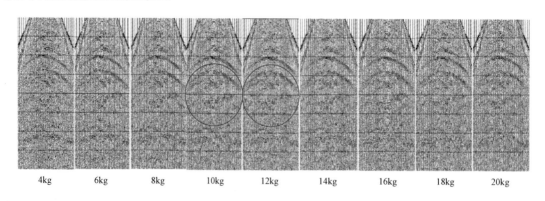

| 4kg | 6kg | 8kg | 10kg | 12kg | 14kg | 16kg | 18kg | 20kg |

图 2-29　给出了塔河地区不同激发药量 40～80Hz 分频滤波记录

为了保证整个塔河地区高精度勘探设计方案的有效实施，在采集过程中，应对各个环节加大监控力度，确保地震原始资料能量、频率的一致性，为后续的保幅、高信噪比处理打下坚实的基础。

三、面向深层缝洞体的接收技术

目前陆上地震采集接收大部分仍然采用多个模拟检波器接收,在检波器接收环节提高资料信噪比。一方面要靠野外现场挖坑埋置好每个检波器,确保检波器与地面介质的耦合质量;另一方面,需要有针对性地进行检波器组合方式试验,通过不同的检波器组合方式压制各种规则、不规则噪声干扰,提高原始资料的信噪比。当前阶段,面向开发的高精度三维地震仍采用常规速度检波器串组合,因此,压噪仍然靠野外采集环节,室内处理环节为了提高叠前偏移数据体的信噪比,要求野外尽可能地对有效波和规则干扰波都进行充分采样,以便于能更好地进行无假频去噪,确保信号特征的保真和岩性的识别。目前来看,适当采用小面积检波器组合来压制低速干扰,似乎比提高空间采样率无假频采集更经济、有效,因此,野外组合检波的作用在目前还是不可替代的,需要在高信噪比和有效信号特征保持之间选择一个科学的平衡,在野外利用有效波与干扰波传播特性之间的差异来帮助我们优选检波器组合图形和组合参数,进行合理压噪,以达到突出有效波,压制干扰波的目的。

(一)开展油区主要干扰波类型及其传播特征精细调查

塔河油田作为开发老油区,地面抽油机、大钻、联合站等油田设施遍布,这些固定干扰源产生的噪声能量强,影响范围大,它们的视主频在目的层有效频带范围内,对地震记录面貌造成很大影响,能明显降低原始资料信噪比。因此,采用"L"形加方形排列在野外进行干扰波调查,通过对噪声记录进行均方根振幅、视频率、视速度分析,得到表2-8塔河地区各种干扰波的影响半径及特征参数。可以看出,除抽油机、联合站干扰能量与有效波能量平均值0.65比较接近外,面波、折射波、直达波和大钻干扰能量远远强于该平均值,表中所列各种干扰与环境噪声均方根振幅平均值0.01的比值范围为72~1327倍之间。

表2-8 塔河地区各种干扰波的影响半径及特征参数

名称	面波Ⅰ	面波Ⅱ	面波Ⅲ	折射波Ⅰ	折射波Ⅱ	直达波	大钻	抽油机	联合站
影响半径(m)	近排列	中排列	全排列	全排列	全排列	全排列	2000	100	170
视速度(m/s)	340	562	1014	2284	2713	2001	246	230	200
视主频(Hz)	4	6	22	20	18	24	4	40	24
视波长(m)	85	94	46	114	150	83	61	6	8
均方根振幅值	12.19	5.13	2.58	13.05	13.27	15.31	4.17	0.72	0.93
要求的组合基距(m)	77	85	42	103	137	76	56	5	8

图2-30给出了大钻、抽油机和联合站干扰波调查道记录与频率谱分析,可以看出,大钻频率成分在0~60Hz,能量强,影响范围大,在2000m左右的距离才能衰减到环境噪声平均水平,是该区最强的固定干扰类型,记录上其波形呈双曲线特征,与反射波同相轴类似,对地震记录面貌影响巨大,需重点压制。抽油机和联合站干扰波频带分布在0~80Hz之间,有明显的峰值频率,能量较大钻弱很多,且影响范围小,从两者相位特征来看,不同抽油机和联合站在不同时间的干扰初始相位有所不同,更具有随机性,因此,采用检波器组合、多次叠加覆盖等压制随机噪声的方法进行有针对性的压制,能够取得一定效果。

(二)组合图形与组合方向的选择

组合图形和组合方向选择的主要依据是欲压制噪声的类型和特性(主要是方向特性)。

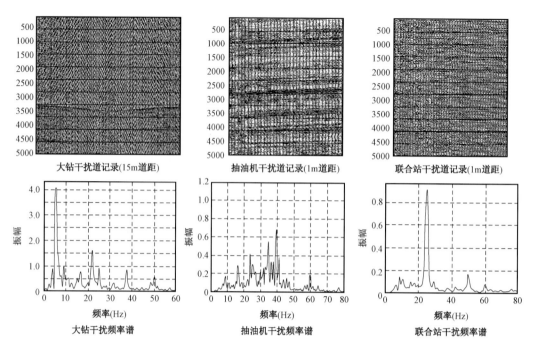

图 2-30　塔河地区主要固定干扰波调查记录与频率谱特征

根据理论,组合检波具有很强的方向特性,多数三维地震采集通常会采用具有圆形或接近圆形响应的面积组合图形,以便于均匀压制来自各个方向上的噪声,除非已知某种特殊噪声传播方向固定,且能量明显强于其他干扰的情况下,检波器的组合方向可以选择沿噪声传播方向拉开,该方向上的检波器个数也要远远多于其垂直方向,此时组合的响应特征更像是一压扁的椭圆形。塔河地区的环境噪声类型多,传播特性各异,非常适合采用具有类似于圆形响应特征的面积组合对噪声进行压制。通过对"品"字形、"川"字形、圆形等多种面积组合图形的响应特征进行理论模拟分析和野外试验对比认为,"品"字形面积组合具有近似圆形的响应特征,且压噪分贝高,所得地震单炮记录和剖面信噪比都较高,同相轴更连续,能量强,压噪效果更好。图 2-31 给出了塔河地区不同检波器组合图形理论模拟分析与 40~80Hz 分频滤波记录对比,可以看出,三种组合图形对 30m 以内的短波长地震波都有明显的压制作用,压制面积都呈圆形,从压制模拟效果来看,"品"字形组合各个方向压制最均匀,其次为"川"字形,再次为圆形,结合塔河 S48 井区和 10 区西试验单炮记录来看,"品"字形检波器组合高频段资料信噪比和能量都要稍好于"川"字形和圆形组合,单炮记录的有效频带在高频端得到明显拓宽,更适合于该区缝洞型储层勘探对分辨率的要求,该图形也是塔河地区接收地震波一直采用的检波器组合方式。

(三)组合参数的选择

组合参数主要包括组内距和组合基距,一般在组合图形确定后,依据组合压噪的频率响应或波数响应特征来选择组内距和组合基距。欲压制的波数范围决定了组内距和组合的面积,组内距越小,受压制的波数越大;组合的面积越大,中央通放带就越窄。组内距主要是依据环境噪声相关半径来设计,一般要求组内距大小应该设计与相关半径相当或差别不大,才能最好的压制环境噪声,塔河地区环境噪声相关半径横向为 4m,纵向为 3m,相应的检波器组合图形组内距也分别设计为 4m 和 3m。组合基距依据干扰波最大视波长公式进行计算,

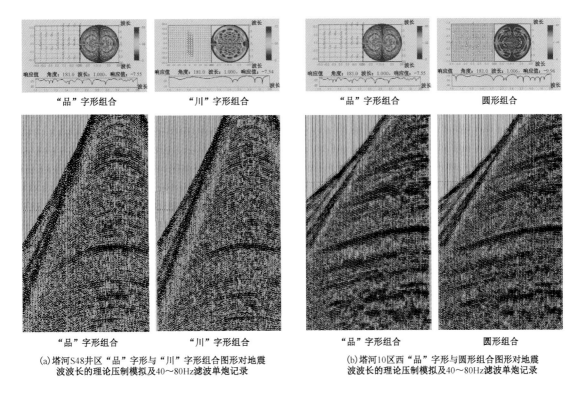

(a) 塔河S48井区"品"字形与"川"字形组合图形对地震　　　　　(b) 塔河10区西"品"字形与圆形组合图形对地震
波波长的理论压制模拟及40～80Hz滤波单炮记录　　　　　　　波波长的理论压制模拟及40～80Hz滤波单炮记录

图2-31　塔河地区不同检波器组合图形理论模拟分析与试验单炮记录对比

$$L \geq 0.91\lambda_{max} = 0.91 v_{max}/f_{min} \qquad (2-5)$$

式中　L——组合基距,m;

　　　λ_{max}——最大视波长,m;

　　　v_{max}——最大视速度,m/s;

　　　f_{min}——最小视频率,Hz。

依据以上公式和干扰波特征参数,计算出该区各种干扰波要求的组合基距(表2-8)。可以看出,压制面波、折射波、直达波和大钻干扰需要较大的组合基距,且远超过该区采集道距30m,这在野外无法实现;而压制抽油机、联合站干扰需要的组合基距都较小,野外选用的组合基距只要不超过采集道距30m基本上都能对这些固定干扰起到一定的压制作用。由于大钻干扰能量非常强,依靠组合图形并不能将之压制到有效波均方根振幅平均值以下,因此,大钻干扰最好的压制方法就是停钻,来进行低噪声施工,以确保单炮记录信噪比,在不能停大钻情况下,可采用处理手段进行去除。

由于塔河地表密林广布,各种障碍物较多,对野外组合图形的准确布设带来一定难度,许多时候必须要减小组合基距压缩图形才能满足组内高差和保持图形要求,这会极大地降低组合的实际压噪效果。因此,对各种组合图形压缩方案进行了模拟分析,用以指导野外组合图形的摆放。图2-32a是在横向组合基距为28m不变情况下,将纵向组合基距从28m依次压缩为21m、14m和7m时的频率域压噪效果,可以看出,压扁组合图形导致压噪方位迅速变窄,但能压制的最高频率并没有改变,即组合图形在一个方向压扁后,尽管压噪变得不均匀,但压噪效果依然明显,在野外地形复杂时,可以采用这种原则摆放组合图形。再分析纵、横向同时压缩组合图形的情况(图2-32b),组合基距从21m×21m依次压缩到14m×14m和7m×7m,可以看出,能压制的最低频率会迅速向高频方向移动,基距为7m×7m的组合图形对于100Hz以内的地震波频率成分基本上属于全通放,毫无压制作用可言。因此,塔河地区遇到障碍物时的组合图形摆放原则应该是至少在一个方向拉开确保组合的压噪功能实现。

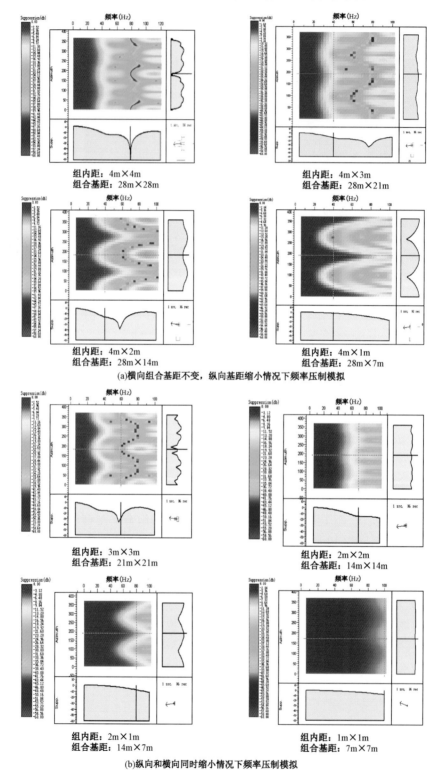

组内距:4m×4m
组合基距:28m×28m

组内距:4m×3m
组合基距:28m×21m

组内距:4m×2m
组合基距:28m×14m

组内距:4m×1m
组合基距:28m×7m

(a)横向组合基距不变,纵向基距缩小情况下频率压制模拟

组内距:3m×3m
组合基距:21m×21m

组内距:2m×2m
组合基距:14m×14m

组内距:2m×1m
组合基距:14m×7m

组内距:1m×1m
组合基距:7m×7m

(b)纵向和横向同时缩小情况下频率压制模拟

图2-32　不同基距检波器组合图形在频率域的压噪效果模拟分析

第二节　高精度三维地震处理关键技术

塔河油田碳酸盐岩缝洞型储集体地震资料成像技术由叠后时间偏移发展到叠前时间偏移、叠前深度偏移、逆时偏移（RTM），目前已经形成的塔河油田碳酸盐岩缝洞型储集体高精度处理技术大幅度地提高了碳酸盐岩缝洞型储集体的成像精度，在油田开发实践中应用效果明显，本节主要介绍一些在塔河油田高精度三维处理中具有特色的思路及关键技术，而一些常规成熟的处理方法在此不再阐述。

一、缝洞型储集体地震资料处理对策

（一）塔河油田地震资料特点

（1）受近地表激发、接收因素，以及激发药量、井深等影响，单炮能量有一定差异，通过对炮集资料交互显示分析，认为同一炮集内、炮集之间能量差异较明显，单炮能量衰减快，深层能量弱，存在能量不一致问题。

（2）分析地震资料的频率特征、不同时窗的主频变化特征认为，炮间频率差异大，单炮记录优势频率主要在 6～60Hz，深层频率衰减快。碎屑岩层系频宽稍宽，主要在 6～80Hz，奥陶系内部有效频宽相对较窄，在 6～50Hz。

（3）地震资料面波、折射波等干扰波发育，面波频率高端达到 16Hz 以上，频带较宽，能量较强，速度变化大，与低频有效信号存在一定范围的重合区域。大钻、机械干扰、工业干扰、随机干扰等影响地震记录面貌。

（4）塔河油田地震资料的信噪比在整个塔里木盆地属于较高信噪比地震资料，由于激发接受条件的不同，单炮间的信噪比差异较为明显，北部地震资料信噪比较高，西南单炮信噪比较低；浅、中层的信噪比较高，速度谱分析能量较为集中；奥陶系目的层段埋藏深、信噪比偏低，能量弱；碳酸盐岩缝洞型储集体绕射波发育，速度场纵横向变化比较复杂，缝洞体储集体成像对偏移速度较为敏感，这加大了叠前偏移速度模型的准确建立和精确偏移成像的难度。

（二）缝洞型储集体地震资料处理难点

塔河油田勘探开发目的层较深，断裂及古岩溶地貌发育，区内岩溶缝洞型圈闭的落实，需要精细刻画奥陶系风化面展布特征、实现奥陶系内幕缝洞体及断裂系统的空间准确成像。这对缝洞型储集体的成像处理提出了非常高的要求，根据塔河地区多块高精度三维地震资料处理经验，认为本区资料处理的难点可归纳为以下几个方面。

1. 强干扰的有效压制

塔河油田地震资料中普遍存在大钻干扰、线性干扰、面波、折射波等干扰，加上奥陶系内幕信噪比较低，频率低，干扰波的影响明显，需要加强叠前保护低频去噪技术研究，在保幅前提下，压制噪声，提高奥陶系目的层段弱反射信号的信噪比。

2. 保真和一致性处理，提高目的层段能量

由于表层地震地质条件较为复杂（主要为沙漠、农田、盐碱地、戈壁、胡杨林、河道等），激发、接收条件的不一致，导致原始单炮资料在能量、频率、相位等方面存在一定的差异，在努力提高地震资料信噪比的同时，做好保真处理和突出缝洞型储集体地震响应特征是研究难点。

3. 精确的速度模型建立

精确的速度是资料处理的关键,它对静校正、叠加、偏移成像都有着重要的作用。由于本区的地震地质条件复杂,奥陶系碳酸盐岩缝洞型储集体与围岩存在明显的层速度差异,速度空间变化大,加之信噪比低,这增加了速度分析难度。因此需要优选速度分析方法、提高速度分析精度,通过建立准确的速度模型,才能提高碳酸盐岩缝洞型储集体空间成像精度。

4. 分辨能力的提高

塔河油田表层为盐碱、沙土等地貌,松散地表层与潜水面是较强波阻抗界面,地震波高频成分吸收、衰减严重;上覆中新生界地层巨厚,碳酸盐岩缝洞型储集体埋藏深,地震波频率吸收和能量衰减严重,采集时获得的目的层高频信息较弱,在处理中如何进行补偿,提高小尺度碳酸盐岩缝洞型储集体的成像精度、提高小规模断裂系统的分辨能力是处理的难点。

5. 准确偏移成像

塔河地区的油气圈闭类型复杂,层间断层发育,奥陶系碳酸盐岩风化面、内幕裂缝—溶孔的非均质性强,绕射波发育,造成地震反射紊乱,波场复杂,速度梯度变化大,深层反射能量弱(特别是高频成分),信噪比较低,处理中采用哪种偏移方法能满足小断裂、小单元缝洞系统的精确成像,难度较大。

(三)缝洞型储集体地震资料处理技术对策

碳酸盐岩缝洞型储集体的特点决定了成像研究需要开拓思路,系统性思考成像过程中的每个关键环节。根据地震资料品质,勘探开发需求,满足落实小断裂、小单元缝洞系统的精确成像需求,处理过程中,在关键参数的选取,如叠前去噪、反褶积参数选取等环节,不能简单地以单炮记录、叠加成像效果作为参数、流程选择建立依据,而应以叠前时间偏移对缝洞型储集体的成像效果作为成像流程建立、参数优选的依据,针对缝洞型储集体的成像研究,处理技术对策应注意以下几点。

1. 正确把握分辨率与信噪比的关系尺度

针对勘探开发地质目标的特点,正确把握高分辨与高信噪比处理的尺度,采用合适的处理技术手段,保证地震反射特征的真实性。在保真的前提下提高信噪比,保证信噪比前提下提高分辨率,循序渐进,实现处理成果达到高信噪比、高保真、宽频、高精度准确成像。

2. 处理过程保护低频信息,尽量拓宽频带

塔河地区奥陶系埋藏比较深,地震资料高频能量衰减较快,奥陶系目的层主频较低,缝洞型储集体产生的绕射波信息也表现为低频特征,如果处理过程中低频损失,频带变窄将影响地震资料的保真性和分辨能力。溶洞内地震波多次反射传播路径较长,频率相对较低,与断层构造有关的绕射波、回转波低频成分相对丰富,研究表明保护低频信息可以提高成像精度。

3. 去噪方法与流程选择注意保护波场的完整性

去噪处理全部放在叠前,采用保真、保幅的叠前去噪方法压制面波、相干噪声、随机干扰等干扰波,提高资料信噪比。奥陶系内幕溶洞及断裂、奥陶系风化剥蚀面绕射波发育,选择保幅去噪方法,在噪声分布区域内去噪,没有噪声的区域不去噪,保持各方向波场完整,为提高资料成像精度打下了基础。

4. 采用迭代处理技术,逐级提高资料品质

选择针对性去噪方法,遵循由强至弱的原则逐级提高资料信噪比,去噪与剩余静校正迭

代,剩余静校正与速度分析迭代,叠前时间、深度偏移与速度分析迭代,使成像精度逐步提高。

5. 加强速度建模研究,优选偏移成像技术

提高缝洞型储集体的速度分析精度,建立能反映缝洞型储集体速度变化规律的速度模型,优选针对缝洞型储集体成像精度较高的偏移成像技术,如逆时偏移(RTM)技术,充分利用现有井资料对试验结果进行检验及质量控制。

(四)缝洞型储集体地震资料处理针对性技术

塔河油田多块高精度三维成像技术的成功应用,取得了明显的勘探开发效果,处理中主要采用了以下针对性技术。

1. 针对信噪比的提高

为了提高去噪效果,加强有效信号的相关性,在层析静校正、剩余静校正的基础上开展多域去噪处理,保护利用好低频信息,保护好波场的完整性,主要方法有:坏道自动识别、噪声自动识别与衰减技术、频率—空间域相干噪声压制技术、多域复合去噪及强噪声衰减技术、十字交叉排列面波压制技术、分频异常振幅衰减、高精度拉东变换压制多次波。

2. 针对能量恢复及振幅一致性处理

处理中把握先去噪、后补偿的振幅补偿原则,主要方法有:真振幅恢复、在反褶积前后各进行一次地表一致性振幅补偿、地表一致性反褶积技术、剩余振幅补偿技术。

3. 针对串珠与小断裂精细成像

(1)在速度分析中重点做好以下工作:① 调查工区速度的变化规律;② 利用有效信号的优势频带优选速度谱参数;③ 利用叠前道集去噪,改善道集和速度谱质量,提高速度解释的精度。

(2)通过横向上、纵向上加密速度分析网格,空间上达到可以控制主要缝洞体发育带的范围,提高速度分析和剩余静校正的多次迭代质量。

(3)在叠前时间偏移成像环节,主要加强以下几点的精细研究。

① 通过对预处理数据优化处理消除异常振幅、对边界能量衰减处理消除边界效应的影响;② 利用在接近地表浮动基准面上建立的叠加速度,进行适当的平滑,采用相应的质控手段检查速度体是否合理,作为初始速度模型;③ 选择光滑地表克希霍夫叠前时间偏移方法,减少叠前偏移浅层波场畸变;④ 速度模型优化通过目标线叠前偏移与速度分析迭代,建立满足偏移成像要求的速度场进行偏移。

(4)在叠前深度偏移成像环节,采用处理解释一体化的速度建模思路和层控建模、地质导向的网格层析建模技术、循序渐进的速度建模技术,提高速度模型的建立精度,尤其是要建立针对缝洞体产生的局部速度场信息模型。

(5)偏移成像采用处理与解释相结合的方式,做好参数和方法试验,选择满足碳酸盐岩缝洞型储集体高精度偏移归位的方法技术,目前主要采用叠前时间偏移、叠前深度偏移、逆时偏移(RTM)成像技术。

4. 针对高分辨率处理

针对塔河油田奥陶系风化面及内幕小缝洞体、小断裂体系,在地表一致性反褶积的基础上,需要再串联一个反褶积,通常采用协调反褶积、反 Q 滤波等技术,消除 T_7^4 风化面下伴生的低频波谷,提高断裂、"串珠"的成像清晰度。

二、缝洞型储集体成像关键参数

影响塔河油田碳酸盐岩缝洞型储集体高精度成像的因素较多,牵涉处理过程中许多关键环节的技术方法、参数选择、流程的搭配组合等,在此不再一一论述,仅就以下几个问题进行论述。

(一)地震资料信噪比对缝洞成像的影响

为了探讨信噪比对缝洞型储集体成像的影响,指导奥陶系缝洞型储集体地震资料成像,本书设计了 6 个缝洞系统模型,高度为 20m,宽度依次为 2m、5m、10m、20m、40m、60m,采用 25Hz 的激发子波主频,在加入随机噪声的情况下研究不同规模缝洞系统的地震反射特征。

图 2-33 表明,随着信噪比的降低,缝洞体可识别性减弱,尤其宽度小于 5m 的缝洞,在 S/N 小于 1.25 时,缝洞反射特征基本淹没在背景噪声中无法识别。因此在实际地震资料处理中,如果初叠加剖面的信噪比在 2 以上(如塔河油田近几年重新采集的高精度三维地震资料),缝洞系统成像应以提高"串珠状"地震反射特征的保真度、精细刻画断裂,满足风化面准确成像、突出小规模缝洞系统地震反射特征作为成像重点。而对于低信噪比的地震资料,如塔里木盆地塔中顺西三维初叠加剖面的信噪比在 1.25 以下,研究中首要任务是提高地震资料的信噪比,只有在信噪比提高到 2 以上时,剖面上所反映的缝洞系统地震反射特征才是可识别的、真实可靠的。

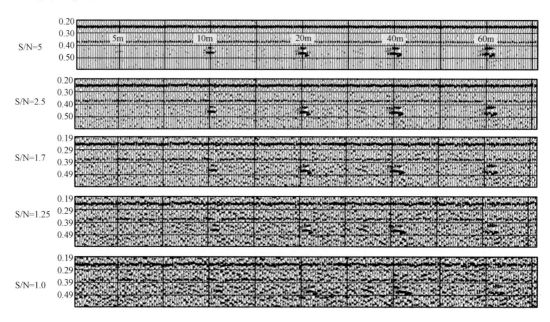

图 2-33 不同信噪比下缝洞模型地震反射特征

另外通过缝洞系统物模试验也表明,对于缝洞系统成像,表层衰减对地震资料的信噪比影响很大,不论是单炮记录,还是叠加剖面,缝洞系统的绕射波信息衰减严重,低信噪比地震资料在偏移剖面上主要缝洞系统的"串珠状"地震反射特征基本上都淹没在背景中,可识别能力大幅度降低。

因此,针对塔河油田高精度三维地震处理关注的小尺度缝洞体、次级断裂系统等地质目标体成像,提高地震资料的信噪比是处理过程中首先需要考虑的因素,只有高信噪比的地震资料反映的缝洞型储集体成像效果才具有较高的保真性。

(二)低频信号对缝洞成像的影响

地震勘探的成像质量依赖于穿透上覆地层到达勘探目的层并返回到地面的地震信号的强弱。地震波在传播过程中会遇到近地表的低速层或高速层,同时遭受大地的吸收以及地震波本身的波前扩散等。由于低频信号具有较强的抗吸收和散射能力,具有比高频信号传播更远距离的能力,低速层的吸收或高速层的强反射使地震波高频成分的衰减比低频严重,低频成分相对高频成分保留较好,因此低频地震信息包含有更多复杂地质条件下的深层信息。

保护好低频信号就能保护好来自深层的信息,如深层弱反射信号,断裂、缝洞体产生的绕射信息,储集体内部油/水界面等信息,保护好低频信号并加以利用,不仅可以提高深层构造的成像精度,而且可以研究深层储集体的内部特征,这对塔河油田超深层目的层成像具有很重要的意义。

由于近地表的低降速带普遍存在,对于目标区上覆地层存在高速层时以及目标区较深时,研究地震低频信息对成像影响意义重大。从图2-34可以看出,随着地震子波的倍频程提高,子波的分辨能力明显提高,这就提高了地震资料的分辨率和解释精度,这与处理中提出的保持宽频处理,保持波场完整性是一致的。

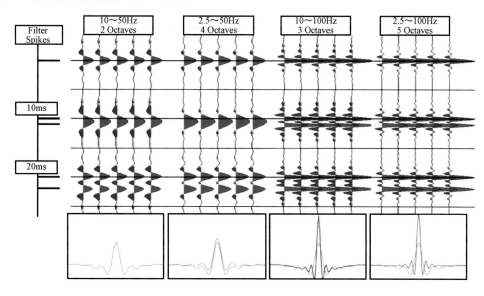

图2-34 低频及宽频采集的必要性

鉴于低频信号的高穿透能力和抗吸收能力,为了观察不同频率、不同频带子波对成像分辨率的影响,模型试验中采用的子波是Ormsby子波,其子波的频带较宽,其数学表达式为:

$$y = \frac{(\pi f_4)^2}{\pi(f_4 - f_3)} \cdot \sin^2 c(\pi t f_4) - \frac{(\pi f_3)^2}{\pi(f_4 - f_3)} \cdot \sin^2 c(\pi t f_3) -$$
$$\frac{(\pi f_2)^2}{\pi(f_2 - f_1)} \cdot \sin^2 c(\pi t f_2) + \frac{(\pi f_1)^2}{\pi(f_2 - f_1)} \cdot \sin^2 c(\pi t f_1)$$

$$(2-6)$$

在Ormsby子波表达式中,t表示子波长度,f_1、f_2、f_3、f_4分别为带通子波的频带,子波频谱为梯形。

1. 低频成分对子波形状的影响

由图2-35可知,15~50Hz带宽的子波第一旁瓣能量大,而且其他旁瓣变化剧烈;而3~

50Hz 的子波第一旁瓣相对较小,且其他旁瓣的能量也较弱,因此旁瓣对于主频影响相对减少,这提高了地震分辨能力。

因此,当子波缺乏低频时,子波波形震荡剧烈,其旁瓣的能量相对较强,对主瓣影响严重,降低了地震波分辨能力。

2. 低频成分对复杂缝洞模型成像的影响

为了研究复杂情况下低频对缝洞构造成像效果的影响,建立了如图 2-36 的复杂缝洞模型。模型的浅层速度为 3400m/s,缝洞构造附近的速度为 4500m/s。

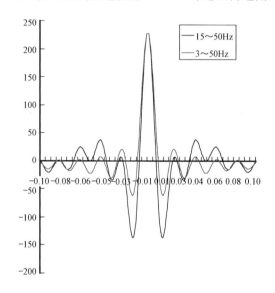

图 2-35 不同带宽的子波对比图

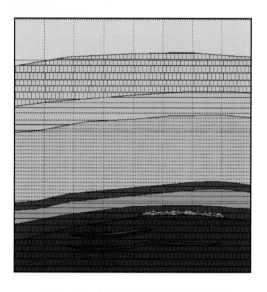

图 2-36 低频对缝洞构造成像模型

图 2-37、图 2-38 分别显示的是缝洞型储集体附近时间段的模型地震剖面,通过这两种不同带宽的子波对缝洞模型成像结果对比,认为包含低频带的子波对缝洞的成像效果更好,缝洞型储集体地震反射特征更加清晰突出,地震资料的信噪比得到提高。

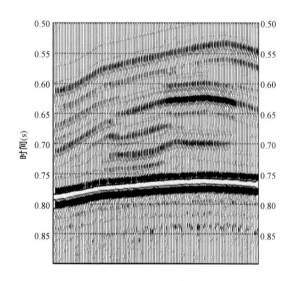

图 2-37 20~50HZ 缝洞模型正演

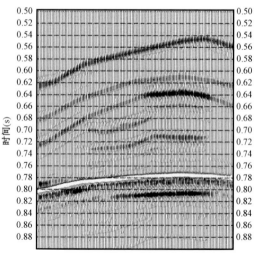

图 2-38 6~50Hz 缝洞模型正演

（三）反褶积参数对缝洞型储集体成像的影响

为了探讨不同反褶积参数对缝洞型储集体成像的影响，开展了不同激发主频的正演模拟研究，采用观测系统与塔河油田实际地震采集因素接近，参数如下：

（1）炮间距：50m；

（2）道间距：50m；

（3）排列长度：4000m；

（4）最小偏移距：0；

（5）激发主频分别为：15、20、25、30、35、40、45、50Hz。

本书设计了5个缝洞系统模型，高度为30m，宽度依次为5m、10m、15m、20m、25m。从图2－39可以看出，不同主频（15Hz、20Hz、25Hz、30Hz、35Hz、40Hz）子波对不同大小的缝洞体

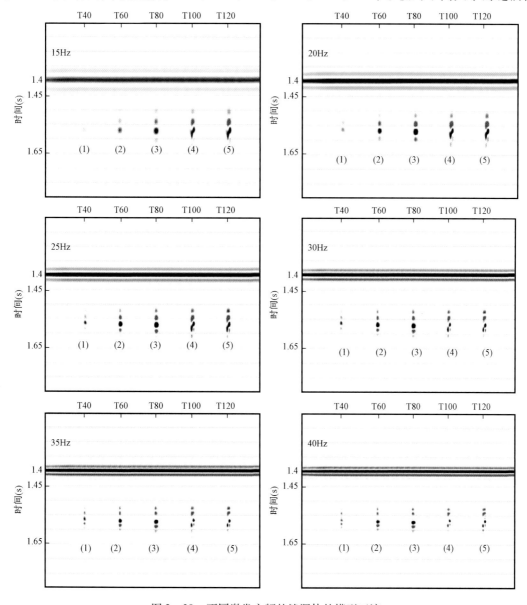

图2－39　不同激发主频的缝洞体的模型正演

的地震响应特征不同,不同规模的缝洞系统需要不同的地震主频来突出其地震相应特征。规模较小的缝洞系统需要高频的地震资料来刻画其地震响应特征,当地震资料主频过高时,规模较大的缝洞系统其地震响应特征开始破碎,如果有背景噪声,反而不利于识别。因此在实际地震资料处理时,为了突出缝洞系统地震反射特征,增加其可识别性,缝洞体的成像应该根据成像目标尺度的大小不同,在保证信噪比的前提下,适当控制缝洞体的地震资料成像频率。

从图2-39可以发现,如果要对直径小于10m的缝洞体成像[图中标识的(2)],子波的主频应该在20~35Hz之间,塔河油田多年来针对奥陶系缝洞系统成像研究也证明了这一点。早期采集的低覆盖地震资料,由于信噪比较低,可识别的奥陶系缝洞系统主频在20Hz左右,高精度三维地震资料随着信噪比的提高,其可识别的奥陶系缝洞系统主频在30Hz左右时,视觉上缝洞系统的"串珠状"地震反射特征成像的效果较佳。

三、叠前时间偏移处理关键技术

(一)保护低频去噪技术

塔河地区干扰波主要有不正常道、面波、浅层折射、异常振幅、高频随机噪声等干扰,奥陶系缝洞型储集体产生的绕射波相对于反射波、干扰波能量弱,信噪比低,尤其是随着油田勘探开发的深入,小缝洞型储集体、小断裂系统成像成为高精度三维地震处理研究的重点。如何保护利用小规模缝洞型储集体的地震波信息,成像中突出其地震反射特征,叠前保护低频、开展多域去噪技术的恰当应用显得尤为重要。

通过多年的应用研究,认为叠前采用分步、分区、分类、多域、联合迭代噪声压制技术,在参数选择中尽量降低去噪的频率参数。去噪参数的选取不是以单炮记录面貌、叠加剖面效果作为参考依据,而是以叠前时间偏移对缝洞型储集体成像的效果作为参数选择的依据,通过逐级提高资料信噪比,多级信噪分离,保护弱信号和绕射波,保持波场的完整性,实际应用取得了较好的效果。

根据噪声特点选择针对性的噪声衰减方法,选择保持振幅特征的去噪方法,图2-40是处理中针对不同噪声类型采取针对性地去噪方法、不同噪声去除顺序示意图。

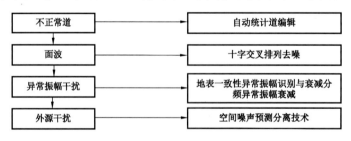

图2-40 典型噪声与去噪方法对应图

塔河地区面波比较发育,尤其在近炮检距三角区域内发育,针对地震记录中的面波噪声具有振幅强、视速度低的特点,传统的去噪方法应用效果不佳。通过对比研究认为十字交叉排列去噪技术能够压制面波,突出有效信号,这与所提倡的保护低频、保护波场完整性处理思路一致。为了保护低频有效信号,需要对不同低频段十字交叉排列去噪的效果进行测试,图2-41显示随着频率增加去除噪声越多,在0~10Hz及0~12Hz去噪效果相当,图2-42是常规去噪叠前时间偏移、保护低频去噪叠前时间偏移剖面的对比,可以看到,在目的层3.6s附近,保护低频去噪剖面"串珠"能量增强、奥陶系内幕主要地层界面信噪比提高、连续性增强。通常在塔河地区低频噪声提取频段为 0～10Hz,单炮记录上去噪效果不宜太干净,如果去噪太干净,最终成果剖面地震波形会显得呆板,一些地质异常体产生的地震反射特征会淡化,不利于后续的保真处理。

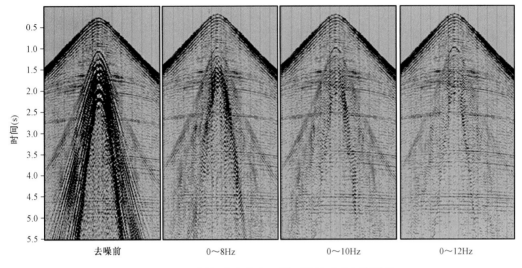

图 2-41　不同频率十字交叉排列线性噪声压制单炮

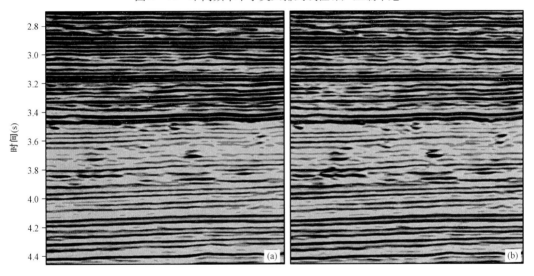

图 2-42　常规去噪(a)与保护低频去噪(b)叠前时间偏移剖面对比

塔河地区在奥陶系内幕局部发育多次波,多次波的去除有利于提高速度自动拾取的精度,特别是提高深度建模时奥陶系速度优化的精度。如图 2-43 所示,通过研究认为采用 Radon 变换和 FK 变换相结合的方法来压制多次波。方法是:首先采用高精度 Radon 变换对其进行压制,使中长偏移距中的多次波能够得到压制。在此基础上,再采用 FK 变换对小偏移距数据中的多次波进行适当压制。

（二）基于缝洞体成像的反褶积参数优选

在层析静校正、剩余静校正、叠前保护低频去噪基础上,地震资料的信噪比得到明显提高,为开展反褶积参数的测试打下了基础,通常反褶积参数的测试都是在单炮记录、叠加剖面的效

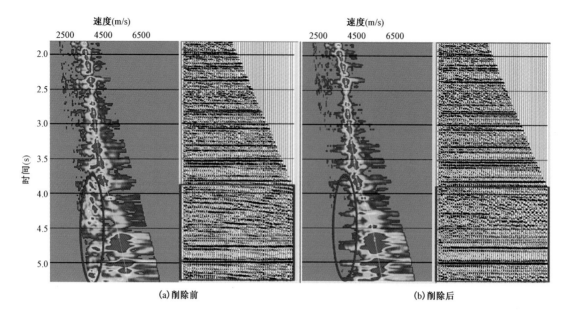

(a)削除前　　　　　　　　　　　　　　(b)削除后

图 2-43　多次波消除前后速度分析

果上通过成像及频谱分析评判效果好坏。我们认为,塔河油田奥陶系缝洞型储集体风化面及内幕储集体绕射波发育,单炮记录、叠加剖面的效果不能反映缝洞型储集体的地震反射特征,只有叠前时间偏移成果剖面上串珠、断裂、风化面等地震反射特征的优劣才能作为参数选择的依据,通过叠前时间偏移对奥陶系风化壳残丘、隐蔽断裂刻画及小尺度缝洞成像精度的效果比较,确定合适的反褶积方法和参数。

　　通过多块塔河油田高精度三维地震处理研究,我们认为塔河油田浅层碎屑岩与深层奥陶系碳酸岩物理特性不同,资料的信噪比、频带宽度、高频吸收系数都不同。反褶积技术应用分两步走,第一步兼顾浅层碎屑岩、以深层碳酸岩的分辨率为主,采用地表一致性反褶积技术,设计合适的反褶积参数和时窗,使深层分辨率满足后续奥陶系缝洞成像清晰的需求。第二步根据碎屑岩与碳酸岩特性不同,针对两者分别在共深度点(CDP)道集、叠前时间偏移道集或者叠后偏移、叠前时间偏移叠加数据体进行提高分辨分辨率试验,提供分别针对碎屑岩、碳酸岩的2套数据体,以满足不同地质目标的需求。

　　图 2-44 是地表一致性反褶积 + 预测反褶积不同参数效果对比,地表一致性反褶积后,奥陶系风化面下存在明显的低频,影响了风化面下缝洞型储集体"串珠状"地震反射特征的成像,通过后续预测反褶积,成像效果明显改善,"串珠状"地震反射特征突出、断裂系统刻画清晰、地层接触关系清楚。

　　因此在保证信噪比的前提下,通过反褶积参数的优选,适当的控制奥陶系碳酸盐岩目的层的频率,可以提高叠前时间偏移剖面主频,达到缝洞型储集体纵横向分辨率提高,突出不同尺度级别的"串珠"、断裂系统清晰成像的目标。

　　通过对高精度三维地震与常规三维地震应用效果分析对比认为,针对塔河油田碳酸盐岩缝洞型储集体的成像,高精度三维地震的分辨能力、保真性有明显的提高,常规三维地震资料频宽在 8~55Hz 之间、主频 25Hz,理论分辨溶洞高度为 50m、宽度为 94m。高精度三维地震资料频宽在 8~68Hz 之间、主频在 32Hz,理论分辨溶洞高度为 39m、宽度为 72m。通过后续的地震资料综合解释、储集体预测以及开发井位的实钻效果都说明了高精度三维地震针对缝洞型储集体的预测精度明显提高。

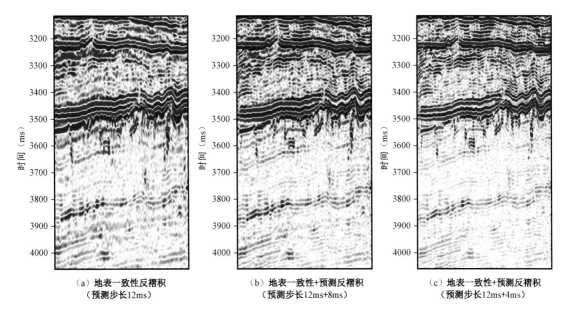

（a）地表一致性反褶积
（预测步长12ms）

（b）地表一致性+预测反褶积
（预测步长12ms+8ms）

（c）地表一致性+预测反褶积
（预测步长12ms+4ms）

图2－44　地表一致性反褶积＋预测反褶积不同参数效果对比

（三）叠前时间偏移速度建模技术

采用处理解释一体化理念，优化叠前速度建模的流程，建立了一套适合塔河油田碳酸盐岩缝洞型储集体"串珠"、风化壳、裂缝高精度成像的速度模型建立技术。手工速度分析密度由常规三维地震250m×250m网格提高到150m×150m网格，这个密度基本可以反映大的缝洞型储集体在空间上的尺度变化范围，纵向上针对奥陶系目的层加密反映缝洞型储集体的速度分析点，尽量体现缝洞型储集体的速度变化特征。在剩余速度分析迭代过程中，采用时间—层速度分析迭代技术，结合井资料反映的缝洞型储集体层速度变化规律，加上严格的质量控制，建立能够反映缝洞型储集体速度变化特点的时间—层速度速度模型。

针对塔河油田碳酸盐岩缝洞型储集体的速度模型建立技术，具体应用过程如下：

将叠加速度平滑后作为叠前时间偏移的初始速度场，进行目标线150m×150m偏移，开展目标线与速度分析多次迭代。由于塔河油田奥陶系内幕串珠发育，速度场相对复杂，取共反射点（CRP）道集校平但是"串珠"成像不理想部位局部进行增量0.5%的叠前时间偏移速度扫描，结合井资料提供的层速度进行个别调整，图2－45是叠前时间偏移建立速度模型流程图。在叠前时间偏移体偏后，以拾取的叠前时间偏移速度场为初始速度函数，采用空间连续速度分析技术，用一系裂速度函数进行剩余动校分析，并将动校后的道集叠加，作为最终的叠前时间偏移成果。

空间连续速度分析（SCVA）是一种自动扫描求取剩余动校正速度的方法，用此方法更新叠前时间偏移速度场，能显著改进叠加效果。方法描述如下：

（1）将每个时间点的速度作为中心速度，人为给出速度扫描的上限和下限，定义出每个速度点的剩余动校正速度走廊和速度扫描增量，用每个速度对叠后时间偏移（PSTM）道集进行剩余动校正并叠加；

（2）对叠加数据做分析，自动寻找出时间、振幅、速度和频率最优的目的层速度；

（3）用最优目的层速度更新叠前时间偏移速度场，做最终叠加。

塔河油田奥陶系目的层"串珠状"地震反射特征对速度非常敏感，往往需要开展多轮速度分析,实践表明,针对奥陶系目的层开展多轮次的速度分析很有必要,图2-46显示,通过多轮针对奥陶系目的层的速度分析,"串珠状"地震反射特征明显收敛、特征更加突出,断裂系统刻画更加清晰,这为提高储集体预测精度提供了可靠基础。

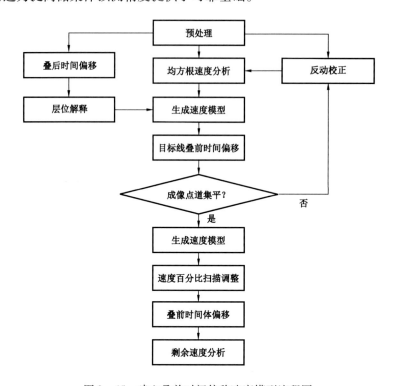

图2-45　建立叠前时间偏移速度模型流程图

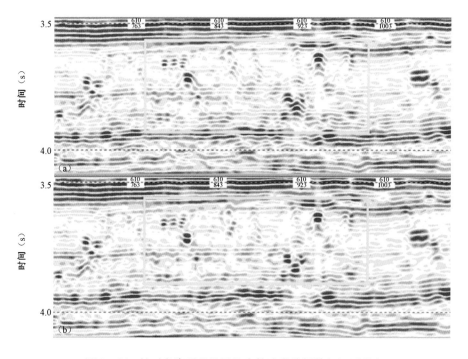

图2-46　针对奥陶系目的层的多轮速度分析前(a)、后(b)

叠前时间偏移在塔河油田碳酸盐岩缝洞型储集体成像方面比叠后时间偏移具有明显优势,从图2-47时间切片对比图可以看出,叠前时间偏移较叠后时间偏移串珠反射条带状分部特征、振幅能量、聚焦程度等方面有明显的提高。从图2-48可以看出,叠前时间偏移剖面在缝洞型储集体"串珠状"地震反射特征的成像精度上较叠后时间偏移剖面成像效果提高明显,风化面刻画、断裂系统成像等方面优势明显。

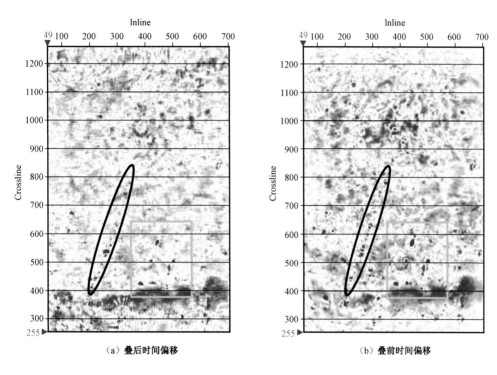

图2-47 串珠成像效果时间切片对比图(T3648ms)

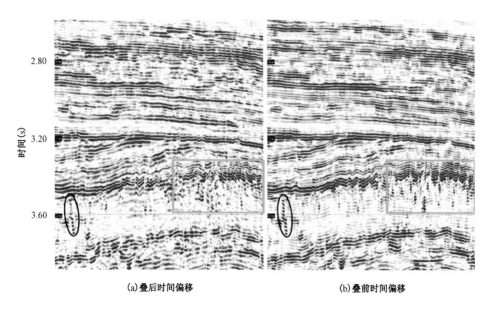

图2-48 串珠成像效果剖面对比图

四、叠前深度偏移处理技术

(一)叠前深度偏移速度建模技术

1. 深度域常规速度建模技术

叠前深度偏移速度模型建立一般包括构造解释、初始速度建模、目标线偏移成像、模型的优化迭代和更新、最终 RTM 体偏移五个过程,其中模型的优化迭代是其关键和核心步骤。

首先在叠前时间偏移数据体上解释追踪主要目标层建立全区的时间域地质模型,对叠前时间偏移的速度场约束计算瞬时层速度,利用时间域构造模型与瞬时层速度计算时间域沿层层速度,利用沿层层速度与时间域构造模型建立深度域构造模型,将沿层层速度充填到深度构造模型建立初始叠前深度偏移速度场。其次,使用克希霍夫叠前深度偏移方法产生目标线的 CIP 道集,通过道集的拉平程度来判断深度域速度模型的准确与否,并进行剩余延迟拾取迭代修正深度域速度模型。

2. 层析成像速度建模技术

层析成像速度分析一般是指基于非线性 Radon 变换的、基于旅行时的一类反投影方法,也可以表示成旅行时逼近方法。在假定的慢度场中,用射线追踪计算(直达波、折射波,甚至回折波的)旅行时,与拾取的旅行时对比,计算两者的方差。方差最小时,假定的慢度场就是层析反演的结果。实际应用中,为了与偏移成像匹配,一般把层析成像方法用于成像道集,把成像道集的深度差或时间差作为偏移速度不准确的指标,即把成像道集的拉平与否作为偏移速度不准确的指标。建立偏移速度差与成像深度差或时间差的联系方程,进行层析速度反演,改进成像效果。

目前,生产应用的深度域层析速度分析方法主要有两种:一种是沿层层析技术,它基于层位解释、层控建模思想,所有的速度编辑及迭代都在层界面上进行,最后形成速度体。另一种深度速度建模——网格层析技术是基于反射波层析成像理论,把速度场进行网格化,每个网格速度值都要进行更新。

显然采用网格层析速度反演精度高,通过试验认为在塔河油田三维地震资料速度建模过程中先用沿层层析技术控制好速度变化趋势,然后用网格层析技术进行精细计算迭代,可以提高奥陶系内部"串珠"、中小断裂系统的成像精度。

1)沿层层析成像速度更新

沿层层析成像技术,包括了沿层剩余谱的生成、剩余时差量拾取和质量控制、沿层剩余量编辑平滑、沿层层析计算、更新三维速度体等几个步骤,技术流程如图 2-49 所示。

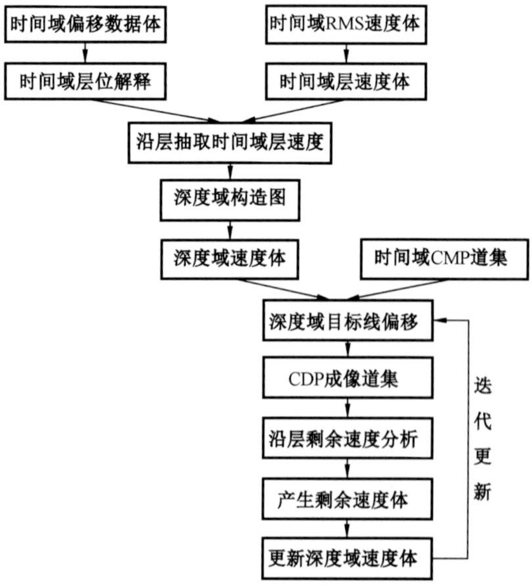

2)网格层析成像速度更新

网格层析成像速度更新,包括了 CRP 道

图 2-49　沿层层析技术流程图

集剩余速度拾取(图2-50)、倾角方位角连续性属性拾取(图2-51)、叠前深度体偏移、层位自动拾取、建立 Pencil 数据库、建立层析矩阵、解矩阵得到更新速度模型等几个步骤,技术流程如图2-52 所示。

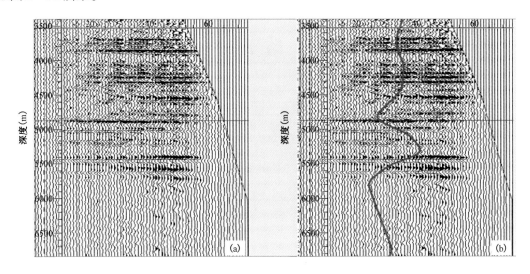

图2-50　剩余速度拾取前(a)、后(b)道集

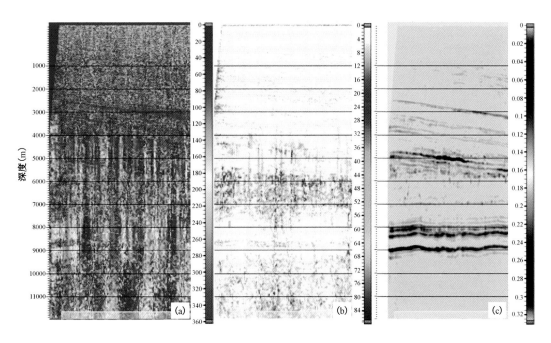

图2-51　方位角(a)、倾角(b)、连续性(c)等属性体

通过对比沿层层析与网格层析得到的速度体,两者之间存在速度差,图2-53 是沿层层析与网格层析速度场偏移得到的剖面,可以看到网格层析针对奥陶系碳酸盐岩缝洞型储集体的成像精度明显优于沿层层析技术。

通过以上技术得到了能反映塔河油田缝洞型储集体的精细速度模型,采用 Kirchhoff 叠前深度偏移技术成像也取得了明显效果。图2-54 中左是叠前时间偏移成果、右是叠前深度偏移成果,可以看到,"串珠状"地震反射特征更加突出。

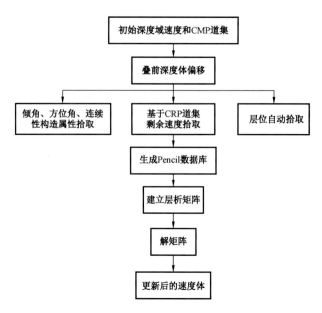

图 2 - 52　网格层析技术流程图

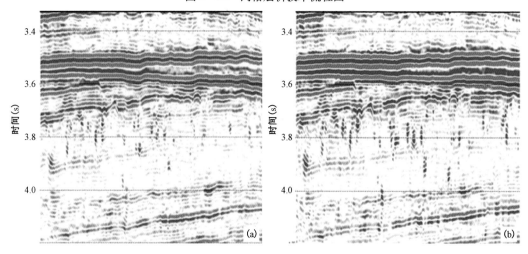

图 2 - 53　沿层层析速度(a)与网格层析速度(b)偏移剖面对比

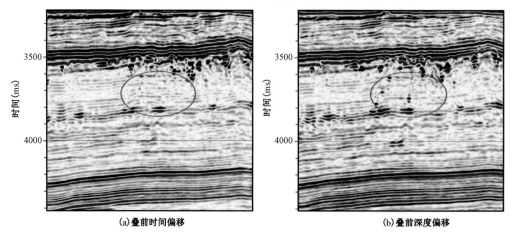

(a)叠前时间偏移　　　　　　　　　　　　(b)叠前深度偏移

图 2 - 54　叠前时间偏移(a)与叠前深度偏移(b)效果对比

（二）逆时偏移（RTM）处理技术

1. 逆时叠前深度偏移（RTM）技术基本原理

RTM 同时采用全声波方程延拓震源和检波点波场，汇集了 Kirchhoff 方法和单程波动方程方法的优点于一身。主要体现为以下几点：（1）有效地解决了地震波传播的多路径问题，适用条件宽松，适应能力强，尤其对于陡倾角、复杂构造区及特殊地质体的成像；（2）较好地实现回转波成像；（3）反时间偏移，有效避免了浅层速度误差对深层成像的影响；（4）不受倾角限制以及速度横向变化影响，对成像速度敏感性较克希霍夫以及有限差分方法弱；（5）基于波动方程求解，保幅效果好，利于后续的岩性研究；（6）偏移噪声低、能量聚焦好。

图 2-55 是基于起伏地表偏移的 RTM 技术示意图，其算法实现过程主要分三步。第一步是震源波从炮点实际位置向前传播；第二步是检波源波从检波点实际位置向后传播；第三步是震源波与检波源波相关成像。

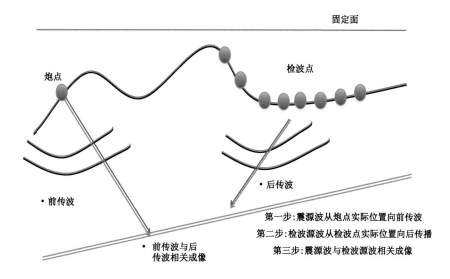

图 2-55　基于起伏地表偏移的 RTM 技术示意图

RTM 叠前成像技术是目前针对各种复杂构造成像的精度最高的一种方法。但该方法技术实现过程复杂，对数据的要求较高，运行效率较低。除了要求有高精度的偏移算子外，还需有与地下地质情况匹配较好的地质模型与宏观速度场，以及能正确反映地下地质情况的信噪比较高的原始采集地震数据。另外 RTM 偏移对叠前地震数据的要求比较高，主要包括：（1）原始采集资料的信噪比较高；（2）排列规则；（3）覆盖均匀，覆盖次数高；（4）偏移距分布均匀。

2. 逆时叠前深度偏移（RTM）关键参数

影响逆时偏移（RTM）偏移效果和效率的主要参数主要有：偏移的子波类型选择、偏移孔径、延拓步长、最大偏移频率及偏移的网格、使用节点类型、数量等。

1）子波类型的选择

一般 RTM 偏移首先需要提取一子波类型进行偏移，常用的子波类型主要有 Ricker 子波和 Ormsby 子波。如图 2-56 所示，相对 Ormsby 子波，Ricker 子波的频率偏低，而且缺乏低频和高频的一些信息,因此选择 Ormsby 子波进行 RTM 偏移。

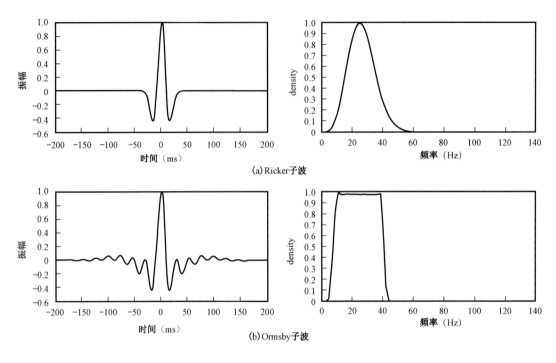

图 2-56　RTM 子波的选择

2)偏移的步长与频率范围

RTM 偏移的时间延拓步长越小,成像的精度越高,但耗费大量机时,步长太大则会出现空间假频。偏移的最大频率范围太小,不足以包含有效的信息,最大频率范围太大不仅耗费机时,而且会增大一些偏移的噪声。因此在兼顾偏移精度和效率的情况下,最终,通过多轮次的生成试验测试,在兼顾偏移成像效果与偏移运算时间效率下,对 RTM 偏移的参数选择如下:偏移孔径:$x_{apert} = 12000m$、$y_{apert} = 12000m$、Depth 为 15000m,深度步长:10m,偏移频率范围:0~90Hz。

3)偏移网格

当 RTM 偏移的网格与采集的网格一致时,偏移精度最高,网格越大,会降低成像精度,因此偏移采用的是和采集网格一致的网格 15m×15m 进行偏移。

4)偏移效率

为了提高 RTM 程序计算效率,采用 CPU + GPU 混合异构并行计算的模式,提高计算效率。如某块高精度三维 RTM 偏移,参与计算的单炮达 105261 炮,深度步长 10m,利用 GPU 节点 100 个,同时混合利用 300 个 CPU 节点(16 核/节点),完成一次 RTM 偏移处理总用时 20 天,实现了 RTM 偏移技术大规模投入到生产中运用的可行性,在塔河油田缝洞型储集体成像取得了明显效果。

图 2-57 是叠前时间偏移成果与 RTM 技术偏移成果对比图,可以看到 RTM 技术偏移成果信噪比明显提高、奥陶系风化面的成像更加清晰、串珠状地震反射特征更加突出、断裂系统刻画更加清楚精细,为井位部署决策提供了可靠的基础资料。

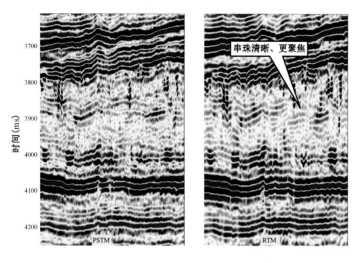

图 2 - 57　叠前时间偏移(左)与 RTM 技术偏移(右)对比图

第三节　高精度三维地震采集处理应用效果

通过多年的科技攻关研究,形成了一套适合于塔河地区超深层缝洞型油藏的地震采集、处理技术,并在塔河地区进行了产业化推广应用。在采集方面,特别是针对观测系统参数优化方面,采用相对优化后的采集面元、叠加次数及纵横比等参数,在实现同样的地质效果的情况下,使得采集成本大幅度降低,由前期 60.38 万元/km^2 下降到 42 万元/km^2 左右,节约大量的采集成本,推广高精度采集应约 1732km^2,提高了性价比,产生了良好的经济与社会效益。处理方面,形成了以叠前深度偏移技术为主的缝洞体精细成像技术,在塔河地区处理面积达面积达到 3665km^2 左右,取得了很好的应用效果,得到了产业化推广应用。

(1)资料品质显著提高。

奥陶系叠前偏移剖面主频提高,缝洞体纵横向分辨率提高,常规资料频带宽度为 8 ~ 55Hz,主频为 25Hz,高精度采集、处理后,频带宽度为 8 ~ 68Hz,拓宽约 13Hz,主频为 32Hz,提高约 7Hz(图 2 - 58)。

(2)奥陶系风化壳残丘识别精度提高。

以塔河油田 6 - 7 区高精度采集为例,对岩溶地貌的刻画精度显著提高,小型残丘及地表水系刻画更加精细,残丘识别幅度,由 30 米提高到 15m(图 2 - 59)。

(3)断层检测精度提高。

以塔河油田 10 区东高精度三维采集工区为例,老资料难以分清断层的级别及次一级断层方向,高精度资料可以看到明显有 3 组断裂,即北东向、北西向、近东西向,断距的识别也由 25m 提高到 15m;隐蔽断裂检测由 32 条/100km^2 增加到 51 条/100km^2,识别能力提高约 59%(图 2 - 60)。

(4)缝洞型的识别能力显著提高。

以塔河油田 6 - 7 区高精度采集为例,高精度资料的信噪比、串珠的横向分辨率显著提高、串珠数量明显增加,串珠个数由 110 个/100km^2 增加到 150 个/100km^2,识别能力提高约 36%。

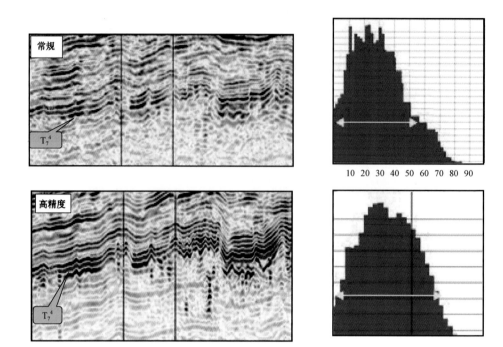

图 2 - 58 高精度及常规资料频谱分析对比图

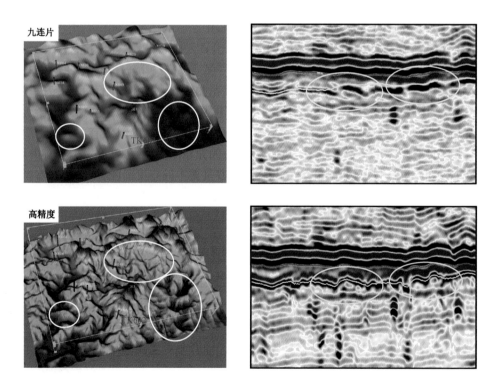

图 2 - 59 塔河油田 6 - 7 区高精度及常规资料构造及剖面图对比图

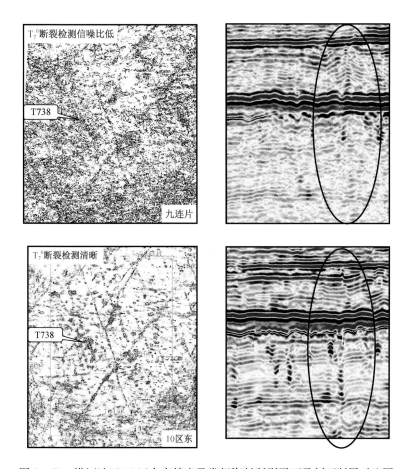

图 2-60　塔河油田 10 区东高精度及常规资料断裂平面及剖面断层对比图

第三章　缝洞型储集体正演模拟技术

塔里木盆地塔河油田奥陶系碳酸盐岩缝洞型储层,发育极不规则,纵、横向非均质性强,储层地震响应特征复杂。为此,基于地震波场正演模拟技术,可以系统总结出缝洞型储层叠后地震响应特征,为缝洞型储层地震预测提供依据。本章介绍了塔河油田储集体岩石物理测井和测试特征,阐述了多尺度随机地震地质模型构建方法、非均质地震正演模拟方法,基于正演模拟的地震波场特征,分析了缝洞型储集体地震识别尺度以及影响缝洞型储集体地震波场特征因素,总结了复杂洞缝储层模型地震响应特征。

第一节　塔河油田缝洞型储集体岩石物理特征

一、岩石物理测井声波时差及密度特征

塔河油田奥陶系储层属于碳酸盐岩储层类型,此类储层的孔隙类型以构造缝和溶蚀孔、洞、缝等次生孔隙为主,储集体渗透空间几何形态多样,大小悬殊,分布不均。可分为如下四类:溶蚀孔洞型储层、裂缝型储层、缝洞型储层及洞穴型储层。而其中裂缝型储层是塔河油田最发育、最常见的储集空间之一,以未充填或半充填构造缝、构造溶蚀缝、压溶缝(缝合线)及微裂缝为主,洞穴是塔河油田奥陶系油藏重要的储集空间类型之一。

(一)溶蚀孔洞型储层测井声波时差及密度特征

溶蚀孔洞主要由溶蚀作用形成,部分为岩溶角砾、岩砾间小洞,其发育受裂缝切割基岩的影响,结构选择性差,孔洞内为方解石、砂泥或黄铁矿部分充填,保留有效空间为原油占据。据孔洞大小可分为小型孔洞和大型洞穴两种,此处单指小于100mm的小型溶蚀孔洞。主要有三种,一种是颗粒灰岩中的溶蚀孔洞,主要是原生孔隙扩大溶蚀而成;一种是在方解石斑块或方解石脉中的晶间孔及溶孔,其分布与裂缝有关;另一种是致密灰岩中的溶蚀孔洞,与缝合线及节理缝相伴生,主要是地下水沿缝合线溶蚀的结果。

塔河油田多数取心井段中可见溶蚀孔洞,小型溶蚀孔洞在岩心上可完整识别,溶蚀孔洞形状不规则,边缘不光滑,分布较零散,孔洞内多为方解石、砂泥或黄铁矿部分充填,保留有效空间为原油占据,主要可见为裂缝残余孔洞、孔隙溶蚀扩大溶孔及白云岩化形成的晶间溶孔,大型洞穴常常易被机械破碎,岩心上不能完整地观察。

其测井声波时差及密度特征可表现为:未充填或部分未充填小型溶蚀孔洞发育的层段在常规测井上常常声波时差增大、密度值降低。当溶蚀孔洞被方解石等全充填时,上述特征不明显。溶蚀孔洞发育井段斯通利波时差增大,能量会有所衰减,略有反射异常,当裂缝同时发育时才反映有较好渗透性,孤立的溶蚀孔洞斯通利波时差资料渗透性显示不明显。

这里溶蚀孔洞型储层与洞穴型储层放在一起进行统计,通过对塔河油田奥陶系碳酸盐岩38段溶蚀孔洞型储层及洞穴型储层的速度和密度进行了统计,图3-1分别表示了溶洞(溶蚀孔洞

型及洞穴型)发育段声波速度和密度分布图,如图 3 - 1 所示,声波速度大部分分布在 4000 ~ 6000m/s 范围。

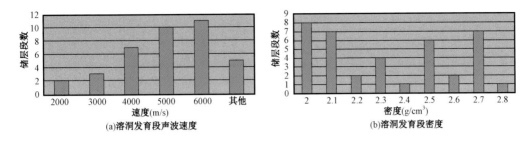

图 3 - 1　塔河油田奥陶系碳酸盐岩溶洞发育段声波速度和密度分布图

(二)裂缝型储层测井声波时差及密度特征

裂缝是塔河油田奥陶系油藏最发育、岩心中最常见的储集空间之一,天然缝主要有构造成因的构造缝、构造溶缝,成岩形成的压溶缝(缝合线)等,层理、层面缝不发育。由于裂缝在岩块上占的体积不大,因此,裂缝井段在常规测井的声波时差、密度影响不大。

通过对塔河油田奥陶系碳酸盐岩 285 段裂缝型储层的速度和密度进行了统计,图 3 - 2 分别表示了裂缝型储层速度和密度分布图,如图 3 - 2 所示,速度大部分分布在 6000 ~ 7000m/s 范围。

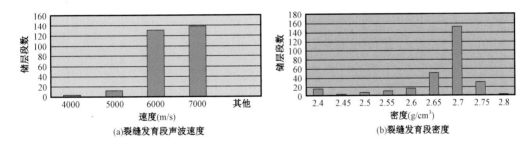

图 3 - 2　塔河油田奥陶系碳酸盐岩裂缝发育段声波速度和密度分布图

(三)缝洞型储层测井声波时差及密度特征

缝洞(裂缝—孔洞)型储层既发育有裂缝,又发育有溶蚀孔洞。其测井响应特征表现为:声波值有所增大,一般数值为 49 ~ 65μs/ft,局部可达 70μs/ft 以上;与两类孔洞型储层相对应,密度值略有降低或降低明显,主要为 2.6 ~ 2.75g/cm³,声波、密度曲线相关性差或好。

通过对塔河油田奥陶系碳酸盐岩 231 段缝洞型储层的速度和密度进行了统计,图 3 - 3 分别表示了缝洞型储层速度和密度分布图,如图 3 - 3 所示,速度大部分分布在 6000 ~ 7000m/s 范围。

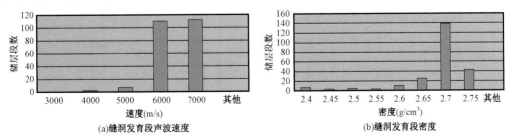

图 3 - 3　塔河油田奥陶系碳酸盐岩缝洞发育段声波速度和密度分布图

（四）洞穴型储层测井声波时差及密度特征

洞穴在塔河油田覆盖区中—上奥陶统中比较常见，按充填程度可分为可见三类：充填洞穴、半充填洞穴和未充填洞穴；常见充填物有石灰岩角砾（溶蚀洞穴垮塌和挤碎角砾）、砂质、粉砂质泥质。

洞穴型储层测井声波时差及密度响应特征表现为：无充填或充填程度低的洞穴声波时差出现跳波异常或根本测不到信息，同时声波幅度也将严重衰减，多数情况下，纵、横波能量会出现衰减。如果充填程度高，声波可能无明显变化。由于未充填或充填程度低的洞穴在常规曲线上常常表现为井径垮塌，声波时差及密度异常跳波或未测到。未充填或未完全充填洞穴在斯通利波资料上有明显能量衰减和反射异常，斯通利波时差明显增大，变密度资料有明显干涉条纹或衰减速严重。

二、岩石物理测试参数特征

塔河油田碳酸盐岩岩样声学参数测量分为干燥样品常温常压测试、干燥样品变温变压至地层条件测试、饱和油样品变温变压至地层条件测试以及饱和水样品变温变压至地层条件测试四种类型。

（一）常温常压饱和气条件下碳酸盐岩的纵、横波速度

为了便于在相同或类似测试条件下进行对比，以常压和常温（温度≤40℃）饱和气条件下碳酸盐岩的纵、横波速度来讨论岩石类型对其纵、横波速度的影响。这里介绍了292个碳酸盐岩样品测试分析结果，样品中有217个属井下样品，目前埋藏深度变化在5330.84～5798.98m之间，其余75个为地表剖面样品，不清楚它们所经历的最大埋藏深度。表3-1列出了常温常压饱和气条件下碳酸盐岩（不同结构类型的石灰岩和白云岩）纵、横波速度以及相应的泊松比、孔隙度、渗透率和密度的平均值。

表3-1　碳酸盐岩纵、横波速度以及相应的孔隙度、渗透率和密度的平均值（常温常压饱和气条件下）

岩性	项目	速度（m/s）			泊松比	孔隙度（%）	密度（g/cm³）	渗透率（mD）	样品数（个）
		V_p	V_{s_1}	V_{s_2}					
碳酸盐岩	最小值	3203	1953	2014	0.1228	0.06	2.52	0.0020	292
	最大值	6648	3766	3777	0.3316	9.11	2.95	80.3257	
	平均值	5819	3126	3145	0.2915	1.05	2.69	0.9073	

1. 不同碳酸盐岩类型的纵、横波速度

将塔河油田碳酸盐岩类型进一步划分出了12类岩石，即：（1）（粉）砂质灰岩包括砂质灰岩、粉砂质灰岩、含砂质灰岩或含粉砂质灰岩；（2）颗粒灰岩包括不同颗粒类型的微晶颗粒灰岩和泥晶颗粒灰岩，以及充填孔隙物类型不明的颗粒灰岩；（3）（含）颗粒微晶灰岩包括颗粒微晶灰岩、颗粒泥晶灰岩、（含）颗粒微晶灰岩和（含）颗粒泥晶灰岩等；（4）亮晶颗粒灰岩为不同颗粒类型的亮晶颗粒灰岩，如亮晶砂砾屑灰岩和亮晶生物灰岩等；（5）角砾状灰岩主要为溶积角砾状灰岩和地表岩溶角砾状灰岩等；（6）微晶灰岩包括微晶灰岩和泥晶灰岩等细结构的石灰岩；（7）结晶灰岩除细晶灰岩等典型的结晶灰岩类型以外，还包括洞穴充填方解石；（8）泥质灰岩包括各种泥质灰岩、含泥灰岩，或有泥质条带（或条纹）的石灰岩；（9）礁灰岩除典型的礁灰岩以外,还包括了黏结岩;(10)白云岩包括了不同结构类型的白云岩;(11)含膏泥质灰岩包括含石膏的各类泥质灰岩;(12)其他岩类是指无法归入按流行分类法可划分出的少数岩石类型,如斑块状灰岩。

所划分出来的 12 种主要碳酸盐岩类型在常温、常压和饱和气条件下的纵、横波速度和泊松比的平均值(包括最大值和最小值),以及相应的孔隙度、渗透率的平均值(包括最大值和最小值)列于表 3 − 2 中。

表 3 − 2 主要碳酸盐岩类型的纵、横波速度和泊松比以及相应的其他背景资料(常温常压饱和气条件下)

碳酸盐岩石类型	项目	速度(m/s)			泊松比	孔隙度(%)	密度(g/cm³)	渗透率(mD)	样品数(个)
		V_p	V_{s_1}	V_{s_2}					
(粉)砂质灰岩	最小值	3263	2037	2137	0.1539	0.50	2.60	0.0025	18
	最大值	5483	3136	3177	0.2825	2.80	2.70	5.5661	
	平均值	4833	2781	2817	0.2426	1.33	2.67	0.3480	
颗粒灰岩	最小值	3203	1953	2014	0.1890	0.06	2.54	0.0036	55
	最大值	6578	3426	3405	0.3276	6.21	2.73	70.7453	
	平均值	5939	3143	3158	0.3018	1.10	2.67	1.7664	
(含)颗粒微晶灰岩	最小值	5153	2833	2863	0.2546	0.07	2.64	0.0030	34
	最大值	6497	3386	3384	0.3278	1.80	2.71	1.6257	
	平均值	5967	3152	3158	0.3046	0.75	2.69	0.0892	
亮晶颗粒灰岩	最小值	5648	3018	3049	0.2973	0.49	2.65	0.0040	6
	最大值	6179	3254	3248	0.3114	1.70	2.71	0.0400	
	平均值	5916.3	3125.8	3139.3	0.3050	1.08	2.67	0.0122	
角砾状灰岩	最小值	4065	2368	2340	0.2121	0.49	2.65	0.0078	6
	最大值	5611	3143	3162	0.3063	2.23	2.76	0.8400	
	平均值	4952	2822	2820	0.2573	1.18	2.69	0.2219	
微晶灰岩	最小值	5600	2826	2936	0.2098	0.08	2.61	0.0020	91
	最大值	6545	3446	3464	0.3316	2.60	2.75	3.5800	
	平均值	6140	3214	3231	0.3093	0.65	2.69	0.1824	
结晶灰岩	最小值	5635	2902	2961	0.2896	0.09	2.66	0.0065	3
	最大值	6283	3286	3272	0.3145	0.83	2.71	0.1022	
	平均值	5870	3098	3108	0.3056	0.57	2.68	0.0641	
泥质灰岩	最小值	3944	2275	2291	0.1228	0.10	2.52	0.0030	37
	最大值	6410	3336	3349	0.3185	7.42	2.75	80.3257	
	平均值	5356	2946	2983	0.2742	1.15	2.68	3.2622	
礁灰岩	最小值	5854	3051	3095	0.3006	1.31	2.66	0.0040	3
	最大值	5962	3168	3188	0.3098	1.72	2.66	0.0323	
	平均值	5915	3122.3	3155	0.3040	1.50	2.66	0.0177	
白云岩	最小值	4430	2635	2633	0.2194	0.56	2.59	0.0056	25
	最大值	6648	3766	3777	0.3094	9.11	2.80	16.3167	
	平均值	5977	3412	3427	0.2550	2.44	2.73	0.7684	

碳酸盐岩石类型	项目	速度（m/s）			泊松比	孔隙度（%）	密度（g/cm³）	渗透率（mD）	样品数（个）
		V_p	V_{s_1}	V_{s_2}					
含膏泥质灰岩	最小值	4586	2621	2548	0.2192	0.20	2.69	0.0050	8
	最大值	5551	3071	3082	0.2847	3.16	2.95	0.0280	
	平均值	5066	2860	2887	0.2630	0.95	2.85	0.0166	
其他	最小值	5468	2962	2980	0.2872	0.49	2.65	0.0068	6
	最大值	6413	3374	3363	0.3170	0.91	2.71	0.1400	
	平均值	5873.2	3123	3121	0.3023	0.76	2.67	0.0339	
总计	最小值	3203	1953	2014	0.1228	0.06	2.52	0.0020	292
	最大值	6648	3766	3777	0.3316	9.11	2.95	80.3257	
	平均值	5819	3126	3145	0.2915	1.05	2.69	0.9073	

实验结果说明,试图用声速区分碳酸盐岩的结构(如颗粒含量、充填孔隙物类型)是不现实的。但成分对碳酸盐岩的速度仍有一定的影响,主要表现在纵波速度上。含泥、含膏或含砂(粉砂)的碳酸盐岩具有相对较低的速度,另外白云岩和石灰岩没有显示出速度的差别,尽管所测的白云岩样品具有相对较高的孔隙度(孔隙度平均值为2.44%),但没有显示出速度的显著差异。因而,声速可用以辅助区别泥岩、碳酸盐岩或砂岩等大类岩石及其过渡类型(注意排除孔隙度等组构特征的影响),但很难用其进一步划分碳酸盐岩的不同类型,包括区别白云岩和石灰岩。

2. 碳酸盐岩纵、横波速度和岩石孔隙度的关系

全部碳酸盐岩样品的孔隙度变化在0.06%~9.11%之间,因而也较为致密。常温常压饱和气条件下相应的纵波速度变化在3203~6648m/s之间,横波速度分别变化在1953~3766m/s和2014~3777m/s之间,泊松比变化在0.1228~0.3316之间。

碳酸盐岩孔隙度和岩石纵、横波速度以及泊松比之间仍缺乏显著的相关性。总的说来,随着岩石孔隙度的增加,碳酸盐岩纵、横波速度和泊松比都表现出降低的趋势,但相关性很差,相关系数(绝对值)都在0.45以下,纵波与孔隙度的相关性明显好于横波(为0.45),横波与孔隙度之间的相关系数(绝对值)大致在0.3左右;泊松比与孔隙度的相关性也相对较好(为0.43)(图3-4和图3-5)。由于碳酸盐岩和泥岩都是相对致密的岩石,因而存在这样的可能性,相对致密的、孔隙度较低的岩石泊松比与孔隙度的关系不同于孔隙度相对较高的岩石,这可能与岩石变形对压力的敏感程度有关。

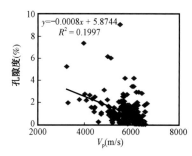
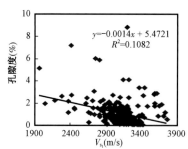

图3-4　碳酸盐岩样品V_p和V_{s_1}与孔隙度投点图(常温常压饱和气条件;碳酸盐岩,292个样品)

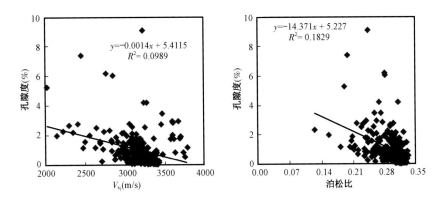

图 3-5 碳酸盐岩样品 V_{s_2} 和泊松比与孔隙度投点图(常温常压饱和气条件;碳酸盐岩,292 个样品)

(二)岩石纵、横波速度和温度及压力的关系

实验表明,在围压不变的情况下,岩石的纵、横波速度均随温度的升高而降低,几乎所有岩石类型的纵、横波速度和温度之间都具有良好的线性关系,绝大多数样品相关系数平方值都在 0.9 以上;泊松比几乎不随温度的变化而变化,但大多数样品的泊松比随温度的增加略有增加,说明温度对纵波速度的影响略小于横波。

图 3-6 至图 3-8 分别显示出灰白色荧光鲕粒灰岩、灰色油斑含角砾灰岩和灰色含灰粗晶白云岩高温高压测试结果,可以看出石灰岩纵、横波速度随压力的增加而增大(二项式关系),随温度的增加而降低(线性关系),压力、温度对裂缝—孔洞型储层影响较大,随着压力增加到实际地层压力(80MPa)时,测试结果趋近于测井速度值,如图中的蓝色块所示。因此实验室条件下测得的结果要与测井曲线对比需进行一定的温压校正。

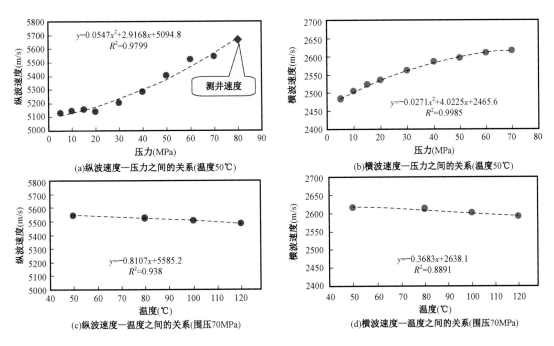

图 3-6 灰白色荧光鲕粒灰岩高温高压测试结果

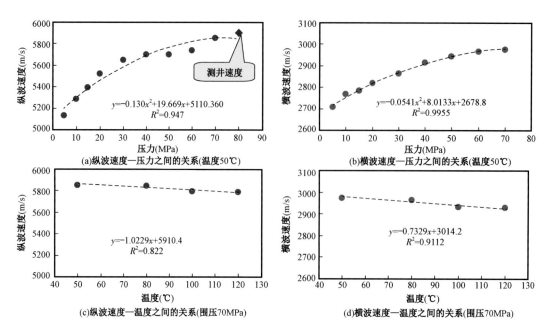

图 3-7　灰色油斑含角砾灰岩高温高压测试结果

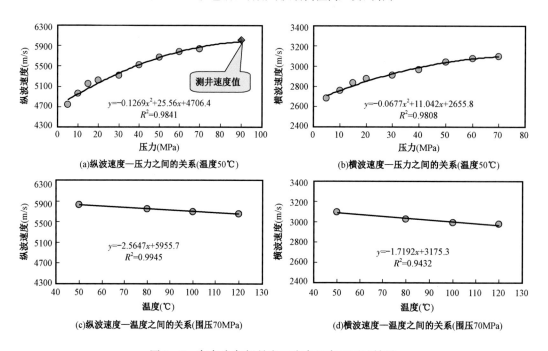

图 3-8　灰色含灰粗晶白云岩高温高压测试结果

储层类型不同,纵波速度随压力的变化幅度不同,当孔洞较发育时,纵波速度随压力的增加急剧增加(图 3-7)。这是因为压力使孔洞急剧闭合,速度急剧增加,当达到某一压力后速度缓慢增加。而孔洞欠发育储层,当压力大于某一值时压力才使孔洞闭合,速度才急剧增加(图 3-6)。两者横波随压力增大、速度增加趋势类似。

常温常压下测得的纵波速度与测井纵波速度相比明显偏低,偏离程度与储层类型有关,储层越发育测试速度值越低(图 3-9a 和图 3-10a)。根据高温高压测试结果进行温压校正后的交会图,围岩及储层欠发育时,两者吻合较好(图3-9b和图3-10b)。

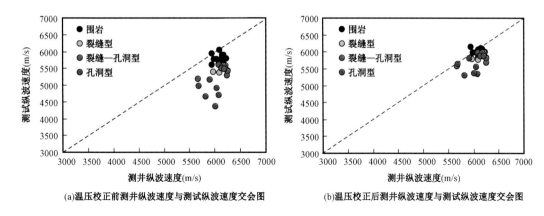

(a)温压校正前测井纵波速度与测试纵波速度交会图　　(b)温压校正后测井纵波速度与测试纵波速度交会图

图3-9　温压校正前后测试结果与测井结果对比

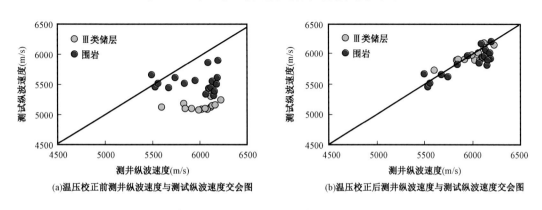

(a)温压校正前测井纵波速度与测试纵波速度交会图　　(b)温压校正后测井纵波速度与测试纵波速度交会图

图3-10　Ⅲ类储层及围岩岩心温压校正前后测试结果与测井结果对比

第二节　缝洞型储集体多尺度随机建模技术

在油气勘探开发中,碳酸盐岩储层有着重要的实践价值,然而这类储层受沉积环境、成岩作用和构造作用等因素影响较大,碳酸盐岩缝洞储层极为复杂。如何将复杂的储层进行数学抽象建立反映储层特征的数学模型是研究其地震响应特征的关键,显然均匀介质已无法描述复杂的碳酸盐岩储层,因此随机介质理论应运而生。

Korn(1993)、Ergintav(1997)和Ikelle(1993)等先后给出了指数型及高斯型椭圆自相关函数建立二维随机介质模型的方法;国内学者奚先等(2001、2002)、姚姚(2002、2004)、朱生旺(2008)先后发表若干文章详细阐述了随机介质模型建立过程,并对随机介质的波场特征进行分析。殷学鑫等(2011)分析了二维弹性随机介质中地震波的传播特征,给出了直达波、散射波、反射波的能量、主频以及有效带宽与随机介质模型参数之间的关系。郭乃川等(2012)给出了随机介质择优取向建模方法,并重点讨论了随机介质建模过程中误差处理的重要性。然而由于碳酸盐岩缝洞型储层自身的特征,岩石物理性质(如速度、密度、孔隙度等)空间变化是不连续的,储集体的形态(如宽度、长度及角度等)变化也比较剧烈,现有的随机介质模型并不适合对缝洞型油气藏的描述,且随机介质模型非均匀尺度仅局限在水平和垂直方向,无法对地下具有某一方向的实际介质进行描述。本节在前人研究的基础上,通过引入方向因子 θ,给出了一种新的矢量自相关函数表达式,使产生的随机介质具有一定的方向优势,通过引入孔洞分布的长半轴 l、短半轴 s,及局部发育密度 P 采用阈值截取法来构造不同形式的缝洞型随机介质模型,从而实现了对地下复杂碳酸盐岩不同尺度、不同角度缝洞体的精确刻画描述。

一、多尺度随机介质建模理论

在随机介质中,纵、横波速度 $v_p(x,z)$、$v_s(x,z)$ 及密度 $\rho(x,z)$ 在二维空间坐标 (x,z) 中可表示为(奚先等,2005):

$$\begin{cases} v_p(x,z) = v_{p_0} + \delta v_p(x,z) \\ v_s(x,z) = v_{s_0} + \delta v_s(x,z) \\ \rho(x,z) = \rho_0 + \delta\rho(x,z) \end{cases} \quad (3-1)$$

式中:v_{p_0}、v_{s_0}、ρ_0 为大尺度非均匀介质参数,通常取值为常数或在空间域随 x、z 缓慢变化;δv_p、δv_s、$\delta\rho$ 为小尺度非均匀扰动量。由 Birch 原理(Birch,1961)可假设纵波速度和横波速度相对扰动量相同,密度的扰动量与其呈线性关系,即

$$\sigma(x,z) = \frac{\delta v_p}{v_{p_0}} = \frac{\delta v_s}{v_{s_0}} = K^{-1}\frac{\delta\rho}{\rho_0} \quad (3-2)$$

式中:K 为常数,通常取值为 $0.3 \sim 0.8$。假设 $\sigma(x,z)$ 是均值为 0 且具有一定自相关函数及方差的二阶平稳随机过程,则式(3-1)可变为:

$$\begin{cases} v_p(x,z) = v_{p_0} + \delta v_p(x,z) = v_{p_0}(1+\sigma) \\ v_s(x,z) = v_{s_0} + \delta v_s(x,z) = v_{s_0}(1+\sigma) \\ \rho(x,z) = \rho_0 + \delta\rho(x,z) = \rho_0(1+K\sigma) \end{cases} \quad (3-3)$$

二维平稳随机介质 $\sigma(x,z)$ 的构建过程如下:

(1)自相关函数的选取。在混合型自相关函数基础上,通过引入方向因子 θ 给出了一种新的矢量自相关函数表达式:

$$\varphi(x,z) = \exp\left\{-\left[\frac{(\cos\theta \cdot x + \sin\theta \cdot z)^2}{a^2} + \frac{(\sin\theta \cdot x - \cos\theta \cdot z)^2}{b^2}\right]^{\frac{1}{r+1}}\right\} \quad (3-4)$$

式中 a、b 为自相关长度,r 为粗糙度因子,θ 为表示小尺度非均匀扰动沿顺时针方向旋转的角度因子。可以看出,不含角度因子的自相关函数是矢量自相关函数的特例。即当 $\theta=0$、$r=0$ 时,矢量自相关函数退化为高斯型自相关函数;当 $\theta=0$、$r=1$ 时为指数型自相关函数,当不考虑角度因子 θ 时为混合型自相关函数。因此矢量自相关函数既保留了原有自相关函数的特点又丰富了小尺度非均匀性的角度问题。

(2)计算自相关函数 $\varphi(x,z)$ 的傅里叶变换 $\Phi(k_x,k_z)$。

(3)用随机数发生器生成 $[0,2\pi]$ 区间上服从均匀分布的二维随机场 $\xi(k_x,k_z)$。

(4)求取随机场的功率谱:$\Psi(k_x,k_z) = \sqrt{\Phi(k_x,k_z)} \cdot \exp[i\xi(k_x,k_z)]$。

（5）将随机场的功率谱 $\Psi(k_x,k_z)$ 通过二维傅里叶逆变换，变换到 x 域、z 域，从而得到小尺度非均匀扰动量 $\psi(x,z)$。

（6）计算扰动量 $\psi(x,z)$ 的均值 $\bar{u}$ 和方差 d，即 $\bar{u} = \sum_{i=1}^{n}\dfrac{\psi(x_i,z_i)}{n}$，$d^2 = \sum_{i=1}^{n}\dfrac{\left[\psi(x_i,z_i)-\bar{u}\right]^2}{n}$。

（7）标准化处理，产生均值为零、方差为 ε，并以 $\varphi(x,z)$ 为自相关函数的二阶平稳随机过程 $\sigma(x,z) = \dfrac{\varepsilon}{d}\left[\psi(x,z)-\bar{u}\right]$。

图 3－11 和图 3－12 为采用上述步骤利用矢量自相关函数生成的随机介质模型。自相关长度 a、b 分别描述随机介质在水平 x 方向及深度 z 方向上非均匀异常的平均尺度（当 $a=\infty$ 时，二维随机介质模型退化为层状介质模型），粗糙度因子 r 描述随机介质在微观尺度上的粗糙程度，r 越大所对应的随机介质越粗糙，而角度因子 θ 则描述了自相关方向在 x、z 平面内变化。可见，利用矢量自相关函数，通过选择不同的自相关长度、粗糙度因子及角度因子能够方便灵活的模拟复杂地非均匀介质地层。

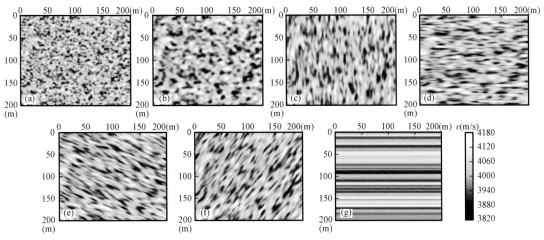

图 3－11　不同参数高斯型随机介质模型

（a）$a=b=5\mathrm{m},r=0,\theta=0$；（b）$a=b=10\mathrm{m},r=0,\theta=0$；（c）$a=5,b=20\mathrm{m},r=0,\theta=0$；（d）$a=20\mathrm{m},b=5\mathrm{m},r=0,\theta=0$；（e）$a=20\mathrm{m},b=5\mathrm{m},r=0,\theta=30°$；（f）$a=20\mathrm{m},b=5\mathrm{m},r=0,\theta=120°$；（g）$a=10000\mathrm{m},b=5\mathrm{m},r=0,\theta=0$

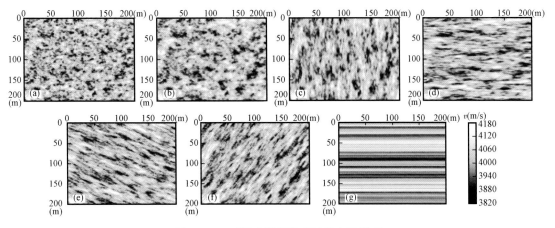

图 3－12　不同参数指数型随机介质模型

（a）$a=b=5\mathrm{m},r=1,\theta=0$；（b）$a=b=10\mathrm{m},r=1,\theta=0$；（c）$a=5,b=20\mathrm{m},r=1,\theta=0$；（d）$a=20\mathrm{m},b=5\mathrm{m},r=1,\theta=0$；（e）$a=20\mathrm{m},b=5\mathrm{m},r=1,\theta=30°$；（f）$a=20\mathrm{m},b=5\mathrm{m},r=1,\theta=120°$；（g）$a=10000\mathrm{m},b=5\mathrm{m},r=1,\theta=0$

二、多尺度随机缝洞型储层模型建立方法

在碳酸盐岩储层内,由孔洞和裂缝组成的储集空间其岩石物理参数(如速度、密度、孔隙度、渗透率、含油饱和度等)是属于离散型变量。为了有效刻画这种储集空间,可以对其进行一定的近似。即将储集体内部有一定规模的、并有效沟通孔洞空间的、复杂的油气通道等效为一种微小管网,而这种微小管网的长度、宽度、倾角和空间分布具有一定的随机性,即空间变异性(马灵伟,2013),而对于这种随机性较强的储集空间可以将其等效为各向同性介质。对碳酸盐岩储集体的描述就是对由这种微小管网和孔洞组成的等效缝洞储集空间进行刻画,可以较精确地描述储集体内部结构和参数变化。对于微小管网储集空间需要模拟其长度、宽度、倾角和空间分布等空间变异特征,而对于孔洞储集空间需要模拟其高度、宽度、空间分布等空间变异特征,最后将这两种储集空间进行融合,得到最终的等效缝洞储集空间,并将其叠合到储层结构模型中。

图 3-13 为典型碳酸盐岩缝洞型储层成像测井资料,碳酸盐岩缝洞型储层由骨架(高速)及裂缝—孔洞(低速)等组成,岩石物理参数在空间上是跳跃变化的,显然在空间上连续型变化的随机介质已不适用于对碳酸盐岩缝洞型储层的描述。

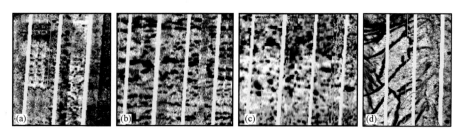

图 3-13 典型碳酸盐岩缝洞型储层

(a)、(b)、(c) 不同尺度孔洞型储层;(d) 裂缝型储层

为此,本节从上述连续型随机介质出发,以连续型随机介质的每一个局部最大值点作为一个缝洞分布的中心点,通过引入缝洞分布的长半轴 l、短半轴 s 及局部发育密度 P,采用阈值截取法构造由两种速度介质(骨架—缝洞:高速—低速)组成的随机缝洞介质模型。

(一)孔洞型储层建模方法

通过以下步骤实现。

(1)给定模型参数:孔洞在 x、z 平面内分布的长半轴 l、短半轴 s 及局部发育密度 P,当 $l=s$ 时,孔洞分布形状为圆形,当 $l \neq s$ 时,孔洞分布形状为椭圆形。

(2)在连续型随机介质模型 $\sigma = \sigma(x,z)$ 中,确定局部最大值 $M_i(x_i, z_i)$ (M_i 是在以 M_i 为中心、以长短半轴为椭圆的局部区域中的最大值点),则有:

$$\sigma(M_i) = \sigma(x_i, z_i) = \max_{\|M - M_i\|} \{\sigma(M) = \sigma(x,z)\} \tag{3-5}$$

按照如下步骤确定阈值截取缝洞发育区,直到在该缝洞分布区域中的缝洞发育密度达到 P 为止(马灵伟等,2013)。

① 给定初始值 $v_{\max} = \max\limits_{\|M - M_i\|} \{\sigma(M) = \sigma(x,z)\}$,$v_{\min} = \min\limits_{\|M - M_i\|} \{\sigma(M) = \sigma(x,z)\}$;

② 根据阈值 $\bar{v} = (v_{\max} + v_{\min})/2$ 截取溶洞区域:

$$S_0 = \{ M = M(x,z) \mid \sigma(M) \geqslant \bar{v}, \parallel M - M_i \parallel \subseteq \pi ls \} \tag{3-6}$$

③ 若溶洞 S_0 的面积 $|S_0|$ 在该溶洞分布区中的发育密度达到 P，即 $|S_0|/(\pi ls) = P$ 则停止；否则转下一步。

④ 若 $|S_0| > P$ 则令 $v_{min} = \bar{v}$，否则若 $|S_0| < P$ 则令 $v_{max} = \bar{v}$，然后转入第②步。

按照上述步骤，可以从一个连续型随机介质模型通过给定储集体的统计特征，如孔洞半径 R、孔洞率或发育密度 P(单位体积储集体内所含的溶洞体积百分比,也定义为广义孔隙度)等参数,得到随机孔洞介质模型。图 3 - 14 为在矢量自相关函数生成的连续型随机介质基础上采用阈值截取法得到的孔洞型随机介质模型。当长半轴 l 与短半轴 s 相等时,令 $l = s = R$ 定义为孔洞半径。孔洞半径决定孔洞分布的大小(图 3 - 14 中(b)和(c)对比);孔洞发育密度 P 决定储层内孔洞体多少(图 3 - 14 中(a)和(b)对比);粗糙度因子 r 则影响了孔洞边界的粗糙程度, r 越大,孔洞边界变化越粗糙(图 3 - 14 中(c)和(d)对比);当长半轴 l 与短半轴 s 不相等时,再加上矢量自相关函数角度的选择,孔洞表现为具有一定扁率及一定的方向性(图 3 - 14e)。

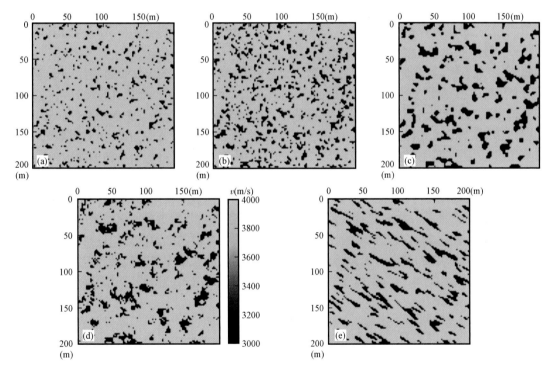

图 3 - 14　不同参数离散型随机孔洞介质纵波速度模型

(a) $l = s = 5m, r = 0, \theta = 0, P = 10\%$; (b) $l = s = 5m, r = 0, \theta = 0, P = 20\%$; (c) $l = s = 10m, r = 0, \theta = 0, P = 20\%$;

(d) $l = s = 10m, r = 1, \theta = 0, P = 20\%$; (e) $l = 20m, s = 5m, r = 0, \theta = 30°, P = 20\%$

图 3 - 15 是 3 个高斯型椭圆自相关函数模拟的随机孔洞储层模型,模型长和宽均是 200m,选择孔洞分布半径 R 和孔洞率 P,来改变模型中孔洞储层形态的变化。可以看出,孔洞分布的大小是受到 R 值的影响,比较图(a)和图(b),孔洞尺寸随着 R 的增大而增大;孔洞率 P 影响储集体内孔洞分布的多少,比较图(b)和图(c), P 值越大,孔洞较集中,且分布较广,当 P 值较小时,孔洞较分散,且分布较少;在图(d)中,粗糙度因子 r 则影响了孔洞储层边界的变化剧烈程度, r 越大,则边界变化越剧烈,反之,则变化较平滑。

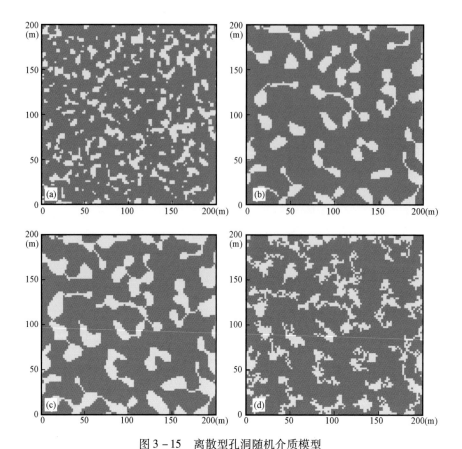

图 3 – 15　离散型孔洞随机介质模型

(a)$R=2m,P=20\%,r=1$;(b)$R=5m,P=20\%,r=1$;(c)$R=5m,P=30\%,r=1$;(d)$R=5m,P=20\%,r=2$

R 是自相关长度,P 是孔洞率,r 粗糙度因子;孔洞为黄色区域,基岩为灰色区域

(二)裂缝型储层建模方法

裂缝型储层模型可以等效为裂缝管网模型,对通过高斯模拟的方法建立概率模型,应用阈值截取法确定裂缝分布的中心点位置,在这个中心点位置的基础上,建立裂缝。裂缝的条数与中心点的个数相等,并应用高斯模型建立裂缝的长度、宽度和倾角等参数。

通过下面步骤实现:

(1)通过高斯模拟建立初始概率模型 $P(x,z)$;

(2)通过阈值截取法确定裂缝分布的中心点位置 (x_0,z_0)

$$M_0(x_0,z_0) = \begin{cases} 1 & P(x,z) \leqslant n \\ 0 & 其他 \end{cases} \qquad (3-7)$$

其中:n 是裂缝条数(比例数);

(3)在中心位置点 (x_0,z_0),选择高斯模拟的方法,根据裂缝的倾角、长度和宽度模拟裂缝。

图 3 – 16 是通过上述方法建立的裂缝分布模型。可根据实际资料对裂缝长度、宽度、角度等参数的统计特征,方便地实现不同的裂缝分布模型。图 3 – 16a 模拟的是垂直定向裂缝,属于致密型裂缝;图 3 – 16b 模拟的是单一倾向的高角度裂缝,属于致密型裂缝;图 3 – 16c 模拟的是两个倾向混合的高角度裂缝,属于稀疏型裂缝。

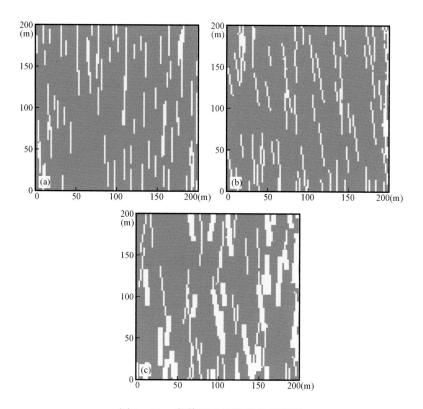

图 3 – 16 离散型裂缝随机介质模型

（a）致密型裂缝，$h \in [4m, 10m]$，$w = 1m$，$\theta = 90°$；（b）致密型裂缝，$h \in [6m, 15m]$，$w = 1m$，$\theta \in [80°, 90°]$；

（c）稀疏型裂缝，$h \in [6m, 15m]$，$w \in [1m, 2m]$，$\theta \in [-80°, 80°]$；l 是裂缝管网的高度，s 是裂缝管网的宽度，

θ 是裂缝管网的角度；黄色区域：裂缝管网，灰色区域：基岩

离散型裂缝介质可以认为是离散型孔洞介质的极限情形，也即当长半轴 l 远大于短半轴 s 时，此时离散型孔洞介质转化为离散型裂缝介质，图 3 – 17a、图 3 – 17b、图 3 – 17c 分别对应为低角度裂缝、垂直裂缝及高角度裂缝。由此可见，通过选择长半轴 l、短半轴 s、裂缝发育密度 P、粗糙度因子 r 及裂缝发育方向因子 θ，可以灵活的产生不同形式的裂缝介质，从而更方便的描述实际碳酸盐岩复杂裂缝型储层。

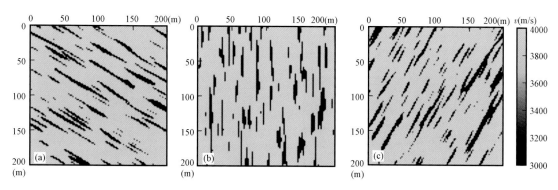

图 3 – 17 不同参数离散型随机裂缝介质纵波速度模型

（a）$l = 50m$，$s = 5m$，$r = 0$，$\theta = 30°$，$P = 20\%$；（b）$l = 50m$，$s = 5m$，$r = 0$，$\theta = 90°$，$P = 20\%$；

（c）$l = 50m$，$s = 5m$，$r = 0$，$\theta = 120°$，$P = 20\%$

(三)缝洞型储层建模方法

缝洞型储层模型可以等效为裂缝管网模型与孔洞模型组合的模型,可以有效连通孔洞储层空间。上述方法虽然可以方便灵活的建立满足一定统计特征的孔洞型、裂缝型储层,然而上述离散型孔洞介质、裂缝介质在空间内是单一尺度变化的,而实际地下碳酸盐岩缝洞型储层由于构造运动及后期溶蚀程度不同,孔洞与裂缝在空间内发育往往是多尺度的,为此可以借助叠加原理来解决孔洞、裂缝空间发育的多尺度问题。

叠加多尺度随机介质模型物理意义非常明确直观,多尺度随机介质模型的物性参数等于各单尺度随机介质模型物性参数之和,如图3-18所示。图3-19为依据叠加原理构造出的多角度裂缝型储层及多尺度裂缝—孔洞型储层随机介质模型。借助于叠加原理,通过给定孔洞的长半轴、短半轴、发育密度及角度,实现了对地下复杂碳酸盐岩不同尺度、不同角度缝洞体的精确刻画。

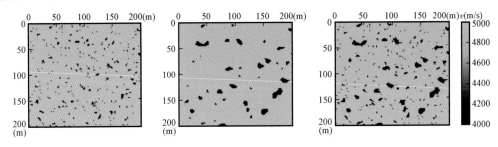

图3-18 叠加多尺度随机孔洞介质模型构建过程

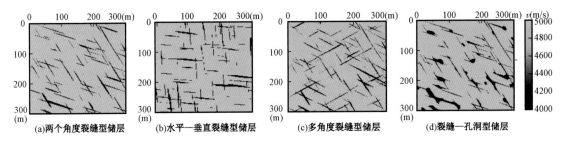

(a)两个角度裂缝型储层　(b)水平—垂直裂缝型储层　(c)多角度裂缝型储层　(d)裂缝—孔洞型储层

图3-19 多尺度裂缝—孔洞介质模型

通过对实际资料分析,得到缝洞储层半径、孔洞率参数,裂缝储层的长度、宽度和角度等参数,可以构建与实际碳酸盐岩缝洞储层接近的模型。图3-20a是将图3-15b与图3-16b组合得到的结果;图3-20b是将图3-15c与图3-16c组合得到的结果。图3-20a模型相对于图3-20b模型的孔洞发育程度和连通性较低。

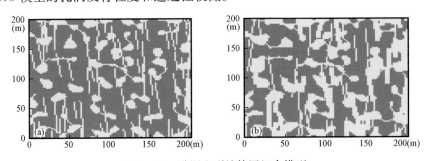

图3-20 孔洞和裂缝管网组合模型

黄色区域:孔洞和裂缝管网;灰色区域:基岩

第三节　非均质地震正演模拟方法

正演模拟技术是研究地震波场在地下介质中传播规律最常用的方法之一,根据正演模拟方式不同可分为物理模拟和数值模拟两种。地震物理模拟方法又称超声波物理模拟方法,是在实验室条件下将地下构造及地质异常体按照一定的尺度比例制作成模型,通过记录观测超声波在模型介质中传播规律来推断地震波在地下介质中的传播特征(郝守玲等,2002;魏建新等,2002,2008;狄帮让,2002)。相对于数值模拟,物理模拟具有更直观、更接近实际地下情况等优点,但是物理模型材料制作困难,修改模型参数较复杂,尤其是在针对复杂缝洞型储层模拟时,难以广泛应用。相对于物理模拟而言,数值模拟方法灵活方便,模型参数修改方便,且经济实用,在碳酸盐岩缝洞型储层地震波场响应特征研究中得到广泛应用(杜正聪,2003;姚姚等,2003;董良国,2010)。

地震数值模拟方法是根据野外地下构造或地质异常体的形状以及岩石物理参数建立符合地下实际的数学模型,采用数值求解的方法模拟地震响应形成过程的一种方法(张永刚,2003;裴正林,2004)。地震数值模拟分为地震地质模型建立和数值计算两部分,地震地质模型建立采用能够描述缝洞型储层非均匀性的随机介质进行刻画(奚先等,2005,朱生旺,2008;马灵伟等,2013)。数值计算采用能够模拟复杂非均匀性的非均匀介质波动方程进行数值模拟,这样才能够得到比较接近实际的地震波场特征。

本书主要涉及三种介质:一是非均匀介质,来研究非均匀缝洞型储层地震波场特征;二是考虑地层吸收衰减的黏弹介质,来研究近地表黏弹特性对地震波的吸收衰减的影响;三是考虑各向异性介质,来研究裂隙储层地震波场特征。因此本节给出这三种介质类型的波动方程,考虑初始条件和吸收边界条件,并基于交错网格差分格式的有限差分法求解,得到各类介质模型情况下的地震波场记录。

一、二维非均匀介质波动方程

(一)二维非均匀介质弹性波波动方程

基于牛顿第二定律和广义虎克定律应力、应变关系可以得到非均匀介质情况下二维完全弹性波动方程为(姚姚,2003):

$$\left.\begin{array}{l} \rho \dfrac{\partial v_x}{\partial t} = \dfrac{\partial \tau_{xx}}{\partial x} + \dfrac{\partial \tau_{xz}}{\partial z} \\[2mm] \rho \dfrac{\partial v_z}{\partial t} = \dfrac{\partial \tau_{xz}}{\partial x} + \dfrac{\partial \tau_{zz}}{\partial z} \\[2mm] \dfrac{\partial \tau_{xx}}{\partial t} = (\lambda + 2\mu)\dfrac{\partial v_x}{\partial x} + \lambda \dfrac{\partial v_z}{\partial z} \\[2mm] \dfrac{\partial \tau_{zz}}{\partial t} = (\lambda + 2\mu)\dfrac{\partial v_z}{\partial z} + \lambda \dfrac{\partial v_x}{\partial x} \\[2mm] \dfrac{\partial \tau_{xz}}{\partial t} = \mu\left(\dfrac{\partial v_x}{\partial z} + \dfrac{\partial v_z}{\partial x}\right) \end{array}\right\} \qquad (3-8)$$

其中：$\tau_{xx} = \tau_{xx}(x,z,t)$，$\tau_{zz} = \tau_{zz}(x,z,t)$，$\tau_{xz} = \tau_{xz}(x,z,t)$ 为应力张量；$\rho = \rho(x,z)$ 是密度；$v_x = v_x(x,z,t)$，$v_z = v_z(x,z,t)$ 为 x、z 两个方向上的速度分量；$\lambda = \lambda(x,z)$ 和 $\mu = \mu(x,z)$ 是拉梅系数。

(二) 二维黏弹介质波动方程

对于黏弹性介质数值模拟国内外学者进行了研究。Carcione(1993) 和 Robertsson(1994) 分别采用伪谱法及有限差分方法对黏弹性介质波场进行模拟；Arntsen(1998) 在频率域内采用交错网格有限差分的方法对弹性波进行了模拟；Saenger(2004) 将旋转交错网格有限差分的思想用于黏弹性介质中的数值模拟。近年来国内学者对黏弹性介质数值模拟也做了大量的工作。杜启振等(2004)、张智等(2005)采用伪谱法研究了黏弹性介质中的地震波特点；宋常瑜等(2006)采用交错网格和高阶差分结合的方法研究了井间黏弹性介质地震波的特征；牛滨华等(2007)详细介绍了黏弹性介质的理论及地震波在黏弹性介质中传播的波场特征。

标准线性黏弹介质标量方程为(牟永光等,2005)：

$$-\frac{\eta}{k_2}\frac{\partial}{\partial t}(\nabla^2 P) + \frac{1}{v^2}\frac{\partial^2 P}{\partial t^2} + \frac{\eta}{k_1 + k_2}\frac{1}{v^2}\frac{\partial^3 P}{\partial t^3} = \nabla^2 p \qquad (3-9)$$

式中，η 为并联阻尼器黏滞系数；k_1、k_2 为串联和并联弹簧的弹性模量；t 为时间；p 为压力场；$v = \sqrt{k_1 k_2 / [\rho(k_1 + k_2)]}$ 为速度；ρ 为密度。

为了简化有限差分计算，避免对介质的弹性常数进行空间微分，可以对以位移表达式的波动方程进行处理。即如果用 v_x、v_z 表示弹性体中质点在 x、z 方向上的速度分量，那么在无外力作用时，可以得到 l 个标准线性体的黏滞声波一阶速度和应力方程：

$$\begin{cases} \dfrac{\partial P}{\partial t} = -M_R \Big[1 + \sum_{l=1}^{L}\Big(\dfrac{\tau_{\varepsilon l}^{p}}{\tau_{\sigma l}^{p}} - 1\Big) \Big]\Big(\dfrac{\partial V_X}{\partial X} + \dfrac{\partial V_Z}{\partial Z}\Big) + \sum_{l=1}^{L} r_l \\[2mm] \dfrac{\partial r_l}{\partial t} = -\dfrac{1}{\tau_{\sigma l}^{p}}\Big[M_R\Big(\dfrac{\tau_{\varepsilon l}^{P}}{\tau_{\sigma l}^{p}} - 1\Big)\Big(\dfrac{\partial V_X}{\partial X} + \dfrac{\partial V_Z}{\partial Z}\Big) + r_l \Big] \end{cases}$$

$$\begin{cases} \dfrac{\partial V_X}{\partial t} = -\dfrac{1}{\rho}\dfrac{\partial P}{\partial X} \\[2mm] \dfrac{\partial V_Z}{\partial t} = -\dfrac{1}{\rho}\dfrac{\partial P}{\partial Z} \end{cases} \qquad (3-10)$$

式中，M_R 为弛豫模量，$\tau_{\sigma l}^{P}$ 和 $\tau_{\varepsilon l}^{P}$ 分别为纵波对应的应力及应变的弛豫时间常数，r_l 为记忆变量，当 $l = 1$ 时，则有：

$$\tau_{\sigma 1}^{P} = \frac{1}{\omega}\Big(\sqrt{1 + \frac{1}{Q_P^2}} - \frac{1}{Q_P}\Big), \quad \tau_{\varepsilon 1}^{P} = \frac{1}{\omega^2 \tau_\sigma} \qquad (3-11)$$

其中，ω 为纵波的中心圆频率；Q_P 为纵波的品质因子，表示弹性波在一个周期内总能量与所损耗能量之比。

(三) 横各向同性弹性介质中二维弹性波波动方程

岩石的各向异性主要表现在不同方向上岩石的物理性质是不一样的，引起这种各向的原因有很多，如岩石本身固有的特性、岩体中孔隙、裂隙情况导致的各向异性，并在外力作用下使孔隙和裂隙呈现一定的方向性。当各向异性只表现在水平和垂直两个方向上时,称为横向各向同性介质,碳酸盐岩裂缝储层若介质是由定向排列的垂直裂缝组成的,称为 HTI 介质。

取 z 轴沿垂直方向,非均匀横向各向同性介质中(假定外力不存在),二维弹性波方程表示为(牛滨华等,2007):

$$\left.\begin{array}{l}
\rho \dfrac{\partial v_x}{\partial t} = \dfrac{\partial \tau_{xx}}{\partial x} + \dfrac{\partial \tau_{xz}}{\partial z} \\[3mm]
\rho \dfrac{\partial v_z}{\partial t} = \dfrac{\partial \tau_{xz}}{\partial x} + \dfrac{\partial \tau_{zz}}{\partial z} \\[3mm]
\dfrac{\partial \tau_{xx}}{\partial t} = (\lambda_p + 2\mu_p) \dfrac{\partial v_x}{\partial x} + \lambda_\perp \dfrac{\partial v_z}{\partial z} \\[3mm]
\dfrac{\partial \tau_{zz}}{\partial t} = (\lambda_\perp + 2\mu_\perp) \dfrac{\partial v_z}{\partial z} + \lambda_\perp \dfrac{\partial v_x}{\partial x} \\[3mm]
\dfrac{\partial \tau_{xz}}{\partial t} = \mu^* \left(\dfrac{\partial v_x}{\partial z} + \dfrac{\partial v_z}{\partial x} \right)
\end{array}\right\} \qquad (3-12)$$

其中,λ_p,μ_p 和 $\lambda_\perp$,$\mu_\perp$ 分别为水平和垂直方向上的拉梅系数;μ^* 为一新的弹性常数。

二、实际缝洞模型的地震响应的模拟步骤

(1)基于缝洞模型的建立方法以及模型设计的目的采用人机交互的方法建立地震地质模型,如图 3 - 21 显示出所建立的相同洞高不同宽度情形下的洞模型示意图。

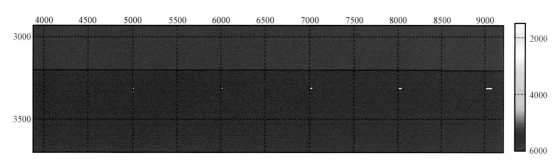

图 3 - 21　相同洞高不同宽度情形下的洞模型示意图

(2)对实际设计的缝洞模型进行网格离散化,网格的大小基于背景速度的纵、横向变化程度、所设计的溶洞最小尺度以及差分方程收敛的条件来考虑,本次模型采用的网格大小为 $2m \times 2m$,网格节点上的纵波速度、横波速度及其密度由人工给定的数值进行空间插值,网格内的弹性参数为常数。对于试验工区的每条线,其长度均为 6050m,为了保证该区域内均为满叠以及边界吸收较好,在模型的左边延长了 4000m,右边延长大于 6000m,深度范围为 1600 ~ 4000m。

(3)采用接近实际野外采集的观测系统和采集参数进行波动方程正演模拟,由于实际野外地震资料采集需要压制较强的随机干扰以及增强信号能量,通常采用覆盖次数较高的观测系统,而正演模拟中除了边界反射以及网格离散引起的空间假频干扰外,无须通过覆盖次数来

提高信噪比,但为了使得模拟过程更接近于实际地震所经受的采集过程、波传播过程、处理过程,同时为了减少计算工作量,采用与实际地震资料采集时所使用的道间距、最小和最大偏移距、采样间隔、子波主频相同的参数进行炮集记录正演模拟(图3-22)。这里的正演模拟所采用的采集参数为:道间距50m,炮间距为200m,最小偏移距为100m,最大偏移距为6050m,接收道数为120道,15次叠加,采样间隔为2ms,记录长度为1.2~2.2s,雷克子波的主频为30~40Hz。基于差分稳定条件,取模型中最小介质速度1500m/s为参考,得到计算过程中网格剖分间隔为2m×2m。

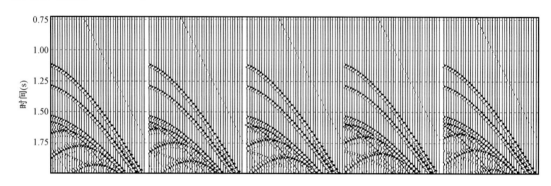

图3-22 相同洞高不同宽度情形下的缝洞模型对应的合成地震共炮点记录示意图

(4)对炮集记录进行常规地震资料处理获得水平叠加时间剖面和叠加时间偏移剖面,也即进行速度分析、动校正、水平叠加和滤波处理,获得叠加时间剖面(图3-23),然后进行叠后偏移处理获得叠加时间偏移剖面(图3-24)。本项研究所使用的处理软件是FOCUS地震资料处理软件系统。

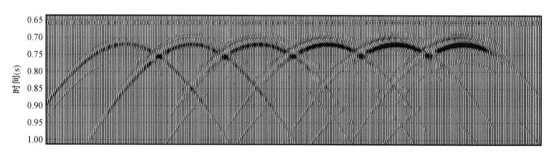

图3-23 与溶洞对应的叠加时间剖面

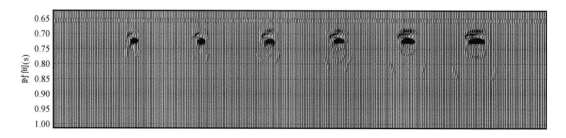

图3-24 与溶洞对应的叠加时间偏移剖面

第四节　影响缝洞型储集体地震波场特征因素

在利用地震资料进行储层识别时,搞清楚地震波在储层中的传播规律及响应特征是利用地震资料进行储层预测的基础,首先应开展缝洞型储层地震波场响应特征研究,在此基础上,找出与储层变化特征最为相关的地震属性,从而优选出有效的储层预测方法。基于正演模拟可以得到复杂介质的地震波场,为分析地震波的传播规律及储层的响应特征提供依据,尤其是对非均质较强的复杂缝洞型储层,因此,开展缝洞型储层数值模拟及地震波场响应特征研究具有重要的理论意义和实用价值。

本节主要分为两个部分。第一部分为基于随机介质理论构建不同统计特征的缝洞型储层模型,利用非均匀介质波动方程研究不同界面反射系数、不同发育密度、不同尺度及不同发育角度情况下缝洞型储层的地震波场特征;第二部分主要针对缝洞型储层的"串珠状"反射特征进行研究,分别从缝洞型储层自身因素(发育尺度、发育规模、发育密度及含不同流体等情况)变化以及采集、处理、成像和地表沙层吸收衰减等角度开展缝洞型储层"串珠状"反射特征影响因素研究,建立不同情况下缝洞型储层(地质)与地震响应(地球物理)之间的对应关系,从而为实际地震资料中缝洞型储层地震波场特征认识及识别提供一定依据。

一、缝洞型储层地震波场特征分析

(一)不同界面垂直反射系数情况下缝洞型储层地震波场特征

这里用界面上垂直反射系数 r 来表示缝洞与围岩的速度差异,反射系数越大,表明缝洞体内充填的速度越低。图 3 – 25 给出了不同界面垂直反射系数 r 情况下缝洞型储层示意图,缝洞型储层模型纵向尺度 2800m,横向尺度 6000m(图中部分显示)。其中第五层为缝洞介质,厚度为 1000m,缝洞介质参数为横向尺度 60m(大于围岩中四分之一波长 37.5m)、纵向尺度 4m、发育角度为 0,空间发育密度 10%。在随机缝洞介质参数不变的情况下改变随机缝洞介质中的界面反射系数 $r(r=0.1$,缝洞体内充填速度为 5155m/s;$r=0.3$,缝洞体内充填速度为 3712m/s;$r=0.5$,缝洞体内充填速度为 2436m/s;$r=0.7$,缝洞体内充填速度为 1453m/s),即改变随机缝洞介质中充填速度大小,反射系数 r 越大,缝洞体与背景围岩波阻抗差异越大,也即代表缝洞型储层越发育。

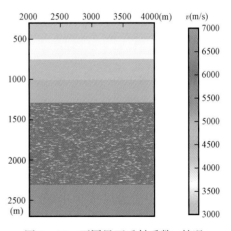

图 3 – 25　不同界面反射系数 r 情况下缝洞型储层示意图

正演模拟观测系统为:炮检距 50m、道间距 25m、接收道数 100 道、满覆盖次数 25 次、接收长度 1.5s、采样率 0.002s、激发子波主频为 40Hz 雷克子波、网格大小 1×1 m。

不同界面反射系数 r 情况下缝洞型储层正演模拟结果炮集记录及偏移剖面如图 3 – 26 和图 3 – 27 所示,图 3 – 28 为偏移剖面对应的均方根振幅剖面。当界面反射系数 $r=0.1$ 时,炮集上缝洞体产生的绕射波能量较弱,偏移剖面上对应为杂乱弱反射特征,随机缝洞介质顶底界面反射特征清晰(图3-26和图3-28a);随着界面反射系数r(r介于0.3~0.5之间)增大,炮集记录及偏移剖面上杂乱异常反射能量增强,界面反射系数r越大,异常反射能量越强,且随机缝洞介质底界面水平反射同相轴消失,此时杂乱强异常反射主要集中在顶界面0~200ms范围内(图3-27和图3-28b、c);当面反射系数r=0.7时,由于缝洞体与围岩波阻抗差异较大,在随机缝洞介质顶界面形成一个强反射界面,强反射界面阻挡了大部分地震波的入射,因此随机缝洞介质顶界面反射能量较强,内幕为弱反射,强反射能量主要集中在顶界面0~50ms范围内(图3-27和图3-28d),这也是碳酸盐岩缝洞型储层勘探难点之一,即如何提高缝洞型储层内幕反射能量,提高内幕缝洞型储层的识别能力。

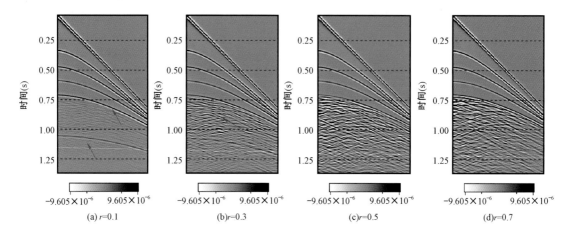

图3-26　不同缝洞界面反射系数r情况下炮集记录

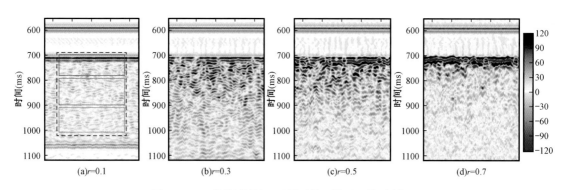

图3-27　不同缝洞界面反射系数r情况下偏移剖面

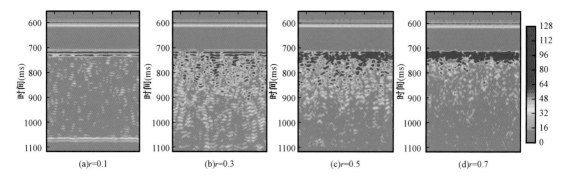

图3-28　不同缝洞界面反射系数r情况下均方根振幅剖面

(二)不同发育密度情况下缝洞型储层地震波场特征

缝洞型储层发育的好坏不仅与缝洞内充填流体情况有关,而且与缝洞型储层空间发育密度有关,空间发育密度越大,储集空间越多,越有利于油气的富集,因此研究缝洞型储层空间发育密度与地震波场特征之间的关系也是研究缝洞型储层地震波场特征的重点之一。

图3-29为不同空间发育密度情况下缝洞型储层模型,缝洞型储层界面反射系数 $r = 0.2$(缝洞体内充填速度为4430m/s),随机缝洞介质参数为横向尺度60m(大于围岩中四分之一波长37.5m)、纵向尺度4m、发育角度为0,空间发育密度分别为2%、5%、10%、15%和20%,依此来研究在缝洞体界面系数一致的情况下缝洞型储层空间发育密度变化时的地震波场特征。

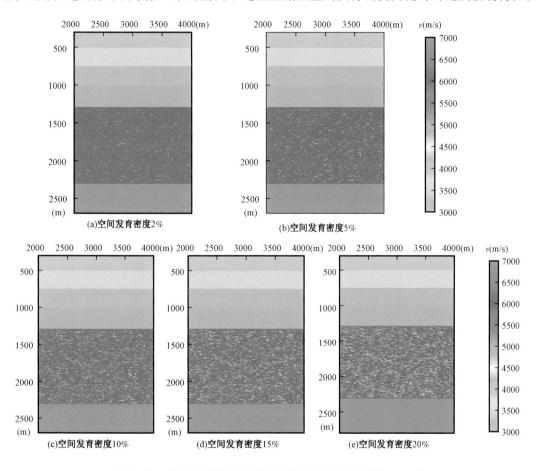

图3-29　不同空间发育密度情况下缝洞型储层模型($r = 0.2$)

图3-30至图3-32分别为缝洞型储层在不同空间发育密度情况下对应的炮集记录、偏移剖面及均方根振幅剖面。可以看出,在缝洞型储层反射界面系数($r = 0.2$)不大时,随着缝洞体空间发育密度增加,炮集记录上缝洞体形成的绕射波能量增强(图3-31中的1.0~1.25s之间的反射同相轴),对应偏移剖面上缝洞体引起的杂乱异常反射能量增强(图3-31和图3-32),这表明地震偏移剖面上杂乱异常反射能量越强与缝洞型储层空间发育密度正向相关。同时由于缝洞体内的充填速度低于背景围岩速度,随着缝洞型储层空间发育密度增加,地震波在随机缝洞介质中走时增加,对应偏移剖面上随机缝洞介质底界面反射同相轴出现的

时间逐渐延迟。

图 3-33 给出了缝洞型储层界面反射系数 $r=0.5$ 时不同发育密度情况下对应的偏移剖面,在缝洞型储层界面反射系数较大的情况下,即使缝洞型储层空间密度发育较小时,偏移剖面上仍对应为较强的杂乱异常反射特征(图 3-33a)。此时偏移剖面上振幅异常随缝洞型储层空间发育密度的增加变化不大,缝洞型储层空间发育密度小于 10%,偏移剖面上振幅异常主要分布在顶界面 0~200ms 范围内,缝洞型储层空间发育密度大于 10%,振幅异常主要分布在顶界面 0~100ms 范围内,缝洞型储层内幕同样对应为弱振幅低频率的反射特征。

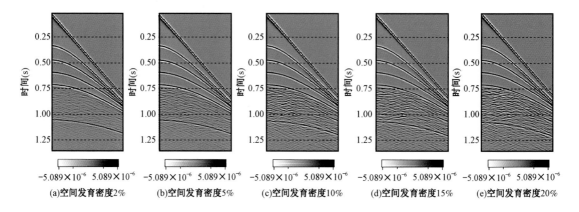

图 3-30　不同空间发育密度情况下缝洞型储层模型炮集记录($r=0.2$)

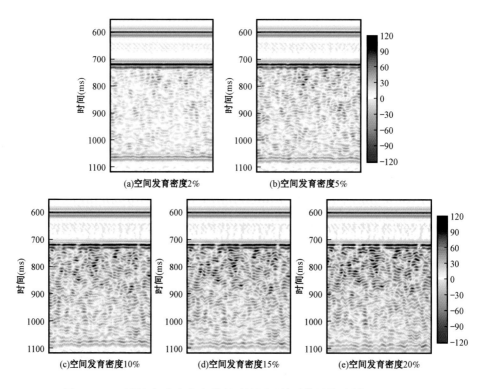

图 3-31　不同空间发育密度情况下缝洞型储层模型偏移剖面($r=0.2$)

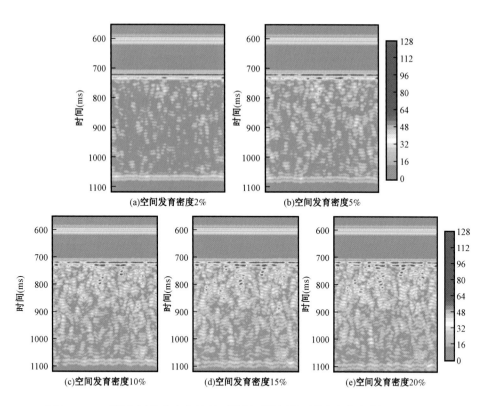

图3-32　不同空间发育密度情况下缝洞型储层模型均方根振幅剖面($r = 0.2$)

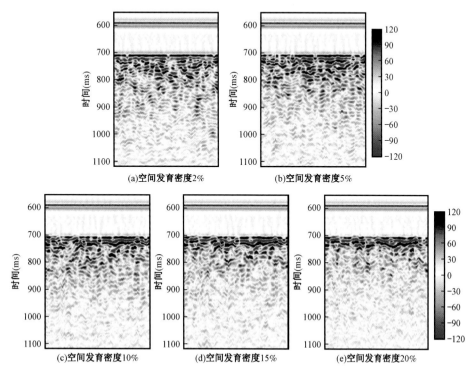

图3-33　不同空间发育密度情况下缝洞型储层模型偏移剖面($r = 0.5$)

(三)不同发育尺度情况下缝洞型储层地震波场特征

缝洞型储层发育程度,不仅与缝洞型储层充填流体情况及空间发育密度有关,而且与缝洞体空间发育尺度有关,缝洞型储层纵向尺度变化不大,一般情况小于10m,由于地下水及热液侵蚀程度不同,横向上延续几米至几百米不等,因此有必要针对缝洞体横向尺度的变化来研究其反射特征的变化。

图3-34为不同横向尺度情况下缝洞型储层模型,缝洞型储层界面反射系数$r = 0.5$(缝洞体内充填速度为2436m/s),固定随机缝洞介质参数纵向尺度(4m)、空间发育密度(10%)及发育角度(0°)不变,缝洞体横向尺度分别为2m、4m、10m、20m、40m和60m,依此来研究缝洞体横向尺度变化时的地震波场特征。

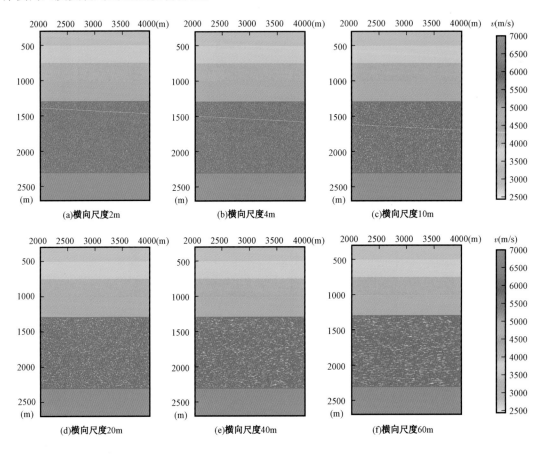

图3-34 不同横向尺度情况下缝洞型储层模型(纵向尺度4m、界面反射系数$r = 0.5$)

图3-35至图3-37分别给出了缝洞体横向尺度变化情况下的炮集记录、偏移剖面及均方根振幅剖面。在其他条件不变的情况下,随着缝洞体横向尺度增大(2~60m),炮集记录上缝洞体产生的绕射波能量增强(图3-35),相应偏移剖面上及均方根振幅剖面上反射能量增加。对比可知,当缝洞体横向尺度为2m时,即使在缝洞体界面反射系数($r = 0.5$)较大的情况下,偏移剖面上杂乱异常反射能量较弱。因此,当缝洞体横向尺度较小(<5m)时,偏移剖面上能量较弱,随着缝洞体横向尺度增加,对应偏移剖面上杂乱异常反射能量明显增强。

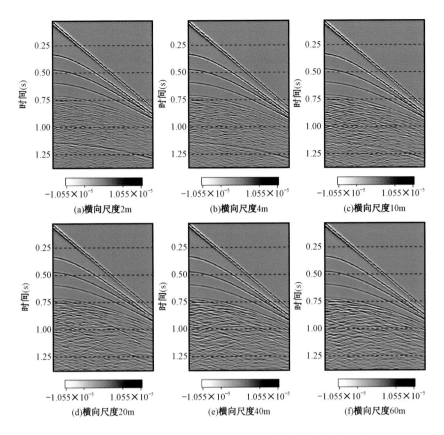

图 3 – 35　不同横向尺度情况下缝洞型储层模型炮集记录

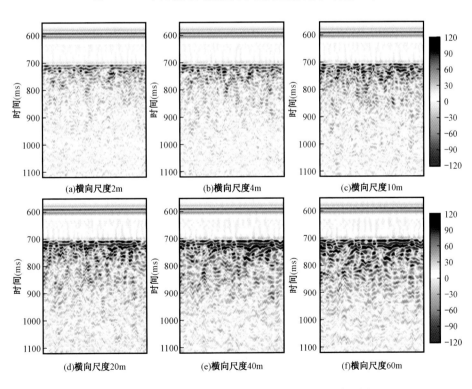

图 3 – 36　不同横向尺度情况下缝洞型储层模型偏移剖面

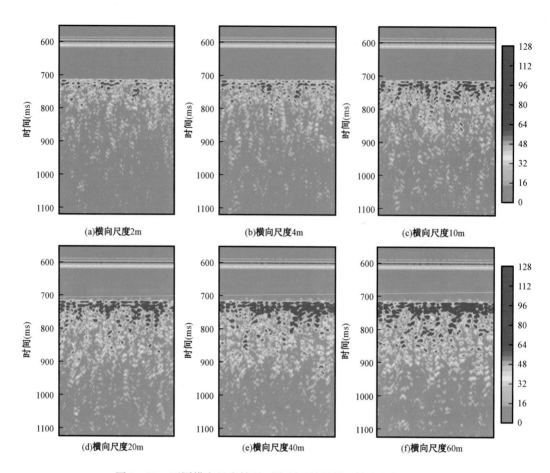

图 3 - 37 不同横向尺度情况下缝洞型储层模型均方根振幅剖面

(四)不同发育角度情况下缝洞型储层地震波场特征

构造运动、应力情况及水动力条件不同影响缝洞体的发育规模和大小,地表水沿着断层和裂缝系统渗流并发生溶蚀,形成的碳酸盐岩缝洞型体系通常具有一定的方向性,即在空间内呈条带状分布,条带状储层通常具有一定的角度,下面讨论条带状储层在不同发育角度情况下的地震波场特征。

图 3 - 38 为不同角度的条带状缝洞型储层模型示意图,缝洞型储层界面反射系数 $r = 0.5$(缝洞体内充填速度为 2436m/s),固定随机缝洞介质参数横向尺度 100m、纵向尺度 4m 及空间发育密度 10% 不变,改变缝洞体在空间内发育角度,分别为 0、15°、30°、60°、90° 和 150°,依此来研究相同缝洞体由于发育空间角度不同而引起的反射特征变化规律。

图 3 - 39 和图 3 - 40 分别给出了缝洞体空间发育角度不同时的炮集记录和偏移剖面。在其他条件不变时,随着缝洞体空间角度变化(0 ~ 90°),炮集记录上缝洞体产生的绕射波能量逐渐减弱(图 3 - 39),当缝洞体空间角度为 90° 时,缝洞体产生的绕射波能量最弱,对应偏移剖面上缝洞体产生的杂乱异常反射能量也最弱(图 3 - 40)。

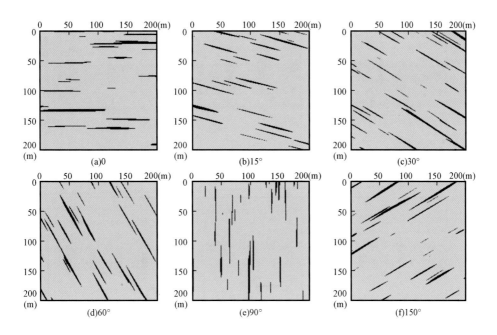

图 3-38 不同角度情况下缝洞型储层模型示意图

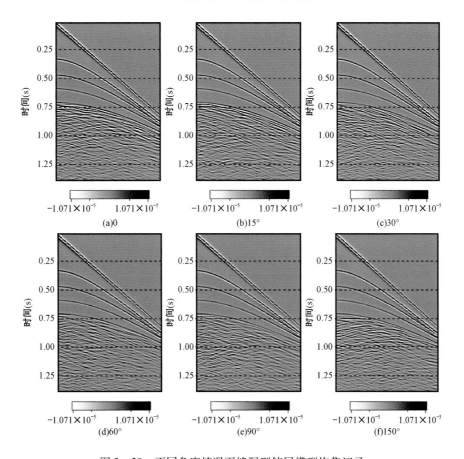

图 3-39 不同角度情况下缝洞型储层模型炮集记录

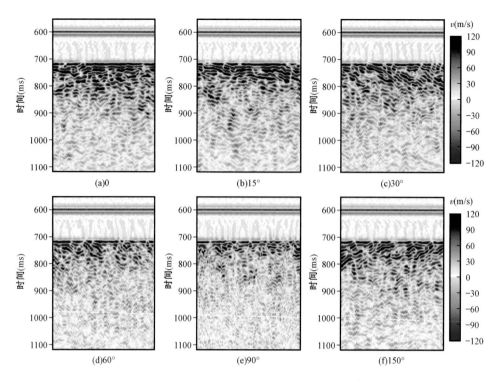

图 3 – 40　不同角度情况下缝洞型储层模型偏移剖面

二、溶洞型储层"串珠状"反射特征影响因素分析

上述讨论主要针对发育规模庞大的缝洞系统,事实上,由于构造运动及水动力条件不同,缝洞型储层大多是空间有限的孔洞或洞穴型储层,在地震剖面上表现为"串珠状"反射(图3–41)。此类储层的特点是,储层纵向尺度不大,一般为几米至十几米,横向尺度为几十米至几百米,溶洞和溶洞之间距离较远,在地震剖面上多为孤立的短同相轴强"串珠状"反射。

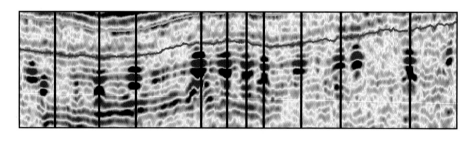

图 3 – 41　顺南地区实际地震剖面"串珠状"反射特征

图 3 – 42a 为模拟"串珠状"反射特征建立的溶洞型储层模型,溶洞型储层横向发育尺度为300m、纵向尺度为10m,溶洞界面反射系数 $r = 0.5$,溶洞发育密度为1%。正演模拟结果偏移剖面上对应为短同相轴强"串珠状"反射特征(图3–42b、c)。本章节主要针对溶洞型储层的"串珠状"反射特征进行分析,分别从采集、处理、地表吸收衰减及溶洞型储层自身等因素的变化来研究其反射特征的变化。

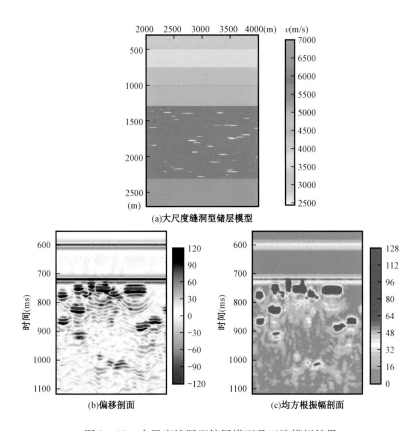

图 3-42　大尺度缝洞型储层模型及正演模拟结果

（一）叠后偏移成像和叠前偏移成像对缝洞型储层反射特征影响

建立缝洞型储层空间几何形态及岩石物理参数与地震响应之间的关系是碳酸盐岩缝洞型储层定量描述及油气预测的关键，而地震响应特征分析是以精确成像为前提。不同成像方法下缝洞型储层"串珠状"的反射能量及波形形态存在一定的差异，势必会对缝洞型储层反射特征的认识造成一定影响。对比实际生产中常用的几种成像方法可知，叠前深度偏移成像更能够正确的反映缝洞体在地震剖面上的真实形态，从而有效地提高缝洞型储层在地震剖面上的识别能力。

图 3-43a 为研究不同成像效果而建立的缝洞型储层模型。模型中存在一个起伏不平的风化壳界面，在风化壳界面下发育有 12 个空间位置及大小不同的缝洞体。缝洞①、③、⑦、⑪的发育规模为纵、横向为 20m×40m；缝洞②、④、⑧、⑩的发育规模为 10m×20m；缝洞⑤、⑥、⑨、⑫的发育规模为 30m×70m；缝洞内充填等效速度为 4800m/s，围岩速度为 5800m/s。正演模拟采用多次覆盖观测系统，炮间距 50m，道间距 50m，60 道接收，最大满覆盖次数 30 次，激发子波主频为 30Hz 雷克子波。

对正演模拟得到的炮集记录进行不同成像方法处理，图 3-43b 为共中心点叠加剖面，可以看出，缝洞体产生明显的绕射波，且与风化壳界面上岩性突变点产生的绕射波相互干涉，无法从叠加剖面上识别缝洞体的反射特征。图 3-43c 为基于 Kirchhoff 积分叠后时间偏移剖面，叠后时间偏移剖面上虽然缝洞体及风化壳界面产生的绕射波得到了收敛，但风化壳界面反射形态较光滑，表明地震剖面上反映出的地下结构形态已发生了变化；图 3-43d 为基于 Kirchhoff积分叠前深度偏移结果并将其转换到时间域剖面,可以看出串珠反射相位清晰,横向分辨率高,风化壳反射界面形态与模型中风化壳的形态更为相似。图3-43e为叠前与叠后偏移结果之差,地层结构较简单的水平地层,两者差值为零,地层结构复杂时两者存在一定的差异,叠前深度偏移成像结果更能反映地下真实构造及储层形态,在此基础上开展碳酸盐缝洞型储层反射特征认识的研究才更有有意义,本文中涉及的偏移剖面均为叠前深度偏移成像。

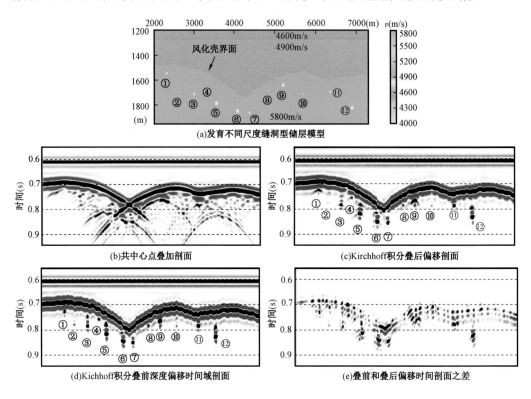

图3-43 缝洞型储层模型及不同成像方法叠加偏移剖面

(二)不同采集及处理参数对缝洞型储层反射特征影响

为了使正演模拟的结果更好地服务于实际地震资料的采集、处理及解释,提高正演模拟得到的结果可信度,建立正确的缝洞型储层模型同样是正演模拟的关键问题之一。图3-44为依据塔中顺南地区实际地质及地震资料,并结合钻井、测井等资料建立的缝洞型储层模型,各个地层的厚度及埋深情况依据实际的钻井资料给出,各个地层的岩石物理参数依据实际的测井资料及岩石物理测试结果给定。缝洞型储层模型考虑在埋深约6800m处的蓬莱坝组顶部发育有规模为25m×200m的缝洞型储层,依此来研究影响缝洞型储层反射特征的影响因素,从而为实际缝洞型储层的处理及解释提供一定的依据。

1. 不同道间距对"串珠状"成像结果影响

道间距的大小对偏移成像结果存在一定的影响,道间距过大主要引起空间假频及偏移速度场建立不准确等问题(夏洪瑞,2007;侯嵩等,2009)。在地震资料采集过程中,应根据地质任务及勘探精度要求,并结合道间距因素对偏移成像效果的影响,合理的选择道间距。野外试验的方法选择合适的道间距,需要大量的人力物力,效率低,室内正演模拟的方法方便快捷,效率高,在观测系统参数论证方面具有一定的指导意义。

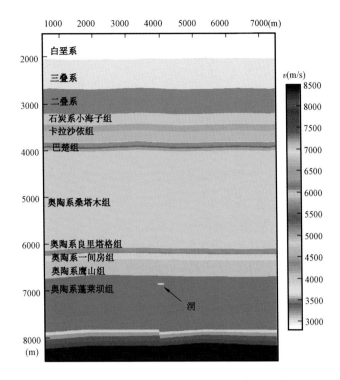

图 3 – 44 实际埋深情况下缝洞型储层模型（局部）

图 3 – 45 为不同道间距情况下缝洞型储层模型（图 3 – 44）偏移成像结果。从偏移剖面上来看，四种道间距情况下缝洞型储层成像效果差异不大，这是由于模型的地层倾角不大，再加上道间距之间差距并不大（最大 50m），道间距引起的空间假频不明显。但是不同道间距下缝洞体对应的"串珠状"反射能量差异很大（图 3 – 46），5m 道间距情况下缝洞体的反射能量约是 50m 道间距下的 10 倍，这是因为道间距越小，在相同排列长度情况下采集地下信息量越大，叠加偏移剖面上对应反射能量越强。由此可见，在相同满覆盖次数情况下减小道间距可以提高缝洞体在地震剖面上的反射能量，有利于缝洞体在实际地震剖面中反射特征的认识及识别。

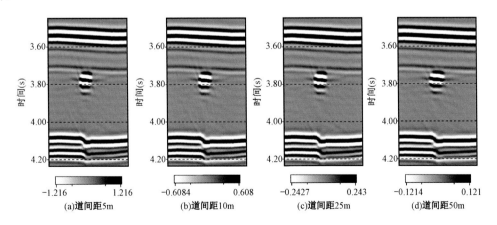

图 3 – 45 不同道间距情况下缝洞型储层偏移剖面

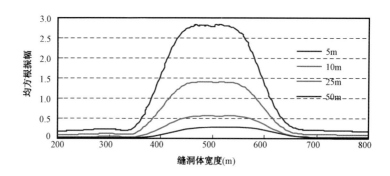

图 3 – 46   不同道间距情况下缝洞体处均方根振幅曲线

2. 不同偏移孔径对"串珠状"成像结果影响

偏移孔径及偏移速度是影响偏移成像效果的两个重要因素。偏移孔径过小,不能使绕射波的能量得到较好的收敛,偏移孔径过大,会降低地震资料的偏移质量(Yilmaz O,2001;Sun J,1998;吴清岭等,2008),且耗费机时,效率低。在满足正确成像前提下又要提高偏移效率,就要选择合适的偏移孔径。

塔河油田奥陶系缝洞成像的偏移孔径的选择主要考虑因素是使埋藏较深(>6000m)的缝洞型储层正确成像。图 3 – 47 给出了不同偏移孔径情况下缝洞型储层模型偏移剖面,所设计的缝洞体实际纵向、横向尺度为 25m × 200m。可以看出,地层倾角不大的水平地层,偏移孔径的大小对成像的效果影响不大,但对于埋藏深度较大,发育空间有限的缝洞型储层成像效果影响较大。当偏移孔径小于 6000m 时,不同偏移孔径大小之间偏移剖面差距较大,偏移孔径较小时,缝洞体产生的绕射波收敛不全,"串珠状"反射在偏移剖面上成弧形、"x"形绕射波,缝洞体在偏移剖面上不能正确成像,从而影响对缝洞型储层的正确评价。

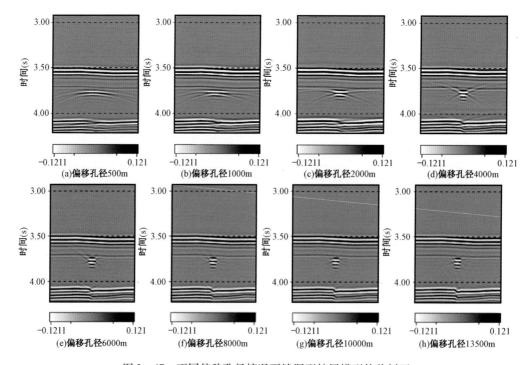

图 3 – 47   不同偏移孔径情况下缝洞型储层模型偏移剖面

提取不同偏移孔径下缝洞体处均方根振幅曲线,如图 3-48 所示。当偏移孔径较小时,偏移剖面上缝洞体的能量较弱,"串珠状"反射横向展布较宽;当偏移孔径大于 6000m 时,均方根曲线能反映缝洞体的实际宽度。因此,为了使缝洞体能正确的成像,偏移孔径的选择应不小于 6000m。

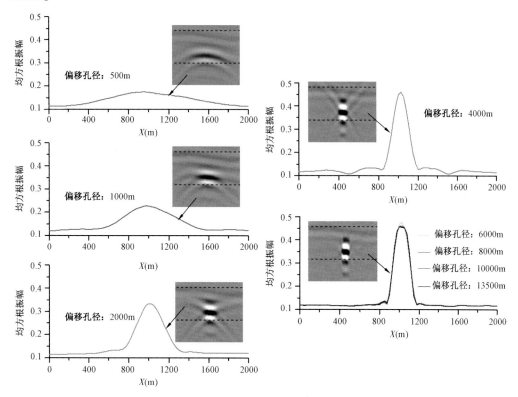

图 3-48　不同偏移孔径情况下缝洞体处均方根振幅曲线

3. 不同速度场对"串珠状"成像结果影响

叠前深度偏移成像时,速度场的准确与否同样是影响偏移成像效果重要原因之一。实际求取速度场时,求取得到的速度场相对于实际速度场不外乎偏低、偏高、接近和吻合这四种情况,图 3-49 给出四种情况下速度场模型,分别采用这四种速度场进行叠前偏移成像,依此来研究不同速度场情况下对缝洞体偏移成像的影响。

图 3-50 为不同速度场情况下缝洞型储层模型偏移剖面,可以看出偏移速度场的准确与否对偏移剖面的结果影响较大,不仅对缝洞体的成像影响较大,对水平地层的成像也存在一定的影响。不同速度场情况下水平地层同相轴表现出反射能量的强弱变化(图 3-50a、b),实际地层速度以及与实际地层接近的速度场情况下,偏移剖面上无论是水平地层的成像还是缝洞体的成像两个均差异不大(图 3-50c、d)。当偏移速度场低于实际地层速度时,偏移剖面上缝洞体能量较弱,横向分辨率降低,且"串珠状"边界反射同相轴下拉;当偏移速度场高于实际地层速度时,偏移剖面上缝洞体"串珠状"边界反射同相轴上提,因此实际地震资料偏移过程中,可以根据缝洞体在偏移剖面上的反射特征对速度场进行反复修正调整,从而建立起符合地下实际的速度场模型,确保偏移成像的质量。

图 3-51 为不同速度场情况下偏移剖面上缝洞体产生的"串珠状"反射特征对应的均方根振幅曲线,当速度场速度偏低或偏高时,偏移剖面上均不能正确成像,缝洞体的能量及横向

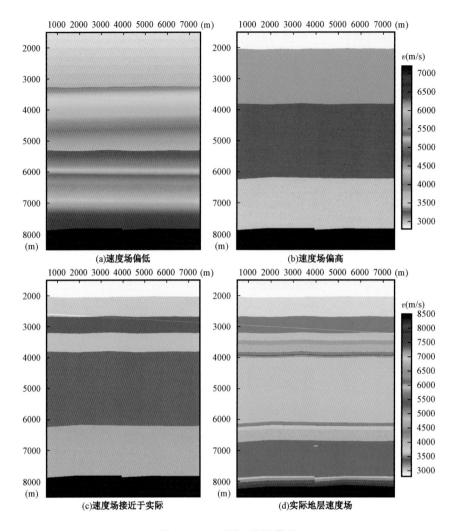

图 3-49　不同速度场模型

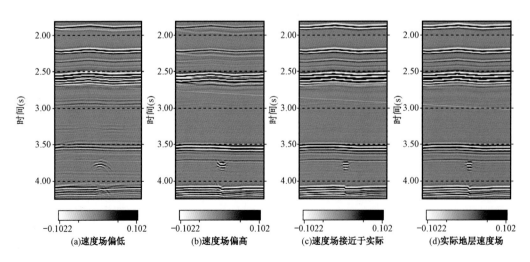

图 3-50　不同速度场情况下缝洞型储层模型偏移剖面

分辨率降低(图3–51a、b)。根据振幅曲线及缝洞体复合反射系数计算出不同速度场情况下缝洞体的纵向、横向尺度见表3–3。速度场偏低时,偏移剖面上缝洞体的横向尺度为450m,速度场偏高时,缝洞体的横向尺度为125m,纵向尺度与实际也存在较大差异。可见速度场数据不准确,偏移剖面上缝洞体不能正确成像,不能正确认识缝洞体的反射特征。

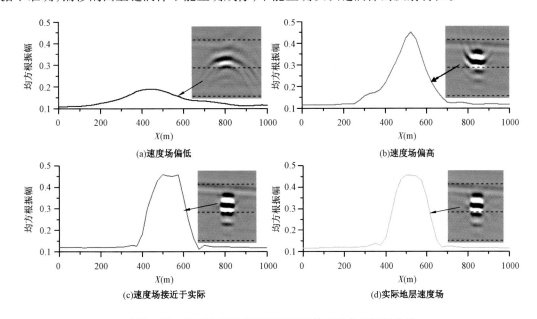

图3–51　不同速度场情况下缝洞型体处均方根振幅曲线

表3–3　不同速度场情况下缝洞体横向、纵向尺度大小估算

	速度场偏低	速度场偏高	速度场接近	实际速度场
横向尺度计算(m)	450	125	200	200
纵向尺度计算(m)	8.6	24	25	25

(三)近地表吸收衰减对缝洞型储层反射特征影响

地震记录中蕴含有大量地下岩性及含流体特性的信息,地震波的振幅及频率信息是判断地下岩石物理特性的两个最重要的参数,引起其变化的原因除了储层自身的因素外还与上覆地层的吸收衰减有关,尤其是近地表岩性空间结构的变化等因素(Johnston D. H.,1979)。所谓近地表是指地表未成岩的低速介质带,由于沉积年代和沉积时间的差异、环境的温度变化、岩性不同、含水量的多少、压实程度的不同等因素。同时,经受长年的风化作用使近地表沉积的介质疏松,无胶结或半胶结,通常含水性差。虽然近地表介质厚度不大,但使得激发的地震波能量以及表层介质的地震波传播路径、传播速度、传播能量变化很大。近地表结构空间变化引起地震波振幅及频率的变化要远大于地下目标储层自身因素引起地震波振幅及频率的变化(凌云等,2001,2005),且由于近地表对地震波的选频吸收作用,使中、深层地震信号的中、高频成分能量变弱,降低了地震资料的分辨率,从而影响了中、深层成像效果(周发祥等,2008)。

塔河油田部分地区位于塔克拉玛干大沙漠地带,地表被第四系松散沙层所覆盖,沙层厚度变化大,沙丘相对高差约10~80m,个别地段达120m。沙丘分布形态有规则的垄状,不规则的蜂窝状或两者的复合形态,宽度介于500~4000m。总体上,工区西部沙垄呈北东—南西向,工区中部为近南北向的沙垄,工区东南部为蜂窝状沙丘。因此近地表沙层黏弹性特性引起的对地震波的吸收衰减不容忽视,否则在进行岩性油气藏勘探和油气的直接检测时会遇到不可避免的地震勘探陷阱。

从二维黏弹声波方程出发,利用有限差分交错网格格式进行波动方程正演模拟,为震源位置及接收位置处的地震波吸收衰减分析提供数值模拟记录,在此基础上进行常规偏移成像处理,进而研究黏弹介质对地震波能量、频率的吸收衰减的影响。

根据实际野外地表沙层的品质因子测试情况,该区域地表沙层的地表品质因子为 $6 \sim 15$ 左右。同样以所建立的符合地下实际情况的地震地质模型(图 3 – 44)为研究对象,通过改变地表沙层品质因子 Q 值的大小以及发育厚度来研究近地表对地震波场特征的影响。正演模拟观测系统参数为:炮间距为 50m,道间距为 50m,接收道数为 40 道,最小偏移距为 0,采样间隔为 0.002s,满覆盖次数为 20 次。

图 3 – 52 给出了地表沙层黏滞系数 $Q = 6$ 时不同地表厚度情况下的正演模拟结果炮集记录,图 3 – 53 给出了地表沙层品质因子 $Q = 6$ 时不同地表厚度情况下的正演模拟结果偏移剖面(地表厚度为 0 的情况即为不考虑地表的黏滞系数)。在 Q 值相同的情况下,随着地表黏滞地层厚度的增加偏移剖面上缝洞体对应的反射能量变弱。图 3 – 54a 为提取的缝洞体处均方根振幅曲线,可以看出地表吸收衰减主要引起振幅强弱变化,"串珠状"反射特征横向尺度上没有变化,即振幅曲线上最大值 0.707 倍处的两个振幅值之间距离保持不变,代表缝洞体的横向宽度,因此地表吸收衰减不影响利用振幅属性对缝洞体发育横向尺度的判断;图 3 – 54b 不同地表品质因子 Q 下偏移剖面上缝洞体处均方根振幅变化曲线,在相同地表黏滞地层厚度的情况下,Q 值越小、地表黏滞地层缝洞体处均方根振幅越弱。

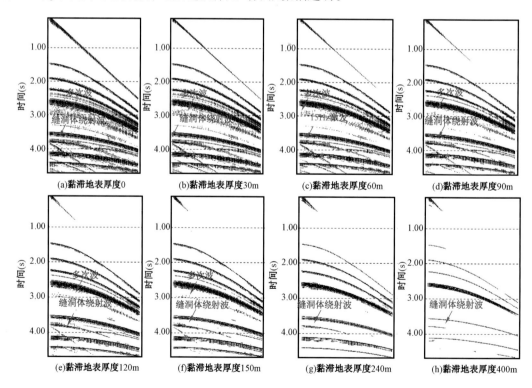

图 3 – 52　$Q = 6$ 时不同黏滞地表厚度情况下炮集记录

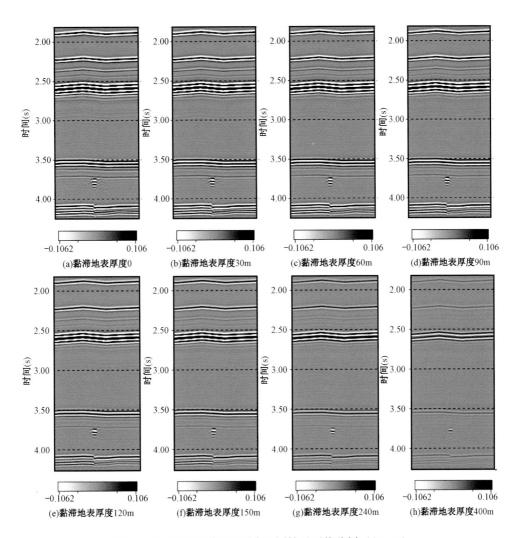

(a)黏滞地表厚度0 (b)黏滞地表厚度30m (c)黏滞地表厚度60m (d)黏滞地表厚度90m

(e)黏滞地表厚度120m (f)黏滞地表厚度150m (g)黏滞地表厚度240m (h)黏滞地表厚度400m

图 3 - 53 地表黏滞地层厚度不同情况下偏移剖面($Q = 6$)

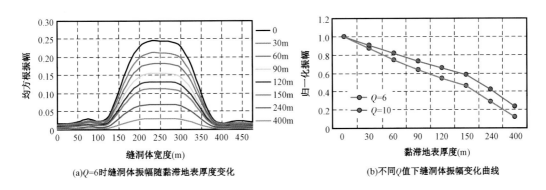

(a)$Q=6$时缝洞体振幅随黏滞地表厚度变化   (b)不同Q值下缝洞体振幅变化曲线

图 3 - 54 缝洞体处均方根振幅变化曲线

  表 3 - 4 根据振幅属性计算出了不同地表 Q 值大小及不同黏滞地表厚度情况下缝洞体厚度,品质因子 Q 值越小、地表黏滞地层厚度越大,根据振幅值大小计算出的缝洞体厚度与实际缝洞体的厚度差距越大。因此实际地震资料缝洞型储层发育厚度估算时一定要考虑到地震波

的吸收衰减,根据某一地区的实际地表结构,建立该区域地层吸收衰减系数与激发子波主频、传播距离之间的定量关系,为实际地震资料中振幅的补偿恢复及缝洞型储层发育厚度的评价提供依据。

表 3 - 4　不同地表 Q 值大小及不同黏滞地表厚度情况下缝洞体厚度(实际厚度 25m)

黏滞地表厚度(m)		0	30	60	90	120	150	240	400
纵向尺度计算(m)	$Q = 6$	25	20.3	16.7	13.9	11.6	9.8	5.9	2.5
	$Q = 10$	25	25.0	21.5	18.7	14.3	12.6	8.8	4.8

(四)缝洞型储层自身因素变化对其反射特征影响

缝洞型储层的空间尺度及充填程度是表征该类储层的重要参数,缝洞体纵向、横向尺度变化及充填程度不同均会引起缝洞体反射特征的变化。研究这些参数与缝洞型储层反射特征之间的关系具有十分重要的意义,对实际地震资料中缝洞型储层参数的估算及储层评价能够提供一定的依据。

1. 纵向尺度变化与缝洞型储层反射特征的关系

固定缝洞体宽度(60m)及充填速度不变(5200m/s,背景围岩速度为6200m/s),缝洞体埋深2000m,通过改变缝洞在纵向上的发育尺度来研究其反射特征的变化。观测系统为炮间距50m,道间距50m,接收道数60道,激发子波主频30Hz雷克子波。地震子波在缝洞体内波长 $\lambda = 173m$,缝洞体的纵向尺度分别取 $1/32\lambda$(6m)、$1/16\lambda$(11m)、$1/8\lambda$(22m)、$1/4\lambda$(43m)、$1/2\lambda$(87m)、λ(173m)、1.5λ(260m)。

图 3 - 55 为缝洞体纵向尺度不同时的偏移剖面,可以看出缝洞体产生的"串珠状"反射特征随着纵向尺度的变化,其反射能量、反射相位、纵向延续时间长度均发生了变化。图 3 - 56 和图 3 - 57 分别为提取缝洞体处的波形图及均方根振幅图,对比可以得出如下结论。

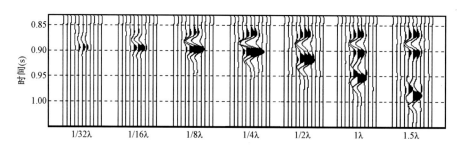

图 3 - 55　纵向发育尺度变化时缝洞模型叠前偏移剖面

(1)纵向上延续时间及相位个数存在三个临界点,当缝洞的纵向尺度小于 $1/4\lambda$ 时,随着纵向尺度的增加延续时间逐渐变长,相位个数不变(正—负—正—负);纵向尺度介于 $1/2\lambda$ ~ λ 之间时,延续时间急剧增加,相位从 4 个逐渐增加到 6 个,这是因为随着缝洞体纵向尺度的增加,缝洞顶底界面产生的反射波形逐渐分开;当缝洞的纵向尺度大于 λ 时,缝洞的顶底界面反射波彻底分开,在地震剖面上表现为上下叠置的两个"串珠"反射特征,且底界面的波形由于受到顶界面的影响已经发生改变(图 3 - 56)。

(2)纵向尺度变化时,缝洞体反射能量存在一个极大值(图 3 - 57b),即当缝洞纵向发育厚度为 $1/4\lambda$ 时为调谐厚度,此时缝洞体的反射能量最大。当纵向尺度小于调谐厚度时,缝洞体的反射能量与纵向尺度成正相关;当纵向尺度大于调谐厚度时,随着纵向尺度的增加反射能量逐渐降低并趋于稳定。

（3）纵向尺度变化时,"串珠"横向延续宽度随着纵向尺度的增加逐渐变宽,当纵向尺度为 1/4 λ 时最宽,之后逐渐变窄并趋于稳定(图 3 – 57a),但振幅曲线上 0.707 处的两个振幅值之间距离保持不变,即缝洞体纵向尺度的变化对缝洞体横向尺度的判断没有影响。

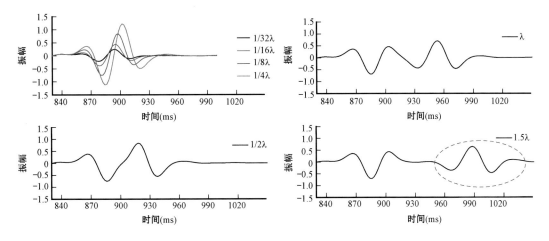

图 3 – 56 纵向发育不同尺度时缝洞处对应波形图

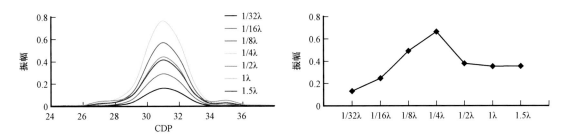

图 3 – 57 纵向发育不同尺度时缝洞体处均方根振幅变化曲线

2. 横向尺度变化与缝洞型储层反射特征的关系

固定缝洞体纵向尺度（20m，< 1/4 λ）及充填速度不变（5200m/s，背景围岩速度为 6200m/s）,缝洞体埋深 2000m,通过改变缝洞体在横向上的发育尺度（5 ~ 5000m）来研究其反射特征的变化。

图 3 – 58 为横向尺度不同的缝洞体叠前偏移成像结果,随着横向上发育尺度增加,"串珠状"反射能量增强并趋于稳定,且缝洞体在延续时间长度上不随缝洞的横向尺度变化(图 3 – 58b)。

3. 不同充填物类型与缝洞型储层反射特征的关系

固定缝洞体纵（20m）、横向尺度（60m）及背景围岩的速度（6200m/s）不变,缝洞内充填的等效速度大小来代表缝洞型储层的发育情况,缝洞体内充填速度越小代表储层越发育,依此来研究相同发育规模不同发育程度时缝洞体的反射特征。

图 3 – 59 为缝洞体内充填不同等效速度时偏移剖面,缝洞体内充填的速度越小,即储层越发育,储层与围岩的波阻抗差异越大（缝洞体界面反射系数 r 越大）,"串珠状"反射能量越强,且缝洞体在时间剖面上延续时间长度与缝洞内充填的速度无关(图 3 – 59)。

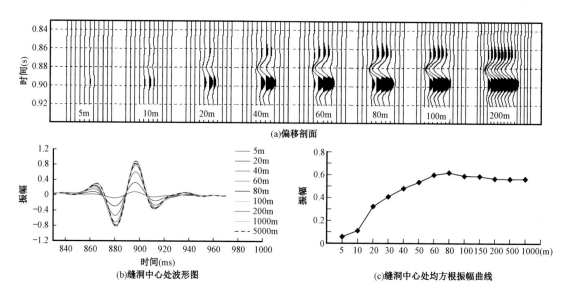

图 3-58 （洞高 20m）横向发育尺度不同的缝洞正演模拟结果

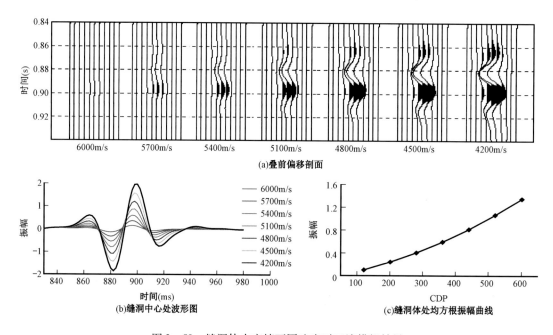

图 3-59 缝洞体内充填不同速度时正演模拟结果

图 3-60 为考虑不同发育规模及不同充填物类型的缝洞型储层模型,模型横向长度 12000m,纵向深度 3500m(图中部分显示),不同缝洞体发育尺度及充填流体情况见表 3-5。正演模拟采用的观测系统参数为:炮检距 50m,道间距 50m,排列长度 3000m,最大满覆盖次数 30 次,子波主频 25Hz 雷克子波。

一般认为,缝洞体发育规模越大,对应"串珠状"反射能量越强。相对于缝洞体的发育规模而言,缝洞体内含流体情况对"串珠状"反射能量影响更明显(图 3-60b、c),小尺度(<10m)缝洞体富含气时反射能量比大尺度(>30m)含流体时反射能量还要强。

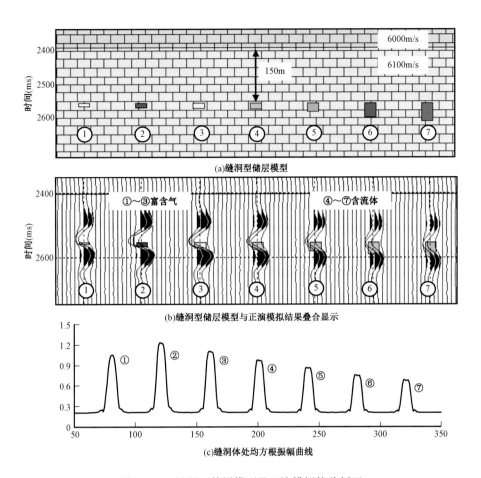

(a)缝洞型储层模型

(b)缝洞型储层模型与正演模拟结果叠合显示

①~③富含气　④~⑦含流体

(c)缝洞体处方均根振幅曲线

图3-60　缝洞型储层模型及正演模拟偏移剖面

表3-5　缝洞体发育尺度及充填流体情况

序号	纵向尺度(m)	横向尺度(m)	等效速度(m/s)	围岩速度(m/s)
①	8	200	2400	6100
②	15	200	2800	6100
③	20	200	3400	6100
④	25	200	3900	6100
⑤	30	200	4300	6100
⑥	40	200	4700	6100
⑦	50	200	4900	6100

4. 含不同流体情况下"串珠"频率域特征

以图3-60b中偏移剖面为研究"串珠"频率域特征对象,图3-61a为原始地震剖面,图3-61b至h为不同频带范围内偏移剖面。注意到60Hz以上的剖面振幅比原始剖面振幅弱10倍。可以看出,随着频率增加,缝洞体处对应"串珠"同相轴增加,当频率大于120Hz时,充填速度较低的小尺度缝洞体(①~③)表现出高频特征,而充填速度相对较高的缝洞体(④~⑦)无高频特征。

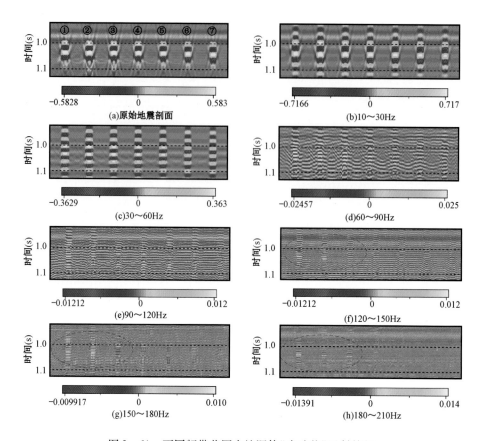

图 3-61　不同频带范围内缝洞体"串珠状"反射特征

图 3-62a 为缝洞体剖面 0~250Hz 全频段能量调谐体,图 3-62b 至 e 为单频能量体。从全频段能量调谐体来看(图 3-63a),缝洞体强能量体主要集中在 10~40Hz(子波主频 25Hz),而富含气薄缝洞体(①~③:8~20m)由于薄层的频率域调谐效应,在频率较高时(>100Hz)缝洞体处仍对应为强能量体,单一频率能量体上含气缝洞体(①~③)同样表现为高频特征(图 3-62b 至 e)。

5. 缝洞顶底界面与"串珠"相位对应关系

图 3-63 为不同尺度缝洞体在含流体情况不同是所表现出的"串珠状"反射特征,可以看出:(1)富含气缝洞储层在厚度介于 $1/16\lambda \sim 1/8\lambda$(5~10m)时在地震剖面上同样具有较强的"串珠"反射;(2)当缝洞厚度大于 $1/4\lambda$ 时,缝洞的顶界面与波谷对应,底界面与波峰对应,当缝洞厚度小于 $1/4\lambda$ 时,缝洞的顶底界面与零相位对应。正演模拟结果所得到的认识与实际顺南 5 井钻井吻合(图 3-64)。

6. 地震剖面上"串珠状"反射识别能力

观测系统参数:炮检距 50m,道间距 50m,排列长度 7000m,最大满覆盖次数 70 次,子波主频 25Hz 雷克子波。

信噪比等于 3 时(相对于 T_7^4 反射界面)缝洞体在含不同流体情况下识别能力:实际埋深情况下(6500m),缝洞体充填等效速度为 3000m/s 时能识别缝洞体最小尺度为 4~6m,等效速度为 4200~4500m/s 时,能识别缝洞体最小尺度为 10m 左右,等效速度为 5200m/s 时能识别最小尺度为 15~20m(图 3-65)。

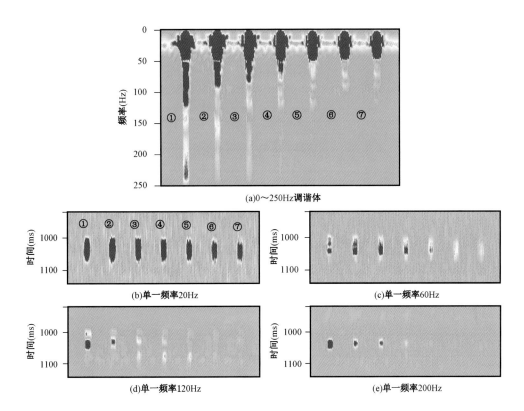

(a)0～250Hz调谐体

(b)单一频率20Hz

(c)单一频率60Hz

(d)单一频率120Hz

(e)单一频率200Hz

图 3 - 62　缝洞体调谐体及单频能量体

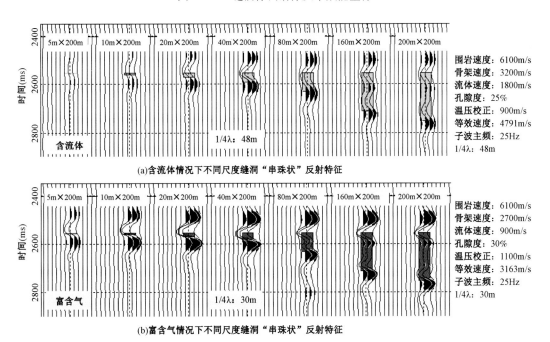

(a)含流体情况下不同尺度缝洞"串珠状"反射特征

(b)富含气情况下不同尺度缝洞"串珠状"反射特征

图 3 - 63　不同尺度缝洞体在含不同流体情况下"串珠状"反射特征

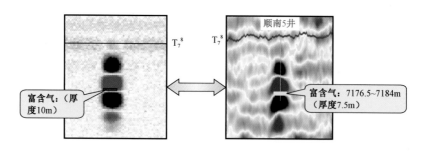

图3-64 正演模拟结果与实际地震剖面对比

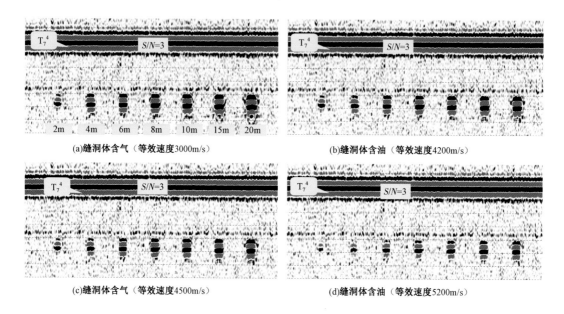

图3-65 不同尺度及不同流体情况下"串珠状"反射识别能力

7. 不同背景围岩与缝洞型储层反射特征的关系

上述讨论影响缝洞型储层"串珠状"反射特征均是基于背景围岩为较厚的均匀介质情况，对于实际的碳酸盐岩储层而言背景围岩由于储层的发育程度不同在纵向上往往成带状分布，类似于薄互层的情况，薄层的波阻抗界面与缝洞体产生的反射界面叠加在一起同样会对缝洞的"串珠状"反射特征产生一定的影响。

图3-66a为发育规模及充填速度相同的缝洞体发育在不同地层条件下的地质模型，①为发育在厚度较厚的均匀介质背景下，②为发育在背景围岩速度递增的地层中，缝洞距离薄层的顶底界面为20m，③、④、⑤的地层结构如图所示。

图3-66b为缝洞发育在不同地层条件下叠前深度偏移剖面，模型①缝洞体发育在均匀介质背景中，地震剖面上表现为"正—负—正—负"四个相位，其中最上面的正相位和最下面的负相位能量较弱，中间为两个能量相当的强相位；模型②缝洞体发育在地层速度递增的背景中，为"负—正—负"三个相位反射特征，正相位相对于上下两个负相位的能量强；模型③缝洞体发育在地层速度递减的背景中，为"正—负—正"三个相位反射特征，负相位相对于上下两个正相位的能量强；模型④、⑤中由于缝洞体产生的相位与背景围岩产生的相位叠加在一起（相同相位叠加能量增强、不同相位叠加能量削弱）而表现出"串珠状"能量的强弱变化。由此

可见,发育规模及充填速度相同的缝洞体发育在不同地质背景中由于波的叠加作用产生反射特征差异很大(反射相位不同,能量不同)。图 3 - 67 为实际地震剖面中与正演模拟结果相对应的"串珠状"反射特征,因此,在对实际地震资料精细分析基础上建立缝洞型储层模型,有利于提高实际地震资料中"串珠状"反射特征(反射相位、反射能量)的认识及缝洞型储层的识别。

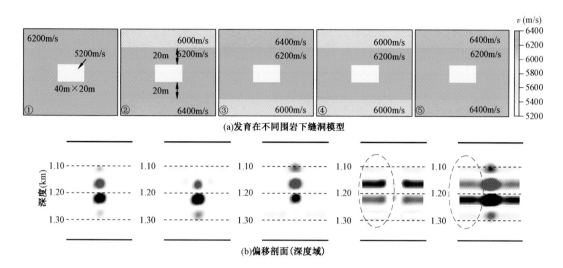

(a)发育在不同围岩下缝洞模型

(b)偏移剖面(深度域)

图 3 - 66　发育在不同围岩下缝洞模型及正演模拟结果

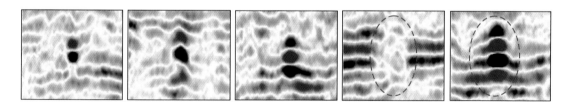

图 3 - 67　与正演模拟结果对应的实际地震剖面中"串珠状"反射特征

上述从采集、处理、地表吸收衰减及缝洞型储层自身因素(纵向尺度、横向尺度、充填物类型及背景围岩因素)的变化等角度讨论了"串珠状"反射特征的影响因素,归纳如下。

(1)在碳酸盐岩缝洞型储层发育区域,减小道间距有利于缝洞体在地震剖面上反射能量的提高,准确的成像方法是认识缝洞型储层反射特征的前提。

(2)偏移孔径及偏移速度是影响偏移成像效果的两个重要因素,偏移孔径过小,不能使绕射波的能量得到较好的收敛,偏移孔径过大,会降低地震资料的偏移质量。就塔中顺南地区实际地震资料成像而言,为了保证缝洞型储层成像质量,偏移孔径应大于 6000m。准确的偏移速度场的求取同样是缝洞型储层成像质量的关键。

(3)随着传播距离的增加,地震波振幅表现出呈指数衰减规律,相同激发子波主频下,Q 值越小衰减指数越大,相同 Q 值情况下,衰减指数随激发子波主频的提高而增大,随着传播距离的增加地震波振幅吸收衰减的幅度增大。因此实际地震资料中利用振幅属性进行缝洞型储层发育厚度计算时一定要考虑到地震波的吸收衰减因素造成的影响。

（4）横向尺度一定时，缝洞体在纵向尺度上存在一个反射能量极大值点，对应纵向尺度为 $1/4\lambda$，当缝洞体纵向尺度小于 $1/4\lambda$ 时，缝洞的反射能量与纵向尺度成正比关系，当缝洞纵向尺度大于 $1/4\lambda$ 时，随着纵向尺度的增加反射能量逐渐降低并趋于稳定，该极大值点对应缝洞纵向尺度的大小与缝洞的横向尺度无关。

（5）纵向尺度一定时，"串珠状"反射能量与振幅宽度因子大小有关，随着缝洞体横向发育尺度增加，振幅因子逐渐增大对应"串珠状"反射能量也逐渐增强。

（6）缝洞纵向、横向尺度一定时，"串珠状"反射能量与缝洞体含流体情况密切相关，缝洞体与背景围压波阻抗差异越大，对应"串珠状"反射能量越强，富含气缝洞储层在厚度介于 $1/16\lambda \sim 1/8\lambda$（5～10m）时在地震剖面上同样具有较强的"串珠状"反射。

（7）当缝洞厚度大于 $1/4\lambda$ 时，缝洞的顶界面与波谷对应，底界面与波峰对应，当缝洞厚度小于 $1/4\lambda$ 时，缝洞的顶底界面与零相位对应。

（8）缝洞体的反射能量与缝洞体界面系数 r 有关，r 越大即缝洞体与围岩的波阻抗差异越大对应的缝洞体在地震剖面上的反射能量越强；缝洞体反射能量的强弱及反射相位的形态同样受背景围岩变化的影响，相同相位叠加使"串珠状"反射能量增强，不同相位叠加使"串珠"反射能量减弱，甚至相位消失。

第五节　复杂缝洞型储集体地震地质模型的地震响应特征

一、二维典型缝洞模型的地震响应特征分析

根据塔河油田的实际地层发育情况和缝洞体的统计特征，在综合考虑溶洞大小、连通性、充填物、叠合形式、距风化面不同距离等因素的基础上，设计了不同类型的二维缝洞型地震地质模型。

（一）相同高度不同宽度及充填物的溶洞组合地震地质模型

为了了解不同溶洞宽度的地震响应特征，分析其分辨率以及不同充填物对响应的影响，设计了如图3-68所示的相同高度、不同宽度及充填流体的溶洞组合地震地质模型，该模型的横向长度为7000 m（X 轴 -1000～6000），纵向深度为3000m（Y 轴 0～3000），模型物理参数见表3-6。

表3-6　各地层的物性参数

地层编号	V_P(m/s)	V_S(m/s)	ρ（kg/m³）	厚度（m）	岩性
1	4000	2310	2350	800	砂泥岩
2	4500	2605	2425	700	砂泥岩
3	5200	3022	2530	200	石灰岩
4	6000	3510	2650	300	石灰岩
5	6400	3702	2778	500	石灰岩
6	6800	3930	2906	500	石灰岩

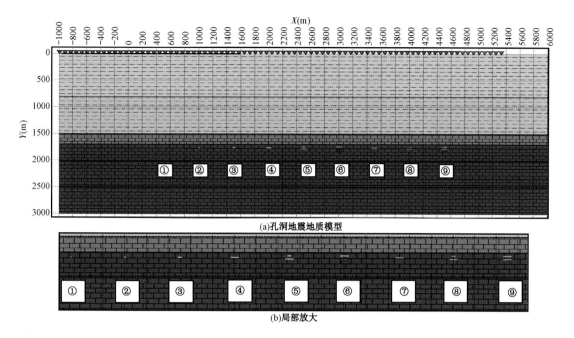

图3-68 相同高度、不同宽度及充填流体的溶洞组合地震地质模型

由于石灰岩储层横向非均质性很强,溶洞发育区与围岩速度明显不同,因此,可以用速度在横向上的不同变化值表示储层的发育程度,简化成一个个网格层的概念,这在理论上是成立的,最终使正演得以实现(闵小刚等,2006)。在第 T_7^4 界面下方设计了9个溶洞。各溶洞的几何形态及其物性参数详见表3-7。

表3-7 各溶洞的几何及其物性参数

溶洞组合	高度(m)	宽度(m)	V_P(m/s)	V_S(m/s)	ρ(kg/m³)	充填物	中心所处X位置	中心距T_7^4界面距离(m)	说明
①	10	10	1500	—	1970	流体	500	60	
②	10	20	1500	—	1970	流体	1000	60	
③	10	40	1500	—	1970	流体	1500	60	所有的洞高均为10m,①~⑥溶洞组合为充填流体,⑦~⑨溶洞组合为充填较致密物,各个溶洞组合横向间距(中心)均为500m,对于叠合型溶洞组合,其纵向间距(中心)均为40m;对于多于一个储集体的井,储层参数从上向下示于表中
④	10	80	1500	—	1970	流体	2000	60	
⑤	10	40	1500	—	1970	流体	2500	40	
	10	80	1500	—	1970	流体	2500	80	
⑥	10	80	1500	—	1970	流体	3000	40	
	10	80	1500	—	1970	流体	3000	80	
	10	80	1500	—	1970	流体	3000	120	
⑦	10	80	3500	2020	2275	较致密物	3500	60	
⑧	10	40	3500	2020	2275	较致密物	4000	40	
	10	80	3500	2020	2275	较致密物	4000	80	
⑨	10	80	3500	2020	2275	较致密物	4500	40	
	10	80	3500	2020	2275	较致密物	4500	80	
	10	80	3500	2020	2275	较致密物	4500	120	

图 3 – 69 显示出与各个溶洞对应的道集记录和速度谱图,从道集记录看,绕射波比较清晰,而速度谱的能量团仅仅与大套地层相对应。图 3 – 70 显示出叠加剖面图(变面积彩色显示),从中可以看出,溶洞产生的绕射波特征非常明显,绕射波的顶部与溶洞顶、底反射相对应,两者之间出现由溶洞产生的绕射波相互干涉形成了视水平同相轴的一些断断续续的“短的略倾斜的反射同相轴”。同时也可以看到,“短反射”中较强者出现的时间,与溶洞位置相对应,但由于相互干涉和分辨率的影响,叠合型溶洞并没有显示出更多的入射波数目。同时,绕射波与 T_7^5 反射对应的水平同相轴相互干涉,使得 T_7^5 反射同相轴显示出断断续续特征。

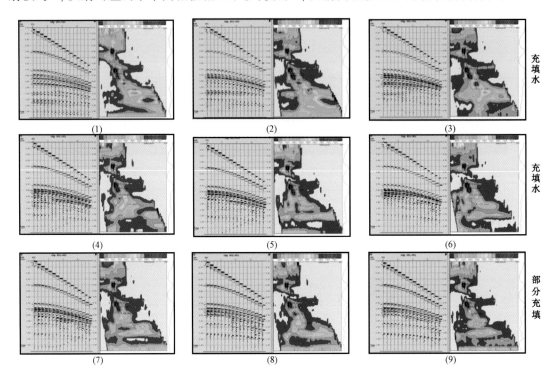

充填水

(1)　　　　　　　　(2)　　　　　　　　(3)

充填水

(4)　　　　　　　　(5)　　　　　　　　(6)

部分充填

(7)　　　　　　　　(8)　　　　　　　　(9)

图 3 – 69　与各个溶洞对应的道集记录和速度谱图

图 3 – 71 显示出叠加偏移剖面图,各溶洞及其组合均得到比较好的偏移成像。从横向展布范围来看,溶洞①、②、③所指示的地震道数都为 3 道,但溶洞①的反射能量却较弱,这与前面阐述的洞穴宽度分辨率的理论分析结果一致。从纵向上看,溶洞或溶洞组合在叠加剖面上基本上都叠合在 T_7^4 界面下第一个波峰上,在偏移彩色剖面上都体现在 T_7^4 界面下第一个黑椭圆体上,其后的反射同相轴是溶洞的顶底反射的复合波以及续至波引起的,难以从时间上分辨出溶洞底部反射;从溶洞的反射波的强相位个数看,通常都有 4 个正负相间的强同相轴,波形为从正波峰—负波谷—正波峰—负波谷的复合波,这主要是由 T_7^4 界面反射的正相位、洞顶反射的负相位以及洞底反射的正相位组成的复合波,而且第一个负波谷振幅最大,对应洞顶反射。第一个正波峰是由 T_7^4 界面反射的正相位与由溶洞顶部反射引起的具有正相位特征的子波旁瓣叠加引起的,而第一个负波峰是由 T_7^4 界面反射引起的具有负相位特征的续至波(子波旁瓣)与由溶洞顶部反射的负相位叠加引起的,第二个正波峰是由溶洞顶部反射的具有正相位特征的续至波(子波旁瓣)与由溶洞底部反射的正相位叠加引起的,这些波的叠加实际上是由绕射波经偏移归位后形成的较强短反射来表现,期间也包含了溶洞内的多次波反射,从而在波形加变面积显示的剖面上表现出类似“耦极振荡”现象,而在变面积彩色显示的剖面上表现

出"串珠状"反射特征。

从图中还可以看出,溶洞高度10m不变的情况下,随着溶洞宽度的增加,"串珠状"反射波振幅随之增强。而在溶洞高宽均不变、仅充填介质变化的情况下(如④和⑦、⑤和⑧、⑥和⑨),充填流体的溶洞,其地震响应较强。单个溶洞与两个甚至三个溶洞的组合在本模型参数限制条件下振幅差异并不明显,正如前面第三章分析的那样,主要受溶洞之间的间距以及溶洞高度的大小影响。总之,从该模型实验结果来看,充填物性质对地震反射波影响最大,其次是溶洞大小(横向展布),叠合形式及距 T_7^4 风化面不同距离的地震响应特征差别不大。

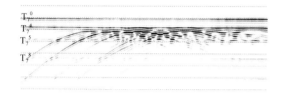

图 3-70 对应的叠加剖面

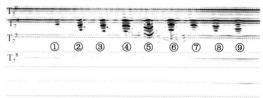

图 3-71 对应的偏移剖面

(二)距离风化面下不同位置的不同形态的溶洞地震地质模型

为了分析距离风化面下不同位置的不同形态的溶洞以及溶洞内部不同结构的地震响应特征,设计了如图 3-72 所示的距离风化面 T_7^0 下不同位置的不同形态的溶洞地震地质模型。模型横向长度为 10000m(X 轴 0~10000m),纵向深度为 3000m(Y 轴 4000~7000m),模型物理参数见表 3-8。

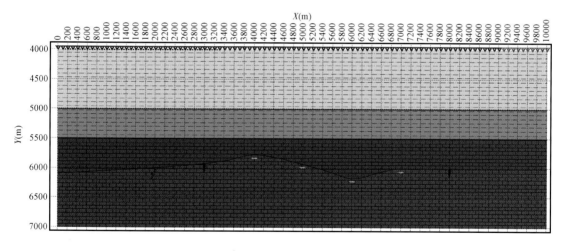

图 3-72 距离风化面 T_7^0 下不同位置的不同形态的溶洞地震地质模型

表 3-8 各地层的物性参数

地层编号	V_P(m/s)	V_S(m/s)	ρ(kg/m³)	厚度(m)	岩性
1	3000	1730	2200	1000	砂泥岩
2	4500	2605	2425	500	砂泥岩
3	5600	3266	2590	—	石灰岩
4	6000	3510	2650	—	石灰岩

考虑在风化面 T_7^0 下不同位置等间距设计斜溶洞、水平溶洞和塌陷体，各溶洞的几何形态及其物性参数详见表 3-9 和表 3-10。

表 3-9　各溶洞的几何及其物性参数

溶洞组合	高度（m）	宽度（m）	V_P（m/s）	V_S（m/s）	ρ（kg/m³）	充填物	中心所处 X 位置（m）	中心距 T_7^0 界面距离（m）
①	200	25	5000	2900	2500	较致密物	2000	0
②	150	50	由 9 个小块组成（表 3-10）			较致密物	3000	15
③	20	150					4000	风化面为凸起
④	20	150	"蜂窝状"，每个小孔洞宽 20m，高 5m，其中含油，$V_P = 3500$m/s，$V_S = 2020$m/s，$\rho = 2275$kg/m³。 骨架 $V_P = 5000$m/s，$V_S = 2900$m/s，$\rho = 2500$kg/m³				5000	风化面为斜坡
⑤	20	150					6000	风化面为凹陷
⑥	20	150					7000	风化面为水平
⑦		与②相同				较致密物	8000	0

表 3-10　组合溶洞②的几何及其物性参数

溶洞组合②	平均高度（m）	平均宽度（m）	V_P（m/s）	V_S（m/s）	ρ（kg/m³）
a	50	14	4800	2782	2470
b	50	18	4900	2841	2485
c	50	16	5000	2900	2500
d	60	12	5000	2900	2500
e	60	13	5100	2961	2515
f	60	15	5200	3022	2530
g	25	5	5200	3022	2530
h	30	7	5300	3083	2545
i	25	9	5400	3144	2560

图 3-73 显示出叠加剖面图，从中可以看出，溶洞产生的绕射波特征也非常明显，绕射波的顶部与溶洞顶、底反射相对应。但底部反射并不能从记录中分辨出了，绕射波都是以续至波的形式出现的，而且续至波的相位个数也部相等，在溶洞对应的 T_7^4 反射同相轴的能量也受到溶洞反射的子波旁瓣影响而表现出强弱不均。注意到溶洞①的反射能量却较弱，每个绕射波的能量在翼部不对称。

图 3-74 显示出叠加偏移剖面图，各溶洞及其组合均得到比较好的偏移成像。从形态看，溶洞①表现出稍倾斜的"串珠状"反射特征，而且个数比较多。溶洞②、⑦反射能量较弱，主要是由于裂缝型为主，其中的溶洞内充填物也较致密。比较溶洞③、④、⑤和⑥的反射特征可以看出，"串珠状"反射特征基本类似，而且个数也相等，但反射能量有差异，溶洞⑤反射的能量相对较强，主要是由于上覆向斜地层引起下伏地层的能量会聚；而溶洞③反射的能量相对较弱，主要是由于上覆背斜地层引起下伏地层的能量发散。从这类模型模拟结果比较也可以看出，充填物性质对地震反射波影响最大，其次是 T_7^4 风化面的形态；而且裂缝型储层的"串珠状"反射特征不明显。

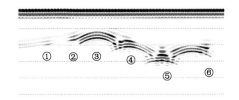

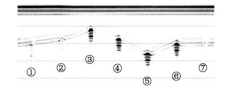

图 3 – 73　对应的叠加剖面　　　　　　　　　　图 3 – 74　对应的偏移剖面

二、二维过井缝洞模型的地震响应特征分析

为了了解各井缝洞储层的地震响应特征,在总结塔河油田八区岩溶储集体发育地质规律的基础上,统计已知井钻井、录井、测井资料,结合岩石物性分析,选择一系列过井地震剖面,并结合过井地震反射特征以及波阻抗剖面,建立了一系列过井地震地质模型。在模型设计中,溶洞所在的位置与钻井漏失、放空井段或测井解释储层发育段对应,而且溶洞储集体均离散为"蜂窝状"、半充填形式。选择雷克子波,主频为 25Hz,接近于实际地震资料的频率,按照野外观测系统,进行二维有限差分波动方程正演模拟,并进行速度分析、水平叠加和偏移处理,基于偏移剖面进行溶洞地震响应特征分析。

（一）过 TK721 井—T702B 井—TK611 井—TK451 井—TK455 井—S48 井连井地震地质模型

为了了解各井缝洞储层的地震响应特征,基于连井地震记录设计了过 TK721 井—T702B 井—TK611 井—TK451 井—TK455 井—S48 井连井地震地质模型（图 3 – 75）,其中 TK721 井为距 T_7^4 较近的洞穴型储层,T702B 井为距 T_7^4 较远的洞穴型储层,TK611 井为 T_7^4 下方缝洞型储层模型,TK455 井为 T_7^4 下方裂缝型储层模型,S48 井为 T_7^4 下方有一定连通性的洞穴型储层。这些井之间还设计了不同发育程度的缝洞储层,该剖面也包括 TK451 井非储层模型,下奥陶统石灰岩的速度为 6300m/s,缝洞储层的速度为 5000 ~ 5600m/s。

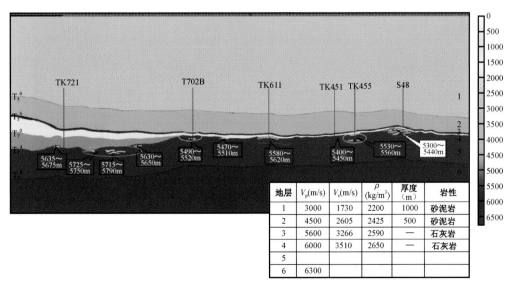

地层	V_p(m/s)	V_s(m/s)	ρ (kg/m³)	厚度 (m)	岩性
1	3000	1730	2200	1000	砂泥岩
2	4500	2605	2425	500	砂泥岩
3	5600	3266	2590	—	石灰岩
4	6000	3510	2650	—	石灰岩
5					
6	6300				

图 3 – 75　过 TK721 井—T702B 井—TK611 井—TK451 井—TK455 井—S48 井连井模型
模型横向长度为 40000m,纵向深度为 4000m（Y 轴 3000 ~ 7000m）,在风化面 T_7^0 下与钻井漏失、放空井段或
测井解释储层发育段对应溶洞模型

图 3 - 76 显示出实际连井地震记录(图 3 - 76b)和模拟的叠加偏移剖面图(图 3 - 76a)。从记录图可以得出,孔洞型储层反射能量较强,"串珠状"反射特征明显,而裂缝型储层反射能量较弱,反射比较杂乱,而缝洞型储层的反射能量也较强,但比孔洞型储层反射的能量要弱。洞穴对奥陶系顶界面的反射能量产生干涉的影响,并且奥陶系顶界面的反射能量随着洞穴距离奥陶系顶面距离的减少而变弱。尤其由一系列洞穴不规则组合且由小裂隙连接,距离奥陶系顶面较近时,奥陶系表层反射明显变弱,储集体内部呈不规则杂乱反射。与井旁实际记录对比发现,所模拟的地震波场比较接近于实际钻井对应缝洞位置处的地震反射特征,而这些缝洞模型都是由一系列不同充填物的小洞期间由裂隙连通的缝洞储层组成,这进一步说明了地下洞穴并不总是以孤立的大洞构成。

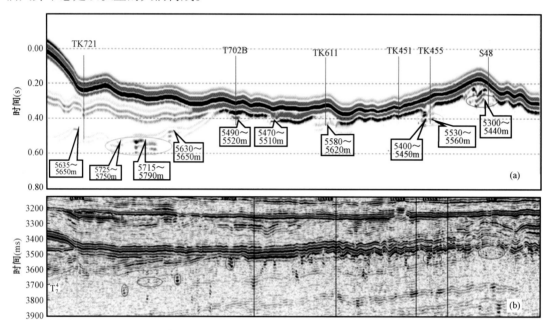

图 3 - 76 显示出实际连井地震记录(b)和模拟的叠加偏移剖面图(a)

(二)过某区块"串珠状"地震反射特征的任意测线地震地质模型

选取"串珠状"异常特征区块作为研究及正演模拟的对象,如图 3 - 77 所示。该剖面上"串珠状"异常反射振幅相对明显,且"串珠状"异常体背景围岩的反射强度也较强,这种背景中强同相轴的反射特征势必会对"串珠状"的反射特征造成一定的影响。

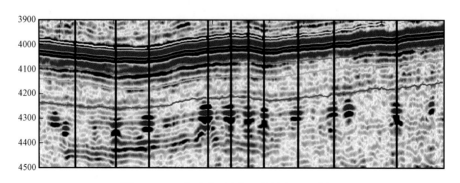

图 3 - 77 "串珠状"异常反射特征地震剖面

图 3 - 78 为依据实际地震剖面(图 3 - 77)建立的地震地质模型及派生模型。模型(a)为溶蚀孔洞发育在背景为匀速的地质体中,溶洞间彼此不连通,溶洞规模横向上介于 50～300m 之间,纵向上介于 30～90m 之间,溶蚀孔洞充填的速度为 5500m/s,背景围岩蓬莱坝组的速度为 6100m/s;模型(b)溶蚀孔洞之间彼此通过溶蚀带连通,溶蚀带的速度为 6000m/s,溶蚀带下方发育为不均匀的致密灰岩层,速度为 6200m/s;模型(c)在溶蚀带上发育为一层致密灰岩层,速度为 6200m/s。依据这些模型的正演模拟偏移叠加剖面可以分析该区块"串珠状"反射特征以及背景围岩对"串珠状"特征的影响。

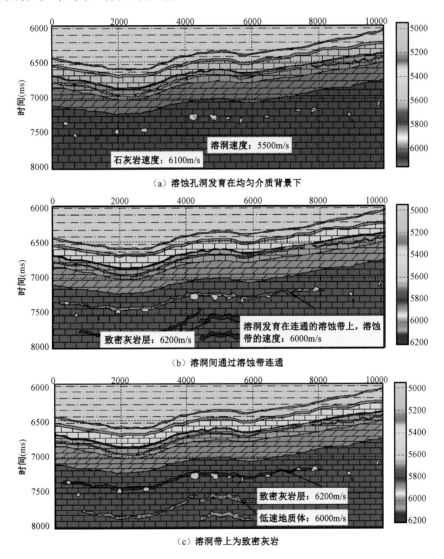

图 3 - 78 "串珠状"异常反射特征地震地质模型

图 3 - 79 显示出与图 3 - 78 地震地质模型对应的正演模拟的偏移叠加剖面图。可以看出,串珠的反射强弱及在空间上的展布情况由溶洞的大小及形态决定,溶蚀孔洞发育规模越大其在地震剖面上"串珠状"反射异常特征越明显。背景围岩的差异对"串珠状"的反射能量及形态有一定的影响,如图 3 - 79b、c 所示,蓝色虚线内模型 3 - 79b 的第三个波峰与背景波峰叠加在一起,存在上拉现象,模型 3 - 79c 第一个波峰与背景反射的波峰叠加在一起,振幅明显增

强。对比可知,模型 3 – 79b 对应的反射特征与实际剖面较为吻合,即溶蚀孔洞之间彼此通过溶蚀带连通。

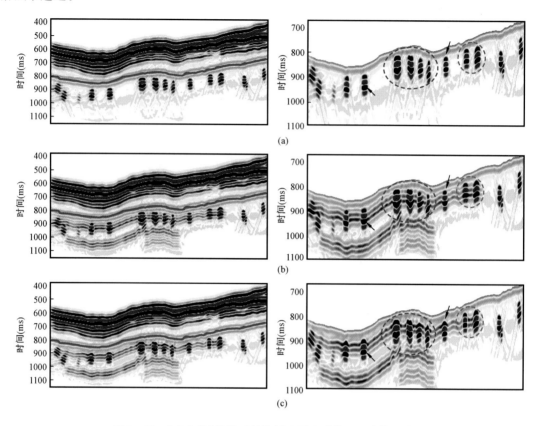

图 3 – 79 "串珠状"异常反射特征地震地质模型正演模拟结果

三、实际缝洞储层模型的地震响应特征

根据不同类型的储层正演模拟结果,结合前人在塔河地区所做的大量工作及其所总结出的碳酸盐岩储层地震响应特征,可以总结出塔河奥陶系碳酸盐岩储层的地震响应特征,为该区储层预测地震技术的开发与应用研究提供依据。

（一）实际缝洞储层模型的地震响应特征

基于二维和三维缝洞地震波正演模拟结果以及属性分析可以得出如下缝洞储层模型的地震响应一般特征。

（1）孔洞型储层反射能量较强,表现出 3 ~ 4 个相位的"串珠状"反射特征。主要是由于直接处于围岩内的小洞,相当于储集体内的速度由里向外突变,从而表现出反射能量相对较强。但从储层类型来考虑时,由于小溶洞之间没有类似的裂缝连通,因而储层体比小溶洞之间有裂缝连通的差。

（2）裂缝型储层反射能量比较弱,反射比较杂乱,反射波的频率比较低,从而"串珠状"反射特征不明显。说明纯裂缝组成的储层在地震记录表现出相对较弱的反射强度,有时接近于地震记录的噪声背景,这也说明,仅利用地震波的反射振幅难以刻画裂缝型储层的发育特征,必须基于地震属性分析技术提高裂缝型储层的识别能力。

（3）缝洞型储层的反射能量也较强，但比孔洞型储层反射的能量要弱，表现出 2～3 个相位的"串珠状"反射特征。主要是由于连接小溶洞的骨架内的裂隙使得速度低于围岩的速度，但又高于小溶洞的速度，相当于储集体内的速度由里向外渐变，从而表现出反射能量比直接处于围岩内的小洞的反射能量相对弱一些，"串珠状"反射特征没有孔洞型的明显。但从储层类型来考虑时，由于小溶洞之间由裂缝连通，因而比小溶洞之间没有裂缝连通的储集体好。

（4）缝洞反射对奥陶系顶界面的反射能量产生干涉影响，并且奥陶系顶界面的反射能量随着洞穴距离奥陶系顶面距离的减少而变弱。比较靠近（$<30\text{m}$，约 $1/8\lambda$）时，溶洞顶部的绕射波的负相位相对比较弱，是由于溶洞顶部反射的负相位叠加了一部分 T_7^4 界面反射的正相位，而对应位置处的 T_7^4 反射同相轴的能量峰值往时间小的方向移动，造成了 T_7^4 界面反射的正相位上拉现象。而且当洞穴距离奥陶系顶面小于 15m（约 $1/16\lambda$），奥陶系顶面地震反射变得更弱，且相位沿横向发生相移，频率变低，与洞穴反射相互叠加变为一个负相位，负同相轴表现下拉。较近（$30\sim90\text{m}$，$1/8\lambda\sim3/8\lambda$）时，溶洞顶部的绕射波的负相位比较强，是由 T_7^4 界面反射引起的具有负相位特征的续至波（子波旁瓣）与由溶洞顶部反射的负相位叠加引起的，而对应位置处的 T_7^4 反射同相轴的能量也比较强，是由于 T_7^4 界面反射的正相位与由溶洞顶部反射引起的具有正相位特征的子波旁瓣叠加引起的。而且距离为 60m（约 $1/4\lambda$）时，T_7^4 界面反射的正相位和溶洞顶部的绕射波的负相位达到极大，反射振幅表现最强；较远（$>90\text{m}$，约 $3/8\lambda$）时，溶洞顶部的绕射波的负相位相对比较强，但不会影响对应位置处的 T_7^4 反射同相轴的能量。

（5）缝洞储层的产状变化（延伸方向变化）或缝洞储集体上覆地层的产状变化都会导致地震剖面上的"串珠状"反射同相轴的产状沿剖面方向也发生变化。这说明"串珠状"反射同相轴的产状变化在排除上覆地层影响后主要与溶洞的横向展布方向有关，这为利用"串珠状"反射特征判定溶洞的展布方向提供了理论依据。

（6）溶洞储集体在叠加剖面上形成比较明显的绕射波，经偏移归位后形成较短强振幅反射，并呈串珠状反射特征。地震记录上的反射振幅及其横向所占的道数与洞体大小、高度、宽度、分布组合、形态、充填性质等各种因素相关，其中充填性质的影响最大。

（7）溶洞储集体（流体半充填的"蜂窝状"）所产生的地震绕射波，一般会使得上、下界面的反射波能量减弱，同时在"串珠状"强短反射的低部出现杂乱干扰相。但在 T_7^4 反射正相位正好与溶洞储集体之上紧挨着的正相位相互叠加时，反射能量会增强。而在 T_7^4 界面起伏部位，由于界面引起的散射与溶洞绕射相互干涉，表现为弱振幅反射特征。

（8）"串珠状"是由储集体顶底之间的多次波及绕射波经偏移归位后形成的较强短反射组成，对应的缝洞模型通常是由一系列不同充填物的小洞期间由裂隙连通的缝洞储层组成。

（二）实际过井地震剖面缝洞型储集体反射特征

通过对上述所建立的缝洞模型进行分类，并对各自的地震响应特征及实际过井地震剖面进行总结可以归纳以下缝洞储集体地震反射特征。

1. "串珠状"强振幅短同相轴反射特征

"串珠状"是由储集体顶底之间的多次波及绕射波经偏移归位后形成的较强短反射组成，"串珠状"特征明显的程度受储集体的高度、宽度、形态、内部孔洞的分散程度、孔内充填物性质等因素影响。通常在地震记录至少占 3～4 道，在地震属性上表现为强振幅异常反射、强振幅变化率、弱—中等相干、低波阻抗、低速度等特征。该特征通常对应由洞穴高度大于四分之一地震波长的单个溶洞或溶洞累计高度大于 $1/4\lambda$ 的溶洞叠合组成的储集体。当孔洞内的充填物是流体或含流体疏松物(速度小于2500m/s)时,"串珠状"反射特征比较明显;随着孔洞内的充填物从流体(速度为1500m/s)变化到较致密的溶积砂岩或泥质灰岩(速度大于4000m/s)时(即孔洞内充填物的速度增大),或者储集体纵向厚度减小时,"串珠状"反射波振幅会减弱,连续性变差,逐渐过渡到弱振幅反射(图3-80)。

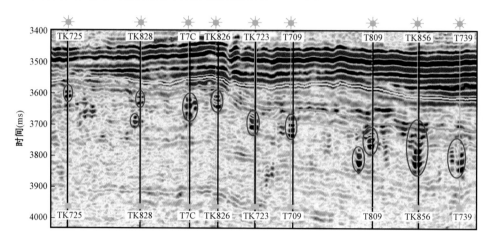

图3-80 "串珠状"强振幅短同相轴反射特征

2. 弱振幅低频率丘形杂乱反射特征

该反射特征是由于裂缝储集体或较致密的充填物的孔洞储集体的波阻抗与围岩差异较小而产生的弱反射,同时由于裂隙介质对地震波具有较强的吸收作用而导致地震波能量减弱,有时由强弱相间的不规则短反射同相轴组成。该反射特征明显的程度受缝洞的密度、裂隙带宽度、内部孔洞的分散程度、孔内或裂隙内充填物性质及距离奥陶系风化面大小等因素影响。地震属性表现为弱振幅反射、强振幅变化率、弱相干、低波阻抗、低速度等特征。该特征通常对应由一系列不同密度的裂缝带(裂缝密度要大于 $0.6\mathrm{m}^{-1}$)并伴有充填较致密(速度大于3000m/s)的高度小于 $1/4\lambda$ 或更小的孔洞集合体构成的缝洞储集体(图3-81)。

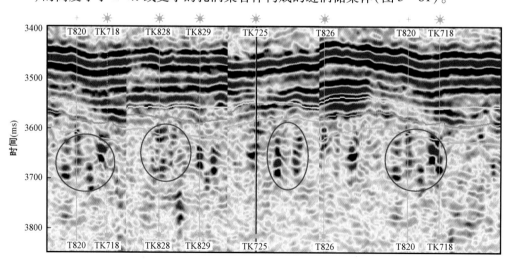

图3-81 弱振幅低频率丘形杂乱反射特征

3. 弱到中振幅低频率短同相轴反射特征

该反射特征通常出现在奥陶系风化面附近(距风化面小于15m,约1/16λ),有时也出现在奥陶系风化面较近(<60m,约1/4λ)。这主要是由下奥陶统顶面反射波与沿横向分布范围宽纵向厚度小的溶洞的反射波叠加引起的,使得下奥陶统顶面反射波的能量变弱,而溶洞底部与下伏围岩之间的正极性反射受到下奥陶统顶面反射波的负值性续至波叠加也变得较弱;在奥陶统风化面附近,溶洞厚度增大,或溶洞内充填物的速度愈低,下奥陶统顶面反射波及溶洞底部的反射的能量会更弱、频率会更低,但随着距离奥陶系风化面愈大,溶洞顶底反射会加强,并产生振荡效应,渐渐过渡到"串珠状"强振幅短同相轴反射结构。该特征通常对应由随机分布的充填较致密的高度大于1/4λ 或充填较疏散的高度小于1/4λ 多个小孔洞并伴有裂缝的洞缝储集体(图3-82)。

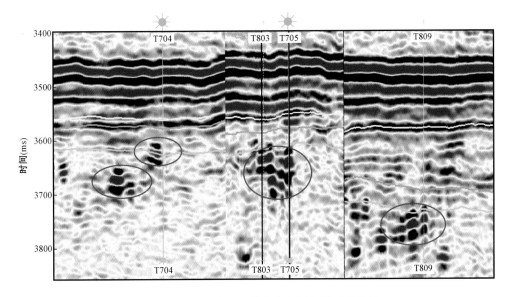

图 3-82 弱到中振幅低频率短同相轴反射特征

第四章　缝洞型储层预测关键技术

受构造、岩溶、古地理环境等因素的影响,碳酸盐岩缝洞储集体特征十分复杂。岩石基质均匀、致密,孔隙度低,渗透性差,而缝洞空间分布极不均匀,且缝洞中的充填状态和性质各不相同。正因为如此,碳酸盐岩缝洞储集体的描述一直是地球物理勘探的一大难点。

本章主要简述了塔河油田缝洞型储集体地球物理识别模式及其特征,然后详细介绍了隐蔽断裂精细刻画技术、古喀斯特岩溶刻画技术、裂缝型储层叠前地震预测技术,以及为了实现地震异常向地质异常转化,基于这一系列预测关键技术,探索和发展了缝洞型储集体量化预测技术,最后通过流体检测技术进一步分析和验证缝洞储集体预测的准确率。

第一节　缝洞型储集体地球物理识别模式

一、测井识别模式

根据测井与录井资料分析,塔河油田奥陶系古岩溶缝洞型储层主要由溶蚀缝、溶蚀孔及洞穴组成。根据裂缝孔隙度、总有效孔隙度、含油饱和度等不同参数及规模可分 3 种不同的储层识别模式:溶洞型、裂缝型、孔洞—裂缝型(具体参数取值范围见表 4 – 1)。

表 4 – 1　岩溶储集空间类型划分标准

储层类型	裂缝孔隙度(%)	总有效孔隙度(%)	含油饱和度(%)
裂缝型	≥0.06	<2.2	≥50
裂缝—孔洞型	≥0.06	≥2.2	≥50
溶洞型	井径扩大,电阻率值降低,三孔隙度曲线跳跃;井漏,放空等		

(一)溶洞型储层测井识别模式

溶洞型缝洞系统储层是本区奥陶系碳酸盐岩中重要的储层类型之一,主要发育于厚层、质纯的石灰岩储层中,其储集空间主要为次生的溶蚀孔洞,以大型洞穴为特征,是油气储集的良好空间,裂缝在这类储层中主要起渗滤通道和连通孔洞的作用(杨坚,2006)。同时,不同的洞穴充填物也常常具有不同的测井响应(表 4 – 2)。

溶洞型储层以 S115 井较为典型。如图 4 – 1 中的 S115 井在 6159.96 ~ 6163.95m 井段出现放空(3.99m)和井漏,漏失钻井液 997.19m^3;在 6155m 以下,成像测井出现明显的曲线异常段,表明存在大型溶洞。

溶洞—裂缝型缝洞系统测井响应特征如下。

(1)自然伽马曲线值为 5 ~ 30API。

(2)井径曲线值明显增大,大溶洞井径超出探测范围。

(3)电阻率值较低,一般小于 200Ω·m,低值仅为 10Ω·m,深、浅侧向正差异明显,有大溶洞发育时由于井周充满原油,致使测量电极粘上原油,从而导致电阻率高达上万欧姆·米。

表 4 - 2　研究区奥陶系洞穴层的测井响应特征

	未充填洞穴层	部分充填的洞穴层		严重充填洞穴层	
		砂泥质或纯砂岩沉积物充填	巨晶方解石断续充填（水层）	巨晶方解石、角砾岩	钙质砂岩、砂泥岩
钻井、录井特征	钻速加快，钻具放空，大量钻井液漏失	钻具加快，井径可扩，少量钻井液漏失及放空		钻速正常	钻速加快或略加快
测井曲线特征	（1）伽马值接近纯石灰岩基线，井径扩大； （2）电阻率可低至10Ω·m之下； （3）声波时差明显增大，密度值异常降低	（1）伽马值增大明显； （2）电阻率降低，纯砂岩段（0.2~20Ω·m）砂泥岩段（20~200Ω·m）； （3）声波、中子明显升高，密度值降低； （4）铀、钍、钾异常	（1）伽马值接近纯石灰岩基线，井径扩径； （2）密度下降，声波明显增大（60~140μs/ft）、中子（3%~21%）； （3）电阻率下降 RD（4~200Ω·m），RS（0.2~20Ω·m），显正差异	测井曲线特征与纯石灰岩岩段几乎没有差别，主要靠录井及钻井取心识别	（1）自然伽马值与电位增大，电位无变化； （2）电阻率可低至4Ω·m之下； （3）声波时差增大，密度值降低明显（测井解释：泥质含量重）
实例	S61井	T615井、玉北1井、巴开1井	S85井	S75井、S69井	T403井（5488~5558m）
测井响应特征	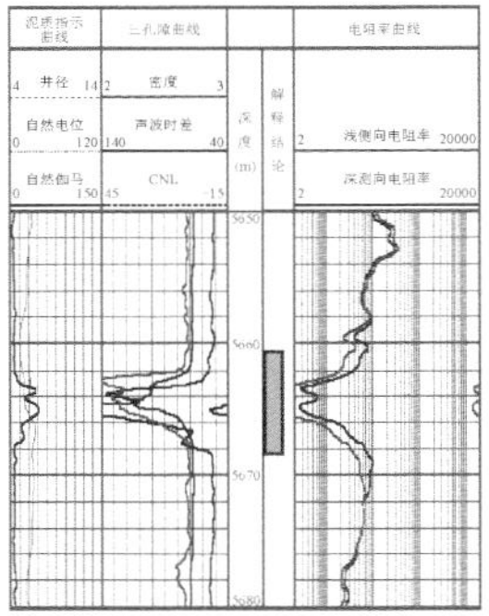	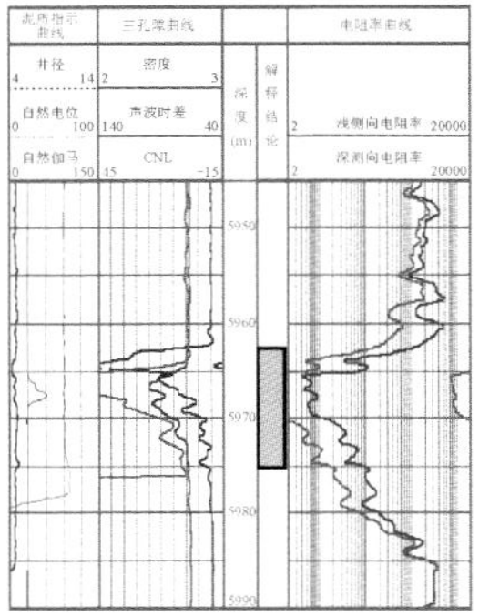	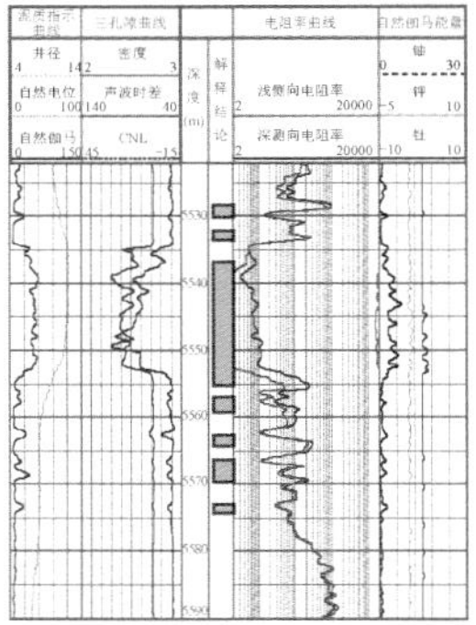	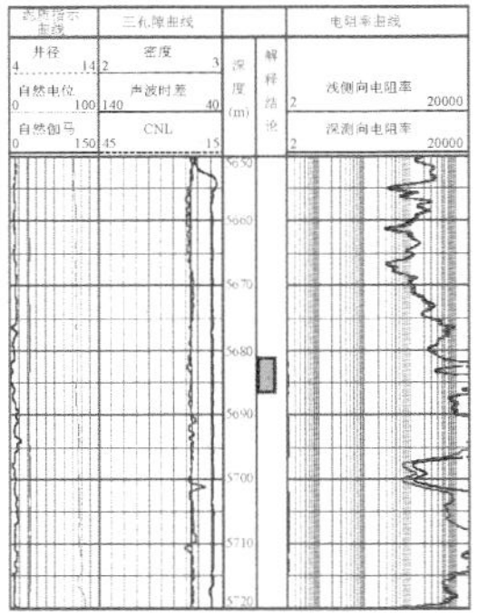	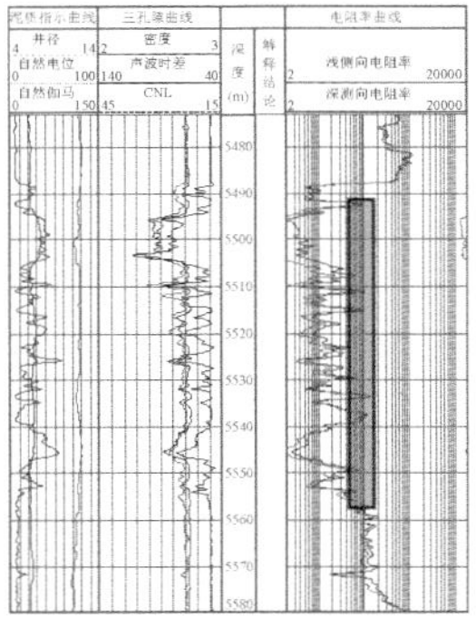

— 137 —

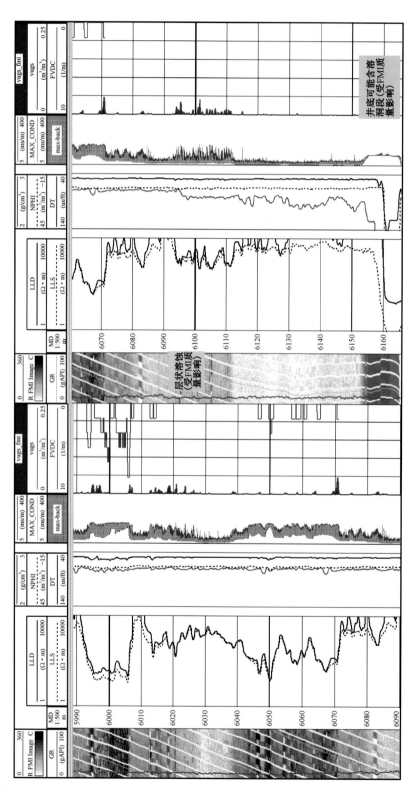

图4-1 S115井FMI成像测井解释图

（4）孔隙度曲线表现为"一低二高"：低密度，一般小于 2.45g/cm³；高时差（73～96μs/ft），有的甚至大于 100μs/ft；高中子（测井值大于 3%）。

这类储层钻井时一般总是伴随着钻具放空、钻井液漏失或溢流，因井况原因，往往难以获取好的成像测井资料。

（二）裂缝型储层测井识别模式

裂缝型储层是塔河地区奥陶系碳酸盐岩主要储集类型之一，其特征是基质（岩块）孔隙度及渗透率均极低，但裂缝发育；宏观上裂缝系统既是主要的渗滤通道，又是主要储集空间，储层的储渗性能主要受裂缝发育程度的控制。

塔河地区裂缝型储层主要分布于中—下奥陶统碳酸盐岩中，其次为上奥陶统良里塔格组。在平面上主要分布于风化壳型岩溶不发育的地区，如塔河地区东部及南部岩溶谷地，或中—下奥陶统石灰岩被下石炭统覆盖地区，有岩溶发育，但溶蚀缝洞多被沙泥质充填；或中—下奥陶统石灰岩被上奥陶统覆盖，岩溶不发育。但它们处于有利于裂缝发育的构造部位，因此，裂缝较发育，并构成储层的主要储集、渗滤空间。在垂向上，裂缝型储层主要发育于垂向渗滤溶蚀带（云露，2008）。

该类储层钻井时一般没有钻具放空、钻井液漏失或溢流等现象。岩心观察显示：缝合线、微裂缝发育，还经常发育有硅质团块。如 S86 井，该井 5809.89～5816.60m 取心，为黄灰色砂屑微晶灰岩，局部含砂屑，缝合线发育，见方解石充填立缝，偶见腕足类化石，少量荧光显示。其测井响应特征为（图 4-2）：

（1）自然伽马值小于 15API，变化平缓；

（2）双侧向电阻率有明显降低，一般在数百欧姆·米至 2000Ω·m，有一定的正差异；

（3）三孔隙度曲线一般变化不大，接近石灰岩基质孔隙度，或者密度孔隙度与中子孔隙度、声波孔隙度呈一致性小幅增大；

（4）岩性密度 PE 值接近石灰岩的 5.08；

（5）FMI 图像上呈现高阻亮背景下的暗色条带；DSI 测井有弱衰减和反射。

此类储层油气产出的特点是，初产量一般较高，但产量递减较快，在较短时间内甚至可能停喷。

（三）孔洞—裂缝型储层测井识别模式

孔洞—裂缝型缝洞系统储层中的小型溶蚀孔洞和裂缝均较发育，两者对油气的储集和渗滤都有相当贡献。孔洞—裂缝型储层以 S113 井中奥陶统一间房组较为典型：在井段 5783.60～5783.75m 及 5783.75～5786.15m，岩心上一共发现 22 条裂缝，包括大缝 1 条，中缝 12 条，小缝 9 条；立缝 15 条，斜缝 4 条，平缝 3 条；其中，7 条裂缝未被充填，4 条被方解石半充填，11 条被方解石全充填，大部分裂缝中见少量淡黄色轻质油析出。钻进过程中，在井段 5784.0～5786.15m 发生井漏，累计漏失钻井液 92m³，平均约 9.2m³/d。也进一步说明了该储层段的缝洞较发育。从常规曲线上可以看出井段 5782.0～5790.5m 双侧向电阻率差异幅度明显，深侧向电阻率为 14.6～76Ω·m，浅侧向电阻率为 15.4～83.7Ω·m，自然伽马为 22.2～22API，井径为 6.0in，声波时差为 64.9～80.3μs/ft，密度值为 2.54～2.53g/cm³，中子值为 1.8%～4.1%。计算机处理结果表明：该井段泥质含量 15%，总孔隙度 2.0%～3.0%，裂缝概率 50%；测井解释为 Ⅱ 类储层。

上述特征表明，该井段（5782.0～5790.5m）小型溶蚀孔洞发育，并可能发育有大—中型溶

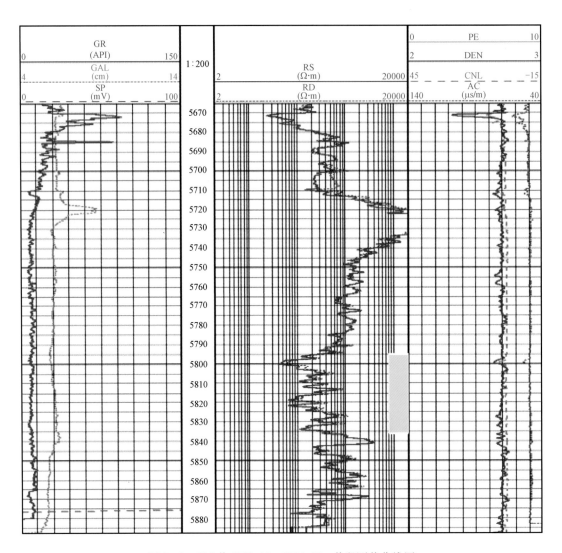

图 4 – 2　S86 井 5809. 89 ~ 5816. 60m 井段测井曲线图

洞,同时裂缝也较发育,两者对油气的储集和渗滤均有相当贡献,为孔洞—裂缝型储层。

孔洞—裂缝型储层响应特征包括:

(1)自然伽马为 10API,反映石灰岩岩性纯;

(2)井径表现为扩径,数值为 6. 3in;

(3)深侧向电阻率为 150 ~ 900Ω · m,且具有一定的正差异;

(4)三孔隙度曲线声波和中子有所增大,密度下降;声波时差为 51 ~ 52μs/ft,密度为 2. 68g/cm³,中子为 1. 5%左右;

(5)FMI 图像显示:发育垂直溶蚀裂缝,溶孔形似小圆孔,未被充填;

(6)DSI 评价:斯通利波显示较强的衰减,反映地层渗透能力较好,指示裂缝发育。

二、地震识别模式

奥陶系碳酸盐岩储集体以构造裂缝及溶蚀孔洞系统为主,在纵、横向具有极强的非均质性。根据塔河油田近 1000 口井的实际资料,碳酸盐岩储集体具有以下几个重要特征。

溶洞型储层作为塔河碳酸盐岩最重要的储集类型,图4-3a中的地震时间偏移剖面上表现为"串珠状"反射特征,钻井钻遇储集体的吻合率达95%。图4-3b中的平面沿层振幅变化率图上表现为椭圆形、串珠状、条带状振幅变化率异常。

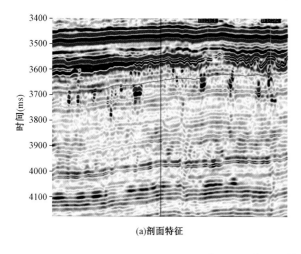
(a)剖面特征

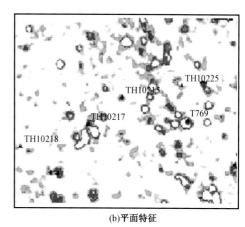
(b)平面特征

图4-3 溶洞反射识别特征图

孔洞—裂缝型储层位于中—下奥陶统风化面附近的地震识别特征为弱振幅、较强振幅变化率、弱相干、低波阻抗、低速度。位于下奥陶统内幕的地震识别特征为强振幅、强振幅变化率、弱相干、低波阻抗、低速度。

裂缝型储层在地震时间偏移剖面上和基岩相似,较难区分,在平面沿层振幅变化率图上表现为弱振幅变化率,较弱相干,异常不明显。

第二节 隐蔽断裂精细刻画技术

随着塔河油田开发井井网密度的增大及油藏认识的进步,断裂的控储控藏作用越来越受到重视,塔河上奥陶统剥蚀区解释的断裂多为表生岩溶断裂,较为杂乱、无明显的方向性,断裂的规模均较小,系统性不强,无法指示油气的运移成藏规律;同样,在上奥陶统覆盖区,虽然断裂的方向性和系统性较强,但断裂展布的分断性、主干断裂和次级断裂的搭配关系不明了,现今断裂解释成果对储集体发育的精细刻画贡献不大。

一、隐蔽断裂特征

奥陶系隐蔽断裂特征主要体现在3个方面:其特征之一是塔河油田奥陶系内幕断裂主要以走滑压扭性断裂为主,层位纵向上错开程度弱,断距小;其次是T_7^4风化面剥蚀作用强,受岩溶作用影响大,沿层分布较为破碎,表现为横向断距小;另外T_7^4内幕信噪比低,断裂的识别和解释较困难。长期以来,塔河油田奥陶系内幕断裂的解释与识别,平面上参考的属性为T_7^4的精细相干,而在上奥陶统剥蚀区和上覆地层较薄区域,由于风化剥蚀作用,风化壳附近断裂破坏严重,残留下来的断裂其断距较小,沿T_7^4层的相干影像杂乱,无系统性,断裂分布发育规律性不强。

通过对高精度二次采集地震资料分析,奥陶系内幕如图4-4中所示存在一较为连续相

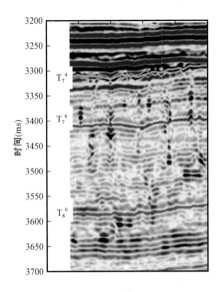

图4-4 奥陶系 T_7^6 相位示意图

位,该相位在部分区域离风化壳100ms左右,未受到表生岩溶的破坏,能有效去除上奥陶统剥蚀区 T_7^4 面附近岩溶残丘、孔洞、垮塌体等岩溶风化壳影响,对断裂格架破坏程度较低,使振幅、相干等属性能清晰刻画未受岩溶改造的构造型断裂的平面展布形态,能相对保真地识别出奥陶系内幕隐蔽断裂的分布特征。因此基于二次采集高精度地震资料,充分应用塔河油田内已经完钻井中钻遇鹰山组内幕云质灰岩的井(TS1井、TS2井和S88井等)资料,制作合成地震记录,进行如图4-4中层位综合标定,追踪出了 T_7^6 相位,同时利用多种断裂检测技术,识别出该层位的断裂能够有效地反映奥陶系内幕的隐蔽断裂展布情况,从图4-5中新老断裂的识别结果看,图4-5b新识别断裂的方向性和系统性更强,更符合油藏地质规律。

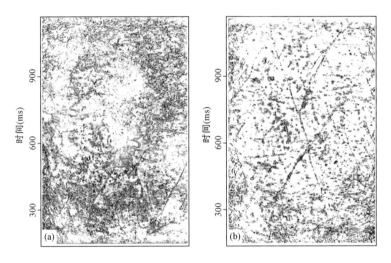

图4-5 奥陶系 T_7^4(a)与 T_7^6(b)相干平面图对比

二、隐蔽断裂刻画技术

(一)本征值算法相干断裂检测技术

精细相干体技术利用多道相似性将三维数据体经计算转化为相关系数数据体,其体属性是以多道或多个子体为对象进行单个或统计意义下的属性提取,是一种多道的滤波器。它比单道属性提取能得到更多反映地震波形内涵的特征参数,更具地质合理性(石晓燕等,2008)。通过三维数据体精细相干处理来比较局部地震波形的相似性(相干值较低的点与反射波波形不连续性相关较好),可以比较直观地辨别出与断裂、裂缝、沉积相、岩性变化,甚至流体变化等有关的地质现象。本征值相干技术作为最新的相干算法,能把多道地震数据组成协方差矩阵,应用多道特征分解技术求得多道数据之间的相关性。其计算特点是基于三维地震数据体相干计算,分辨率高,是一种带倾角+方位角的相干算法,在相干数据体做水平切片图上可揭示断层、岩性体边缘、不整合等地质现象，为解决油气勘探中的特殊问题提供有利依据。

高分辨率本征值相干体分析技术，可将普通三维地震资料转换成相干体资料，提高地震资料的纵横向分辨率，以突出地震资料中的异常现象，预测缝洞发育带。同时，结合具体的地质条件对相干数据体进行解释，不同的相干特征代表不同的地质含义，可识别细微的岩层横向非均一性和断裂特征（龚洪林等，2007），低相干值分布的部位及分布趋势或形态定性地刻画了奥陶系内幕裂隙发育带的规模和发育走向。塔河油田碳酸盐岩储层断层以及断裂带对储层具有重要的控制作用，精细相干技术以其特殊的算法能够精细刻画和显示肉眼不易分辨的低级序断层、裂缝分布发育带。刻画不整合面顶面古河道的展布形态，可识别细微的岩层横向非均一性和断裂特征，能够突出那些相邻地震道的不连续性，压制连续性，使特殊的地质现象更加清晰，不受解释误差的影响，极大地提高了解释精度。从图 4－6 显示的塔河 10 区东 $T_7^6 t_0$ 以下 0～30ms 时窗内的相干体属性识别的断裂平面分布图来看，塔河 10 区东奥陶系内幕主干断裂的平面展布形态，其中 NE 与 NW 向两组"剪切"断裂较为发育，且延伸长度较长，伴生的次级 NE 与 NW 向断裂发育，数量较多，延伸长度短，连续性差。本征值精细相干的优点是对检测规模相对较大的断裂很有优势，断裂格架非常清楚，是目前断裂识别常用且效果较好的技术方法之一。

（二）结构体分析（Structure）断裂检测技术

结构体是一种新的地震不连续属性分析工具，其通过地震不连续属性确定相邻道之间的变化程度，从而检测地震数据特征由于断层、裂缝、地质体和噪声引起的地震道突变。它不同于传统的相关，只对相对较大的振幅值比较敏感。输出的数据体用 0～100 进行刻度，0 代表非常连续而 100 代表完全不连续。结构体相对于常规相干体来说有很多自身的优点：不连续可以提高分辨率；随意及时地运用锥形窗口，可以减少吉布斯吸收效应；在数据体的边缘不会去除道和样点。

结构体从数学角度来说，如果两道的单位向量相等则认为它们相似。把这一观点应用在三维分析窗内一个具有 M 道的一组地震道中，若这些道的单位向量与平均道 X_a 的单位向量相同，则认为它们相似，这是相关不连续属性分析的思想基础。另外，倾角陡的地区会导致不连续性估算的偏差，处理时要进行倾角校正。从图 4－6 显示的 10 区东 $T_7^6 t_0$ 以下 0～30ms 时窗内的结构体属性识别的断裂平面分布图来看，断裂识别效果较好，与断裂相关的储层信息丰富，断裂延展性好，信噪比高，断裂检测效果与相干体相当（图 4－7），是目前断裂识别效果较好的技术方法之一。

（三）蚂蚁体追踪断裂检测技术

蚂蚁算法是一种随机优化算法，该算法具有分布式计算、易于与其他方法相结合、灵活性强等优点，在动态环境下也表现出高度的灵活性和健壮性，目前已逐渐推广延伸至连续优化等领域。该算法是模拟自然界中真实蚁群的觅食行为而产生的一种新型仿生类优化算法。该算法主要通过人工蚂蚁智能群体间的信息传递达到寻优目的，是一种正反馈机制（即蚂蚁总是偏向于选择信息素浓的路径），通过信息量的不断更新而达到最终收敛于最优路径的目的。研究表明，蚂蚁算法具有大规模并行处理、自学习、自组织、自适应性和通用性强的优点，其用于组合优化问题和复杂非线性动态问，具有很强的解释能力。

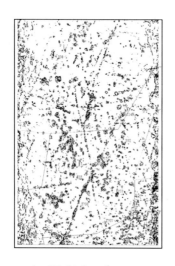

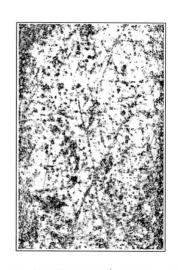

图 4 – 6 相干体断裂($T_7^6 t_0$ 以下 0~30ms)　　　　图 4 – 7 结构体断裂($T_7^6 t_0$ 以下 0~30ms)

蚂蚁追踪技术是图像处理技术在三维地震资料处理中的延伸,包括图像边缘锐化、反射段连续性增强和边缘追踪等技术。地震解释过程中蚂蚁追踪技术从本质上讲是一种断裂自动识别和提取的地震属性提取方法。该方法和相干具有相同的目的性,其异常带和相干对断裂带的反映断裂异常带位置整体对应关系较好,主要分布在相干条带的边缘,对断裂位置和范围刻

图 4 – 8 塔河 10 区东蚂蚁体
断裂检测图

画更为精确。该方法和相干具有相同的目的性(断裂刻画),其异常带和相干对断裂带的反映断裂异常带位置整体对应关系较好,主要分布在相干条带的边缘,与相干属性描述的地质现象为闭合线圈状异常体不同的是,蚂蚁体断裂描述的地质现象是线性的断面,关注的是裂缝的延伸和走向,是岩溶溶蚀、油气充注的通道,强调的是油气沿断裂延伸及其连通性。蚂蚁体断裂智能检测精度相对较高,但对地震资料的品质要求较高,高品质的资料可以获得很好的检测效果,对规模较大的断层轮廓刻画不如本征值相干,但对细小断裂的精细刻画要比本征值相干精度高,可以看到碳酸盐岩小型断裂的平面展布规律。从图 4 – 8 显示的 10 区东 $T_7^6 t_0$ 以下 0~30ms 时窗内的蚂蚁体属性识别的断裂平面分布图上看,蚂蚁体断裂追踪技术刻画主干断裂效果一般,信噪比低,多解性强,主要用于针对断裂的局部刻画,来判别局部井区油气充注以及开发后期油水流通通道的识别和描述。

（四）断裂影像增强技术

由于地震资料在目的层的信噪比不高等因素,相干体或蚂蚁体可能存在影像不清晰,断裂模糊,利用影像增强技术能够有效解决该问题。

通过对指定的采样区域中的数据按值域范围以多种方式进平滑处理。采样区域可以分为三种:单道的垂直平滑、沿层的包括周围的 9 个采样点、立方体的空间采样,包括周围的 27 个采样点。平滑方式包括均方根、平均绝对值、加权平均和中值等。首先进行选取空间 27 个采

样点,各点有不同的相干值,按照从小到大的顺序排列,设定最大和最小值域范围,软件将自动计算范围内的值以选定的方式进行平滑处理,将值返回至采样中心点,塔河油田碳酸盐岩断裂平滑处理采用的是中值方式处理增强效果最佳,图4-9显示通过影像增强处理,6区、7区的相干属性得到明显增益,断裂和溶洞刻画更形象清晰。

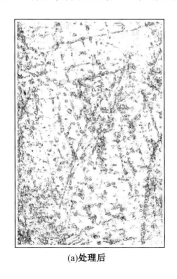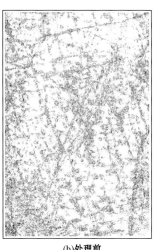

(a)处理后   (b)处理前

图4-9 塔河67区影像增强处理前后T_7^6相干对比

三、隐蔽断裂应用效果

奥陶系内幕隐蔽断裂在构造挤压作用下形成沿断裂发育的局部脆性石灰岩破碎带;岩溶水沿断裂方向下渗或上涌而导致破碎带内形成不同空间结构的缝洞系统,后期油气运移、充注成藏形成,在上覆泥灰岩等盖层封挡下最终形成储存油气的特殊圈闭类型。塔河油田老区经过多次加密调整,外扩低井控区构造位置变低、缝洞储集体规模变小、油水关系更加复杂,油井部署难度、风险进一步增大。近年来通过开展断层的精细刻画,特别是在上奥陶统覆盖的10区南部油水关系复杂区进行了断裂综合研究,针对TH10240CH井从构造高部位向隐蔽断层面相对低部位侧钻,取得稳定日产68t的产建效果。进而认识到断层对岩溶、油气充注的关键作用,构造的高低影响相对较小的特点。同时结合隐蔽断裂分带、分段特征,在图4-10中的10区南沿奥陶系内幕隐蔽断裂带展开评价,共部署开发井22口,正钻井9口,投产井13口,建产率100%,投产井日产油能力545t,综合含水2.7%,平均单井日产油42t,共计动用储量1207×10^4t,取得较好的开发效果。

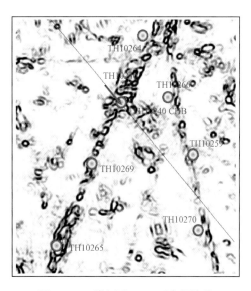

图4-10 塔河油田10区南部隐蔽断裂开发部署图

第三节　古喀斯特岩溶雕刻技术

一、古地貌恢复技术

塔河地区海西早期奥陶系暴露地表阶段所经历的大气淡水岩溶作用,对奥陶系缝洞型油藏储集体发育具有重要的控制作用。研究结果表明,地表岩溶带以地表径流的冲刷、溶蚀作用为主,表层岩溶缝洞型储层发育,连通性较好;在渗流岩溶带,岩溶作用以淋滤溶蚀作用为主,表现为内部层状连通、横向块状分布的储层结构特点;在潜流岩溶带以水平溶蚀作用为主,水平溶洞、溶缝或地下暗河发育,形成层状溶蚀缝洞型储层结构特点,但充填严重。岩溶古地貌控制着岩溶储层的发育,因此,古地貌研究在古岩溶储层研究中具有十分重要的作用。

地质历史时期中深埋地下的古岩溶地貌的恢复通常比较困难。目前,国内常用的古地貌恢复方法主要是通过优选地区范围内地层齐全且波阻特征明显的标志层作为标准层,基于层拉平的方法来有针对性的恢复构造古地貌特征。层拉平技术,是随着近年来层序地层学的应用和三维地震技术的推广而发展起来的,它重点强调地层格架的等时性,选择拉平的标志层和描述的目的层通常都是等时界面。层拉平技术的实现,大致分以下两步。

第一步,标志层的选择。标志层可以是能够代表体系域转换界面之一的最大海泛面的稳定沉积界面,也可以是达到夷平程度的不整合面。总之,标志层必须和当时的古水平面保持相对稳定的关系,代表当时稳定的基准面,并且在全区都有稳定分布,在目的层上方,距离越近越好。

第二步,进行层拉平。拉平标志层,即做出标志层和目的层两个界面之间现今的等厚图,再对其进行压实校正,便基本上代表了当时目的层在这一地史时期的古地貌起伏状况。

塔河地区海西早期之后,随着海平面的上升,下石炭统(巴楚组和卡拉沙依组)超覆沉积在阿克库勒凸起的奥陶系古风化壳地层上。如图 4 – 11 中的 C_1b^2,即下泥岩段,直接覆盖在古风化壳上,起到了填平补齐的作用。

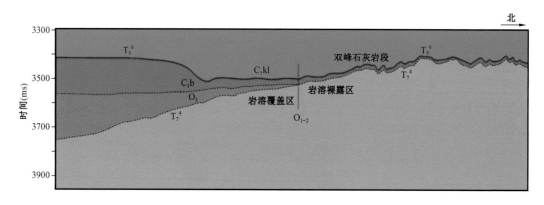

图 4 – 11　塔河油田奥陶系区域剖面图(L2916)

而 C_1b^3,即双峰石灰岩段,在全区都有稳定分布,双峰石灰岩厚度分布多数集中在 15 ~ 20m,单井平均厚度约为 18m。双峰石灰岩段全区分布均匀,属于局限台地沉积相,当时基本处于相对稳定的海平面条件下,其顶面便可以代表了当时的最大海泛面,亦是一个等时界面。因此,将它作为恢复海西早期古地貌的标准层。然后利用三维地震资料,将 T_5^6(双峰石灰岩段顶)拉平,此时如图4-12中虚点线 T_7^4(奥陶系古风化壳顶)所展示的地形,便基本上代表了海西早期的奥陶系岩溶古地貌形态。

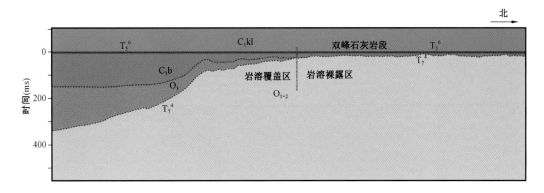

图4-12　拉平 T_5^6 后的奥陶系区域剖面图(L2916)

图4-13是塔河油田海西早期的奥陶系岩溶古地貌图,图中间的红色区域为岩溶高原,亦即本区岩溶地貌的最高部位,在凸起的东北部,即五区北部,一直向北延伸,最高处为天窗,与上覆的石炭系和三叠系相接触。区内只分布有岩溶高原的南部边缘斜坡,范围较小,呈裙边状,地形相对幅度在 0~30m 之间,坡度较陡。图4-13中红黄色区域为岩溶台原,岩溶台原分布在相对平缓的地区,几乎覆盖了整个塔河油田主体区,分布面积达 300km², 为本区最广阔的 I 级地貌单元,北东—南西方向延伸,相对幅度在 20~130m 之间。地貌类型非常丰富,形态上主要表现为岩溶垄岗、岩溶谷地和岩溶洼地等多级地貌单元。图中左侧的天蓝及蓝色区域为本区的岩溶盆地,即比较宽广的大型岩溶谷地,地形开阔平坦,多为汇水场所,发育地表河流,岩溶盆地主要分布在本区岩溶台原的西部,恰尔巴克组 O_3q 尖灭线以北,一间房组 O_2yj 尖灭线以西,大部分位于一间房组 O_2yj 地层裸露,规模很大,方圆达数十千米。相对幅度大致在 130~600m 之间,并向西北倾斜。岩溶盆地西侧为恰尔巴克组 O_3q,其他三面均为碳酸盐岩地层。岩溶盆地与岩溶台原之间有斜坡带过渡,即图中左侧的绿色区域,岩溶斜坡分布范围较大,处于阿克库勒凸起的西翼,从台原区西缘开始发育,相对幅度从 160m 到 560m,落差达 400m 以上,北西—南东方向上长度约 6.5 千米,平均坡降大于 61.5‰,向西北方向的岩溶盆地倾斜。斜坡上发育有岩溶谷地、岩溶洼地和岩溶丘陵等次级地貌形态。

二、岩溶残丘雕刻技术

喀斯特岩溶残丘刻画主要利用趋势面技术,此方法主要基于碳酸盐岩的非均质性,对于碎屑岩均质储层,构造圈闭油藏是一种重要类型。一个地层的褶曲如果不能形成构造,它往往形不成圈闭,而对于碳酸盐岩非均质性地层来说,只要有褶曲,就可能形成局部圈闭油藏。本节主要介绍利用趋势面技术来刻画碳酸盐岩表面的微地貌,即岩溶残丘。

趋势面技术原理:对奥陶系中—下奥陶统顶面深度层位(T_7^4)进行大网格的光滑(具体参数根据地区不同由试验确定),形成一个如图4-14所示的光滑趋势面(图4-14a中的红色线,图4-14b中的蓝色线);再将原深度层位与此光滑趋势面进行相减,即得到了一个相对光

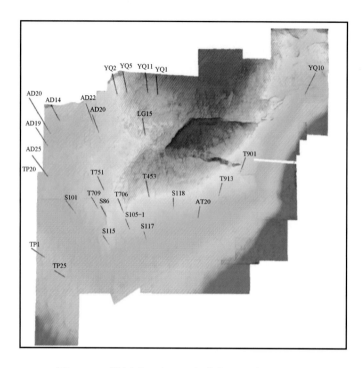

图 4 – 13　塔河油田中—上奥陶统顶面古地貌特征

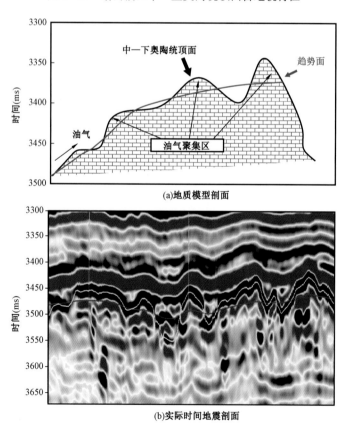

图 4 – 14　趋势面原理示意图

滑趋势面的正、负地形面;将正地形以等值线或色标的形式表现。图4－15是塔河北部5区构造图与趋势面处理后的现今地貌图与岩溶残丘等值线对比,残丘形态和构造形态差异较大,岩溶残丘更加突出碳酸盐岩局部褶曲、岩溶变形带以及局部构造等微观地貌特征,很好地完善和补充了构造图描述微观地貌的不足。

| (a)古地貌图 | (b)古残丘等值线图 |

图4－15 塔河油田5区古地貌与残丘对比图

塔河油田北部为上奥陶统缺失区域,残丘较发育,残丘上岩溶较发育,而趋势面技术能较好地识别北部残丘及周边的褶曲带。如图4－16所示:塔河油田主体区S48井区残丘(白色等值线)非常发育,实钻也证实塔河油田北部上奥陶统缺失区高产井,均位于残丘区域,如S48井等;而初期部署在斜坡部位甚至冲沟中未见油气显示的目标井通过向残丘部位(图中的白色等值线)侧钻均获得较好产能,如图中TK429原直井堵水无明显效果后向残丘高部位侧钻后日产64t原油;TK426原直井表层5～19m被充填,向残丘高部位侧钻后日产36.4t原油,也进一步验证了塔河油田北部上奥陶统缺失区风化壳岩溶残丘高部位油气相对较为富集的特点。

三、古水系刻画技术

塔河油田岩溶缝洞、溶蚀孔洞的发育也与岩溶古水系有密切的关系,古水系对缝洞储层的发育具有明显控制作用。大型缝洞储集体也沿古水系发育,塔河油田大型缝洞储集体主要集中在塔河油田主体区北部古水系发育区,准确的刻画和描述古水系,对探索喀斯特岩溶有利储集体(如大型缝洞)的发育分布规律十分重要。

(一)基于地震属性的古水系预测关键技术

1. 大时窗振幅能量属性预测古水系

地震多元属性指的是那些由叠前或叠后地震数据,经过数学变换而导出的有关地震波的几何形态、运动学特征和统计特征。地震属性分析技术能极大地帮助解释人员对地质现象的正确认识,特别是对储层特征的认识,从而增加了地震方法的应用价值。

地震属性包括单道计算属性和多道计算属性,其中多道计算属性主要是指相干属性,在工作中认为相干属性体主要对于识别断层具有明显的效果。而单道属性类型比较多,常见的包括以下几类。

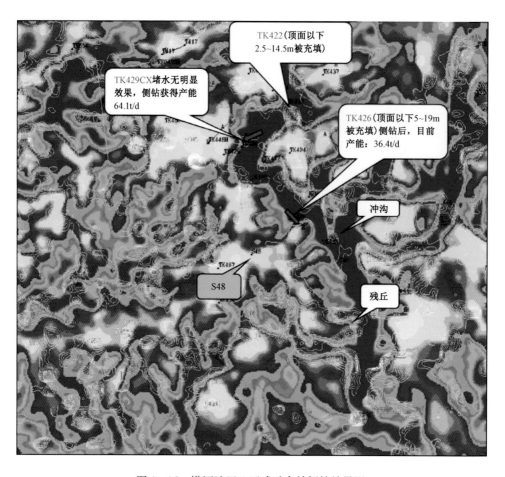

图 4 - 16　塔河油田 4 区残丘高效侧钻效果图

（1）均方根振幅：将时窗内所有样点值的平方和的平均值开方就是均方根振幅；

（2）平均绝对值振幅：是时窗内所有样点振幅绝对值之和的平均值；

（3）平均能量：平均能量是时窗内所有样点振幅值平方和的平均值；

（4）平均反射强度：反射强度是地震道的包络，可以认为反射强度类似一种带有相位特征的振幅；

（5）平均瞬时频率：平均瞬时频率就是时窗内所有样点瞬时频率的平均值；

（6）平均瞬时相位：是时窗内所有样点瞬时相位的平均值。

其中，地震振幅属性是应用最为普遍的技术之一，但是如何根据地质条件选取合适的时窗提取振幅，最大限度地将各种地质体的振幅信息提取出来，并将其在平面上表现出来，却需要具体问题具体分析。

塔河油田北部岩溶主要发育在 0 ~ 300m 的厚度，缝洞体的地震响应"串珠"主要发育在 T_7^4（中—下奥陶统顶面）以下 0 ~ 100ms，（100ms 相当于深度域 300m），这主要是由于 300m 以上为较纯的石灰岩，而 300m 以下为白云质石灰岩，白云质灰岩较纯石灰岩难溶蚀，因此提取振幅时，选取时窗长度为 100ms，当时窗长度符合地质条件时，此时地质体的信息最为丰富。地下水系（古溶洞系统）最基本的地震响应特征是强反射，图 4 - 17 所示即是通过合适时窗（T_7^4 以下 0 ~ 100ms）地震振幅变化率属性的提取，以及门槛值的选取，从平面上清晰再现地下古水系(古溶洞)系统,条带状的为管状古洞穴系统,相对孤立的强反射为落水洞和相对孤立的溶洞。

地下暗河(古溶洞系统)地震响应特征主要有两点:一是平面形态强振幅异常是连续、弯曲的;二是剖面上是上平下凹的内部反射结构。通过大时窗的振幅属性的提取与多属性叠合处理,一方面能区分地表河道,降低上奥陶统覆盖岩溶储层发育区钻遇充填洞穴的风险,提高钻井钻遇有效储层的几率;另一方面能比较全面的刻画距中—下奥陶统顶面以下不同深度的河道在空间的展布形态,寻找除"串珠状"反射异常体之外的地下"暗河"储层。塔河 6 - 7 区范围内共计找出了该地区风

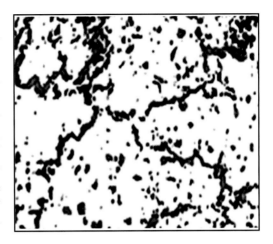

图 4 - 17　塔河北部喀斯特岩溶区现今地貌与强振幅(T_7^4以下 0 ~ 100ms)叠合图

化壳以下 0 ~ 300m 走向与地貌特征不吻合的 5 条地下"暗河",且均有井钻遇,并获得较好的产能。图 4 - 18 中的近南北向地下水系(1 号古溶洞系统)南段,TK734、TK730、T615、TK630、TK603 等井钻遇这条古溶洞系统,除 TK734 井钻遇水层外均建产,通过大时窗的振幅属性刻画出的这 5 条地下"暗河"系统具有较强的非均质性,砂泥质充填严重,油水关系相对较为复杂,对溶洞是否被砂泥质充填,目前仅依靠地震还不能够做到准确预测,还需加强综合性判别研究。不同区块及位置其产能情况相差较大,因此针对地下水系储层预测,还需结合地貌特征、断裂发育情况、区域油气充注及富集情况进行综合考虑。

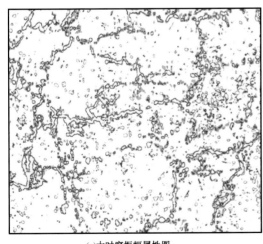

(a)大时窗振幅属性图

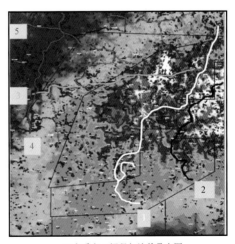

(b)水系人工解释与地貌叠合图

图 4 - 18　塔河 6 - 7 区地下水系(古溶洞系统)分布图

2. 多尺度边缘检测预测古水系

相邻地震道的地震反射,由于来自不同的反射部位,而缝洞的存在使不同反射部位的波阻抗特征有较大的差异,从而使相邻地震道的地震反射出现较大差异。多尺度溶蚀通道检测方

法就是将三维地震数据当作地下介质的三维图像,利用缝洞体边界产生相邻地震道间反射的无序性(即地震道的相异性),通过三维图像上的差别,从高尺度到低尺度跟踪边缘而定性研究溶蚀通道(古水系)的发育位置。

碳酸盐岩储层顶界面的地震反射一般较强,连续性较好,信噪比相对较高。缝洞的存在,只能在一定程度上减弱地震反射,肉眼在地震剖面上一般看不到缝洞对连续性的影响。也就是说缝洞只能对地震反射产生微弱的影响,因而用于缝洞检测的图像边缘检测需要突出三维地震图像上细微的局部变化(缝洞信息),对较小的缝洞进行预测(普通的图像边缘检测需要去掉图像中细微的局部变化,突出图像的整体轮廓)。由于顶界面连续性较好,缝洞产生的绕射、散射一般对其周围的地震反射影响不大,缝洞产生的波场只在很小一个局部有效。反映在三维地震图像上,这就是图像的屋顶状边缘。所以认为碳酸盐岩储层顶界面的缝洞检测时,利用屋顶边缘的检测技术有其独特的优越性。同时在利用阶跃边缘处理实际图像时,往往会遇到感觉组织问题,即决定哪些边缘是来自同一个物体,哪些是来自不同的物体,而把纷乱的阶跃边缘合理的组织到一起则是相当困难的,而作为反映目标骨架信息多尺度的屋顶边缘则可避开这些棘手的问题,所以往往能得到良好的结果(田原等,1998)。

粗略的区分边缘种类可以有两种:其一是阶跃状边缘,它两边的像素灰度有明显的不同,由 Canny 边缘检测算子,认为其是由最大梯度方向的一阶方向导数的极大值点所组成的集合;其二是屋顶状边缘,它位于灰度值从增加到减少或由减少到增加的变化转折点,即一阶方向导数的零交叉点(田原等,1998)。从以上分析已经看到了碳酸盐岩储层缝洞检测的复杂性,在顶界面,地震反射为相对弱振幅,进行边缘检测时要使用屋顶边缘的多尺度检测技术。在内幕地震反射为相对强振幅、低频率,进行边缘检测时要使用阶跃边缘的多尺度检测技术,并要确定阶跃平台的位置、大小。利用数据融合技术的这一特性,可以将两种三维多尺度边缘检测方法得到的缝洞检测数据进行数据融合,得到一个统一的三维的碳酸盐岩储层岩溶通道(古水系)检测图像。岩溶通道(古水系)的三维多尺度检测是在小波变换基础上实现的,图4-19是塔河10区东中—下奥陶统顶面多尺度检测结果,从局部放大图上看出,检测结果比较清楚地显示了缝洞系统单元岩溶通道(古水系)的连通状况,其中多呈枝条状展布,主要发育在岩溶高地和岩溶斜坡部位,较清晰地反映了中—下奥陶统顶面古水系分布特征。

3. 基于倾角/方位角属性的古水系检测

几何属性古水系检测方法技术:地震几何属性是检测地震振幅及动力学相关属性的最佳途径,其不但能够识别甚小的微裂缝,也可以通过倾角/方位角等几何属性的计算,发现并检测与构造形变、地貌相关联的地质特征,预测地表水系。

地震几何属性计算的实现方法:地震反射层很少是平直的,通常被褶起皱或撕裂,许许多多的地下区域最好用杂乱无章来形容。问题在于一个数据体上给每一点都赋予一个反射层被证明是难以做到的,但给每一点都赋予一个倾角矢量(或者为倾角大小和方位)却不难办到,处理中的 3D-DMO 分析等技术都是提取局部倾角的良好实例。笔者发现在速度谱分析中用于多窗口相干扫描的双曲时差能量扫描公式,将其改为线性平面扫描或二次曲面扫描,就能获得不同倾角的计算,它既稳定又能获得较高的横向分辨率,但这样的扫描在三维体较大时需要数月才能完成。同时也发现使用包络加权方法计算出的瞬时倾角和方位角作为粗精度扫描,可大大提高计算效力。通过第一遍基于倾斜平面假定的粗扫描,再实施角度/方位角有限范围

图 4 – 19　塔河 10 区东一间房组顶面岩溶通道(古水系)检测结果

下的小增量的高精度曲面相干扫描,能省时并获得较好的长波长(低波数)反射层形态倾角的高精度计算结果(王世星,2012)。常用的几何属性有以下几点。

(1)最大曲率/最小曲率(K_{max}/K_{min}):不同方向曲率计算中出现的两个正交的最大及最小的曲率分量;它是计算其他曲率的基础。

(2)最大正曲率/最大负曲率(K_{pos}/K_{neg}):不同方向曲率计算中出现的正值之最大及负值之最小的两个正交的曲率分量,分离突起与凹陷部位,分别描述发生弯曲的强度与宽窄大小;K_{pos}定义为地形突出部分(相对地下埋深方向来讲,与地貌学中的方向正好相反,即在地貌学中 K_{pos} 与 K_{neg} 互换),为突起(背斜)顶部曲率图,与应力、应变量成正比;K_{neg} 为凹陷(向斜)曲率图,也与应力、应变量成正比;解释中需根据实际地质情况判别裂缝主要发育于背斜顶部与向斜坳部,或两者都发育来酌情选取。

(3)弯曲程度(曲度)K_n:表示层面与形态无关的曲率大小(Koenderink 和 van Doorn,1992),这种绝对意义下的曲率,表示了层面内曲率总量的一般量度方法,可表示总体变形强度。

(4)形态指数 S_i:地震地质研究中主要反映曲面三维起伏形态——穹隆、脊梁、沟谷、地堑。用时间或构造图可以实现局部地层形态的定性描述,但小尺度的起伏往往淹没在大的区域背景之上不易直观的被察觉。把极小曲率和极大曲率结合起来即可实现对小尺度起伏形态的准确定量定义(Koenderink 和 van Doorn 1992),即

$$S_i = \frac{2}{\pi}\arctan\left(\frac{K_{min}+K_{max}}{K_{min}-K_{max}}\right) \tag{4-1}$$

这样就能够描述与尺度无关的层面局部形态。换句话说,碗状物(地堑)就是碗状物,无论它是个小汤碗还是大的无线电望远镜。对该属性进行颜色编码以便反映穹隆(0.5~1)、脊梁(0~0.5)、沟谷(-0.5~0)、地堑(-1~-0.5)等局部地貌形态。形态指数不受曲率绝对

值大小的影响(水平层面除外),所以能加强特别微小的断层和线性构造及其他层面特征(如低幅度隆起、凹槽等构造及沉积地貌)。图4-20为塔河北部中—下奥陶统顶面(T_7^4)倾角方位角属性平面图,其中倾角方位角叠合显示不但清楚地刻画了断裂系统特征(其中有一条近北东向的大断裂发育,岩溶高地和斜坡处则发育一系列北东及北西向的小型断裂系统),而且也明显地反映了地表水系的展布特征。

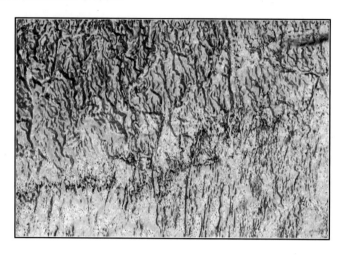

图4-20 塔河北部 T_7^4 倾角/方位角平面图

(二)古水系综合解释

地震反射特征上,明河在地震上具有明显的反射同相轴"下拉"特征,反映了河道下切特征十分明显,图4-21中沿河道走向多次垂直切取地震剖面,均有上述特征。以塔河油田10区东地震工区为例,如图4-22以地球物理手段识别出1条主要的明河(蓝色为地表河),主要发育方向为北东南西向,明河主干延伸长度较长,支流发育,流域面积较大。整体上看,T_7^4尖灭线及北部地区明河发育程度最高,支流众多;T_7^4到 T_7^2尖灭线之间明河数量减少;T_7^2到T_7^0尖灭线之间明河数量更少,中东部明河消失,在 T_7^0尖灭线之南,明河基本消失。

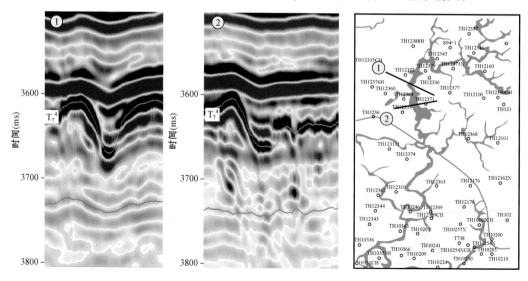

图4-21 垂直明河地震剖面(地震剖面同相轴下拉明显)

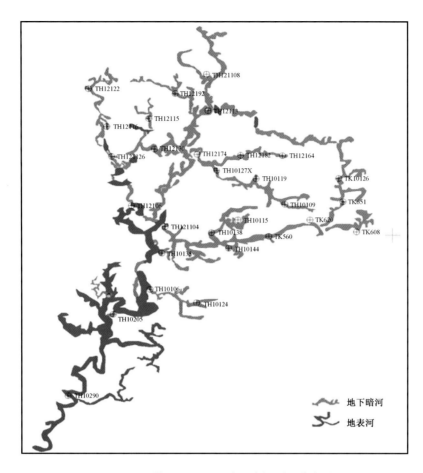

图4-22 塔河油田10区东地表河平面分布图

大部分古暗河的刻画通过地球物理手段都能刻画出来,其地震反射特征比较明显,如图4-23中沿暗河走向切取地震剖面主要反射特征为T_7^4反射下强波谷和强波峰特征。目前该暗河上有钻井10口,其中钻遇溶洞井8口,钻遇溶洞11个,钻遇率80%。井点暗河底部距T_7^4距离从64m到121m不等,平均89m,发育深度较大。

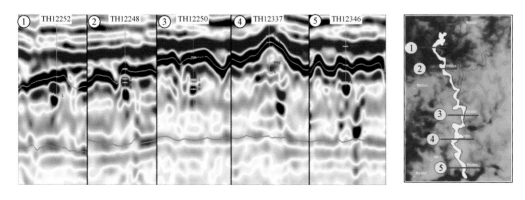

图4-23 垂直暗河走向地震反射特征

但岩溶较复杂区,区分地表水系、古暗河还需要结合古地貌、地质和测井信息进行系统识别,以区分多元属性中形似古暗河但非古暗河的假象。针对古暗河系统进行识别主要流程为:

首先是进行暗河上井点曲线电性特征分析,分析表明,暗河井段溶洞测井特征为高声波时差、低密度、低电阻率、高伽马、高中子孔隙度(图4-24),同时结合井上成像测井资料及钻井放空漏失情况,明确井上暗河发育层段及特征;然后进行井震精细标定,建立井上暗河溶洞井段与地震上对应的响应特征。本次对前文研究区内识别出的暗河上132口井进行了反射特征的分析和总结。从目前钻遇暗河井的地震反射特征看,垂直暗河走向暗河反射特征以"串珠状"为主,局部暗河交汇处可出现杂乱反射,个别井钻遇暗河"串珠"反射特征不明显,能量较弱;沿暗河走向地震发射特征主要以连续稳定强波谷及波峰为主,能量强弱有变化。

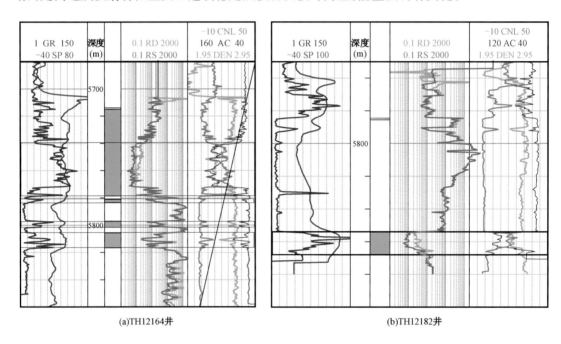

(a)TH12164井　　　　　　　　　　　(b)TH12182井

图4-24　TH12164井和TH12182井综合测井曲线

　　明河流域内河道两岸残丘部位是溶洞及暗河发育区,对明河及明河形成时期地表和地下水文地质的分析,也是寻找暗河及有利目标区的一个重要手段。图4-25是将识别出的古暗河及地表明河进行有效的叠合(其中蓝色的为地表明河,其余为地下古暗河),以此来建立古水系统,分析古暗河及地表明河形成、发育、相互影响因素。地表明河与古暗河交错发育,地表明河水注入古暗河,古暗河水排泄入地表明河,补充地表明河水量。整体成为一个巨大的古水系网络。地表水系发育区域地下暗河也发育,且规模较大,地表水欠发育区域,地下暗河也欠发育,或者不发育。

　　另外,对古暗河上主干和支流进行划分,在刻画过程中对古暗河上主干与支流识别的地球物理依据下面原则:以各种属性平面及空间上强能量且连续性好,延伸长度大的条带作为暗河主干,能量稍弱及连续性差的条带划分为暗河支流;同时也要结合主要断裂走向。暗河平面图4-26中自西向东发育6条主要古暗河系统,以T_7^4尖灭线附近及北部为暗河主要发育区;方向以北东及北西向为主,近东西向通常与这两种方向交汇。古暗河主干延伸长度大,暗河分支十分发育,不同暗河间存在多条支流进行沟通,整体形成一个巨大的古暗河网络。通过对最左侧的1号暗河的立体刻画来看,1号古暗河比较孤立,与其他古暗河没有沟通。

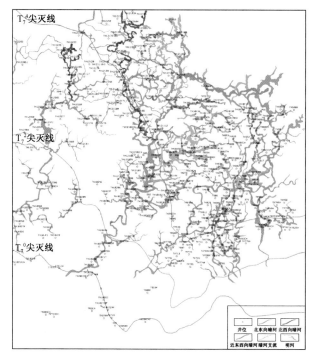

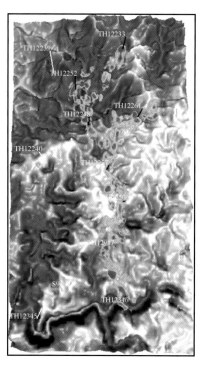

图4-25 塔河油田10区东地震工区古水系平面分布图 图4-26 塔河油田10区东1号暗河
立体雕刻图

四、岩溶缝洞雕刻技术

根据现代岩溶学表明,在地表径流带、渗流岩溶带、潜流岩溶带均发育大量不同尺度的溶洞、溶孔、溶缝或地下暗河,塔河油田奥陶系古喀斯特岩溶也具有这样的特点,古岩溶缝洞成为塔河油田奥陶系最重要的油气储集空间之一。

本章第一节中的溶洞地震识别模式表明,在奥陶系顶部风化面附近有裂缝、溶洞发育带。其表现为:地震反射结构杂乱、地震振幅相对降低、强振幅变化率、弱相干、低阻抗、低速度、高衰减等,具有"串珠状"反射特征结构。碳酸盐岩内幕裂缝、溶洞发育带表现为:强振幅、强振幅变化率、强相干、低阻抗;平面上表现为条带状、树枝状振幅异常,剖面上具有"串珠状"地震反射结构特征。因此识别具有"串珠状"反射特征结构对识别和研究溶洞发育带是有效的。

(一)振幅变化率技术

由裂缝及缝洞联合体物理模型模拟的绝大多数剖面提供的实验数据及观测剖面均表明,不论是理想洞穴、单一裂缝,还是缝洞联合体的任意复杂组合,最为普遍的特征就是地震波场发生不同程度的变异,包括波形特征和表达波列特征的若干动力学参数,其中最为敏感的参数之一就是振幅的横向变化。一般来说基质反射的变化、局部地层岩性间的阻抗变化等都趋于缓慢变化,即使有变化也是程度相对较低的变化。如图4-27中显示的那样,当遇到裂缝溶洞体时由于剧烈的储层性质的横向突变,在局部会产生几个量级强度的突然变化。虽然在不同的反射背景下(不同强度的反射区域或不同反射部位),甚至同一个波形的不同样点处这种振幅的变化并没有体现出一致的变化量级,但整体上仍形成了振幅的相对变化高值区域或高值条带。通过横向振幅变化率的计算,就可以捕捉到与此相关的反射特征,并结合断层、不同构造部位排除地震绕射波、干扰波及特殊岩性体的影响,预测有利缝洞型储层的展布。

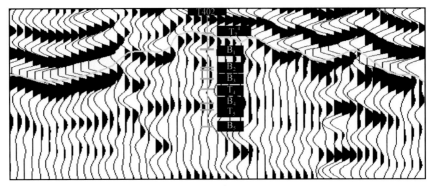

(a)波形显示

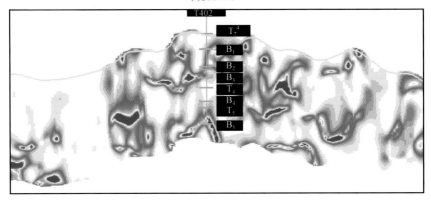

(b)振幅变化率属性显示

图4-27 过井时间地震剖面图

地震振幅变化率属性理应归属为地震属性中的一种,鉴于其特殊的地位或有其应用效果比较明显的特殊作用,被单独提出进行精细的研究。由于塔河油田碳酸盐岩基质岩性比较单一,基质孔隙度相当低,不同岩性间的波阻抗相当小,在碳酸盐岩内幕形成的反射相当的弱,即使是有变化也是相当缓慢的。而当内幕发育有溶洞、大型的裂缝带等非均质体或特殊的岩性体时,由于阻抗的突然变化,这种变化总体趋势又是使阻抗呈现急剧的下降,造成反射系数的急剧增大。在部分两侧突变的接触部位或端点甚至可形成强烈的绕射源,因而会在这些非均质体出现部位产生反射突然增强,绕射波出现,散射波场发育等一系列波场的突变现象。反映到叠后地震资料上,就是振幅的突然变大或局部出现与基质反射极其不相一致的反射特征。这种变化可以是振幅的突然增大,也可能是能量的散射或裂缝体部位对能量的吸收带来局部振幅的突然减少。利用振幅变化率属性就可以刻画这些局部部位地震波场的变化。

另外,需要指出的是振幅变化率只与振幅的横向变化有关,而与振幅的绝对值无关。在碳酸盐岩中,当存在裂缝、溶洞时,振幅会发生变化,所以振幅变化率大的地方很有可能是裂缝、溶洞的发育区。从图4-28塔河6-7区基于高精三维地震保幅数据体的振幅变化率计算分析后的属性平面展布特征看(黄红色为强振幅变化率,绿色为中强振幅变化率):平面上6区中部和东部强振幅变化率呈北东向条带,分布面积较大;西北部强振幅变化率分布零散,连片性较差,清晰明了地展现了区内缝洞储层的平面分布发育规律。

(二)古地貌控制下的缝洞体三维立体雕刻技术

基于缝洞体的发生、演化及消亡强烈地依赖于古地貌及古水动力条件,利用融合异常体的像素技术实现三维空间对连接起来的异常从大到小的立体追踪,从而建立缝洞储集体的空间形态特征。实际操作过程中,需借助于限定的时窗、储层精细标定下门槛值的确定及空间边界约束,在三维空间进行数据异常体的三维立体雕刻,三维可视化技术不仅能观察数据体的表面特征,而且能实现异常体的空间信息挖掘,进行立体追踪雕刻。储层研究中,应用它可以提取并显示储集体的三维空间信息,建立三维可视化立体储集体模型。

三维可视化以体元为基础,针对每一个数据样点被转换成一个体元(一个大小基本代表面元和采样间隔的三维像素),每一个体元具有一个与原数据体相对应的数值,这样每一个地震道被转换成了一个体元队列。通过利用不同的雕刻手段可以对体元队列进行连通性调节,也就是对数据显示进行控制。这种过程控制得当,可以使资料更有效突出地质异常特征,发现如图4-29中所示的隐蔽地质体,是可视化解释的重要方法。三维可视化解释是通过采用不同的"雕刻"方法来实现。所谓"雕刻",就是将反映地质特征的部分地震数据从整个数据体中分离出来的过程(张海燕,2008),它是利用地震属性数据体(如地震道的波形形状、相关性、连续性、振幅值大小等)做控制,主要分为限定时窗雕刻方法、种子点控制雕刻方法以及沿层雕刻方法等。这些方法可以单独使用也可以联合使用,通过对地质体的雕刻可将地质体的顶底界面在空间上识别出来,并通过时深转换计算出地质体的厚度等,对地质体的识别由定性预测达到定量预测。

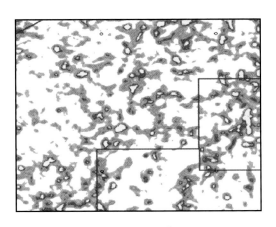

图4-28 塔河6-7区 T_7^4 以下0~40ms
振幅变化率平面图

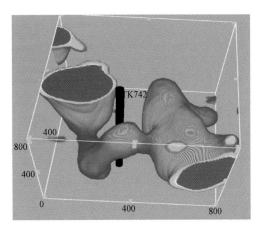

图4-29 缝洞体精细雕刻三维可视化图

通过联合使用限定时窗、种子点控制以及沿层三维雕刻方法所预测的缝洞型储层单元边界没有考虑地质发育背景,往往与地质地貌特征存在一定偏差。前人研究表明,与不整合面发育相伴的岩溶作用的强度及其分带性即古地貌控制了碳酸盐岩次生储集空间的形成与展布,残丘山头和残丘斜坡是淋滤作用最强烈的地区,也是溶蚀缝洞储集体最发育的地带,而岩溶洼地为汇水区,缝洞储层发育程度不高。因此,需要综合考虑不同地质背景、古地貌特征,并由古地貌特征对缝洞单元异常体三维空间追踪进行约束。根据岩溶地貌及古水系等地质发育特点认为由于构造低洼、古水系充填等非储集体属性异常导致大套储层被分割成若干缝洞单元。

考虑这些因素,通过结合表层岩溶与古地貌、古水系相互关系,利用划分的储层单元边界来校正储集体预测边界。

通过给定多属性融合数据体所反映的缝洞单元异常值域范围,在缝洞单元储层边界范围的约束下,借助于三维可视化技术所实现的缝洞单元精细雕刻,虽然与钻井储层结果存在局部的差异,但多数储层具有很好的对应关系,且平面上与缝洞开发单元相匹配。图4-30是过S48井古地貌控制下的三维精细雕刻缝洞单元异常体形态,图4-30a为地震剖面,图4-30b为多属性融合剖面图,由属性融合体所刻画的缝洞单元异常体紧接T_7^4层位以下,时间厚度约50ms,按照6000m/s的速度所计算的洞高约为150m。而实际钻井及测试结果证实,S48井在钻进下奥陶统碳酸盐岩地层1.24m后发生井漏,漏失钻井液2318m³,钻头放空1.56m,用9mm油嘴获日产原油458.4m³,天然气1.45×10^4m³,自1997年10月至今,一直高产稳产,已累计产油超过60×10^4t,与刻画S48井缝洞单元相吻合。在单井储层分析的基础上,结合表层岩溶与古地貌、古水系相互关系建立缝洞单元边界约束条件。图4-31为古地貌控制下的三维精细雕刻技术所得到的S48工区缝洞单元储集体空间展布图。结果表明缝洞型储集体平面分布符合开发过程中缝洞单元油气动态监测连通范围,缝洞单元顶界面深度及缝洞单元储层厚度均表明在古地貌高点处发育有好的溶洞体系及储集体,这与古岩溶发育机理相吻合,证实了古地貌控制下的多属性融合体三维精细雕刻缝洞单元的可靠性。

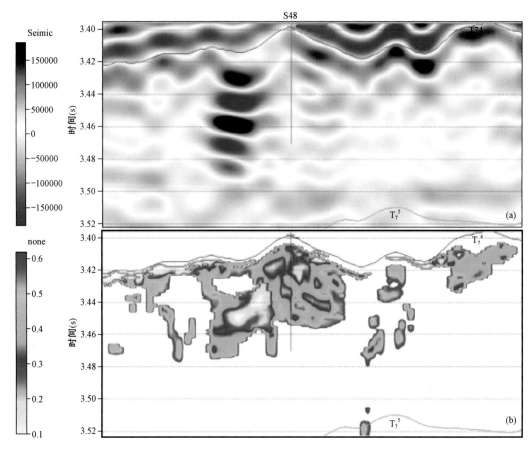

图4-30 S48井地震剖面与多属性精细雕刻缝洞单元图

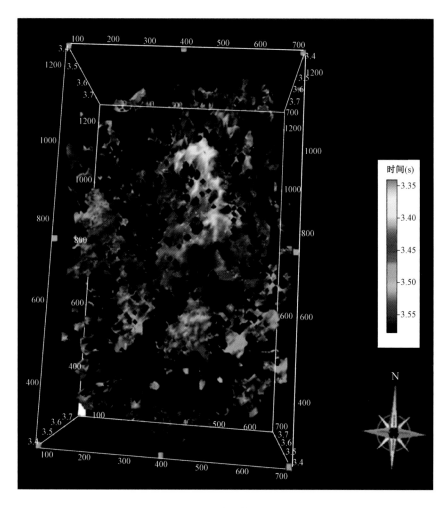

图 4 - 31 S48 工区缝洞储集体顶界面空间展布特征

五、古喀斯特岩溶雕刻应用效果

对于复杂的碳酸盐岩油藏,缝洞型储层预测技术需要不断地进步,在不断探索新技术、新方法的同时,还要在实践中根据不同的地质背景加强多方法的联合应用,只有这样,才能克服地震资料的多解性,不断地提高储层预测精度。

(一)岩溶古地貌与地下暗河的联合应用

喀斯特岩溶地表水系和地下暗河并不是完全独立的,而是相互联系的,地表水流入地下,变成地下暗河,流出地表,又变成地表水系,如何能够看到这种现象? 由于塔河地区后期构造运动不剧烈,因此对岩溶微地貌改造不大,各种岩溶地貌特征都能够相对完好地保存了下来,因此中—上奥陶统顶面地震反射波 T_7^4 的形态能够基本反映古岩溶微地貌的形态,本文采用了 T_7^4(中—下奥陶统顶面)反射层与 0 ~ 100ms 时窗强振幅叠合立体显示技术,地表水系表现为 T_7^4 反射层的"凹槽",地下暗河表现为"强能量条带状反射",通过 T_7^4 层位与强振幅叠合的立体显示,清楚地看到了强能量地下暗河与当时地表凹槽水系之间的流向关系,以及地下暗河的出水口的位置(图 4 - 32)。

（二）趋势面技术、振幅变化率与断裂解释的联合应用

通过前期碳酸盐岩储层预测研究可知,振幅变化率技术可以较好地表达碳酸盐岩储层发育的情况,将振幅变化率(用红色表示)、趋势面残丘—褶曲(用绿色等值线表示)与三维精细解释断层多边形(用黑色线条表示)进行叠合(图4-33),如果残丘—褶曲、强振幅变化率与断裂都能匹配,则为最佳储层预测特征,如果只满足单一因素,则要次之。此方法在塔河油田托甫台地区得到了应用,取得了显著效果,2008年下半年部署的一批探井,在2009年获得了突破,特别是托甫台地区的TP19X、TP15X均获的高产,且为轻质油,为塔河油田的外扩开拓了新的领域显示了多方法联合应用巨大潜力。

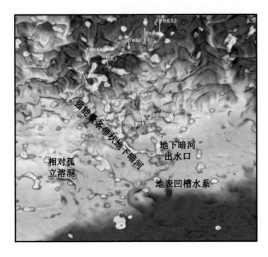

图4-32　开发区6区T_7^4层位与振幅
叠合立体显示平面图

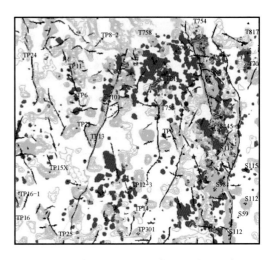

图4-33　断裂、振幅变化率与趋势面叠合图

（三）三维可视化古地貌与精细相干河道技术的联合应用

通过三维可视化古地貌与精细相干河道叠合技术,清楚地再现了古河道与古地貌的关系。对于碎屑岩来说,地表河道往往预示着河道砂体比较发育,而对于碳酸盐岩来说,地表河道预示着泥砂充填比较严重(在塔河主体区得到验证)。当明河河道被泥沙充填时,在平面上表现为强振幅变化率,在剖面上表现为"强串珠",但其并不代表储层发育区域,而地下古暗河溶洞系统则预示储层比较发育,是优良的钻探目标。看河道是地表明河还是地下暗河,要看古河道的展布形态古地貌是否相关,古河道展布形态与古地貌极度相关的应为明河系统(图4-34),不相关的则为暗河系统。此方法在塔河油田艾丁地区也得到了广泛的应用,取得了显著效果。

（四）三维可视化古地貌与振幅变化率的联合应用

通过寒武系的顶面(T_8^0反射波)与中—下奥陶统顶面(T_7^4反射波)相减,得到残留厚度,近似代表托甫台地区加里东时期的古地貌。将古地貌用三维可视化显示,叠合振幅变化率,可以明显地看到,沿加里东古地貌高部位条带,振幅变化率也成条带状,较一致(图4-35)。说明加里东时期,托甫台地区储层不但与断裂有关,还和高部位岩溶较发育有关。

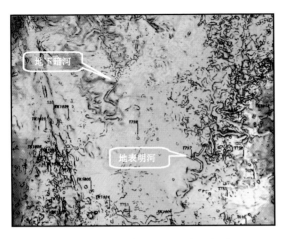

图4-34　地貌与相干河道叠合图　　　　图4-35　加里东古地貌与振幅
　　　　　　　　　　　　　　　　　　　　　　　　　变化率叠合图

第四节　裂缝型储层叠前地震预测技术

叠后地震裂缝检测技术在断裂与较大尺度裂缝发育带检测方面较成熟,但获取的描述裂缝参数少;叠前地震裂缝检测技术能够描述裂缝发育密度、方位等参数。叠前地震裂缝检测技术主要是利用裂缝发育带所呈现出的介质方位各向异性特征,即不同方位上地震反射响应的有变化,通过相关计算进行表征,从而达到裂缝预测的目的,该技术近年在塔河地区有较好的运用效果。

一、叠前多方位裂缝检测原理

AVAZ(Amplitude variation with incident angle and azimuth)是指振反射幅随炮检距和方位角的变化而变化。有很多种因素可以引起地层的各向异性。如岩石的矿物本身的各向异性性质,可以导致地层的各向异性;地层薄层厚度的变化,也会引起地震响应的变化,表现出地层的各向异性;当地层中裂缝存在,地震波经过含裂缝地层时,分解成平行于裂缝走向的快波和垂直于裂缝的慢波,表现出地层的各向异性;当地层受到地应力的影响时,地层受到挤压和拉伸,也会引起地层的各向异性。塔河油田的碳酸盐岩地层较为均一,非均质性主要体现在储层上,且主要发育的断裂和裂缝角度较高,故有叠前裂缝预测的物质基础。

地层存在各向异性,使地震波传播时,地震波的波前形态和幅值都会受到影响。如果有裂缝存在,地震以弹性波的形式传播,表现出椭圆的形态,椭圆的长轴指向地震传播波速度快的方向。

根据Thomsen(1995)的研究,AVO梯度较小的方向是裂缝走向,梯度最大的方向是裂缝法线方向,并且差值本身与裂缝的密度成正比,因此裂缝的密度可以标定出来。利用这一理论,Gray等(2000)描述了AVAZ分析法和他们的初步实验结果。研究表明AVO随方位角的变化关系(即AVO梯度)反映了岩石硬度的变化。如果用AVAZ分析法计算出360°范围内的每一组方位角的梯度值,就可以得到由正交的方位角范围内计算的梯度间的最大差值。据此判定裂缝的走向。贺振华等(2003)通过岩石物理模型实验研究裂缝储层的地震波相应特征,结果表明,地震P波沿垂直于裂缝方向的传播速度小于沿平行于裂缝方向的传播速度。并且地震波的动力学特征如振幅、主频、衰减等比运动学特征如速度对裂缝特征的变化更为敏感。以上研究结果表明,利用叠前地震资料提取方位地震属性如振幅、速度、主频、衰减等检测裂缝型储层是完全可行的。

二、叠前多方位裂缝预测技术方法

现有各向异性来提取裂缝参数方法流程存在局限性。首先,现有方位各向异性分析流程首先要进行叠前数据的方位分选,然后对限制的采集方位的子数据体进行独立的正常时差校正(NMO)或叠前时间偏移(主要应用于横向变速不太剧烈的地区),最后再分析CMP道集或偏移距域共成像点道集目的层同相轴的时差、振幅甚至频率随方位的变化。这样做首先就假设按采集方位选出的子数据体在波场传播过程中是不相关的,还假设地面采集方位完全代表波场在地下传播的方位特征。这两个假设都与实践情况不符。

基于对上述问题的认识和在角度域叠前偏移成像方法研究方面的经验,引入了方位保真局部角度域成像方法。该方法区分地面采集方位角与地震波入射方位角、照明方位角的差异,同时还输出相对保真的入射角域共成像点道集。叠前偏移可视为从不同入射方向来的“源”波与不同方向出射的“接收”波在散射点的耦合聚焦成像。

根据地震勘探的需要,可用两类、四个角度共同定义局部传播方向。第一类是描述入射与散射方向特征的两个角度,即散射张角 σ(其一半为入射角 γ)和散射方位角 ϕ(即局部入射—散射平面相对于参考方向的方位角)。AVA和AVAZ分析/反演就是考察和利用界面上反射振幅随这两个角度的变化。第二类是描述局部照明矢量p_m方向的两个角度,即照明倾角 ϑ 与照明方位角 φ(程玖兵等,2011),前者是照明矢量与垂向的夹角,后者是照明矢量相对于参考方向的方位角,两者共同描述特定路径波场按什么方向照射到散射点。这四个角度既与观测系统参数有关,又与地层速度结构有关。这些角度参数可在射线理论框架下通过旅行时的空间梯度计算得到,也可在波动理论框架下借助于波场局部方向分解隐式地获得。叠前偏移脉冲响应曲面上任意一点都与特定反射(和散射)波路径对应,将三维叠前地震数据归位聚焦到上述四个角度参数定义的成像空间,即所谓的方位保真局部角度域成像。

根据实际需要,沿某些角度叠加可得到维数降低的角度域共成像点道集。例如,针对AVAZ分析/反演,不需要区分照明方向,进而叠加得到与局部入射方位与入射角相关的散射角度域共成像点道集(程玖兵,2010)。在方位各向同性介质中可以忽略方位变化,进一步叠加得到入射角域共成像点道集。同理,不区分入射方向可叠加得到与局部照明方位及倾角相关的照明角度域共成像点道集。

方法及其应用思路如图4-36所示,本方法的特点:(1)以整个观测数据体,而不是按地面采集方位角与偏移距提前分选的子数据体作为叠前偏移的输入数据,充分利用对目的层所有有用的观测信号;(2)叠前时间偏移算法考虑长偏移距射线弯曲效应和介质内在VTI性质,按照地震波场传播方向特征,在成像点处按照描述局部方向特征的角度参数,如入射角及其方位、照明倾角及其方位等,为AVA反演与油气检测、方位各向异性分析与裂缝储层描述输出多种类型高保真的三维角度域共成像点道集;(3)区分地面采集方位、地下入射方位与照明方位的差异,满足复杂地质条件下方位保真成像的需要。

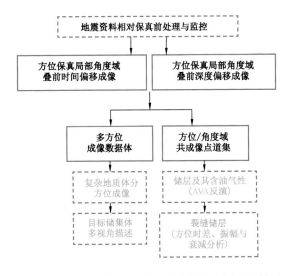

图 4 – 36　方位保真局部角度域成像与应用思路简图

三、叠前多方位裂缝检测效果分析

图 4 – 37 为塔河 12 区进行反演获得模型的各向异性参数——裂缝密度及发育方向的 TH12519 井、TH12508 井预测的裂缝方向与实钻成像测井的裂缝方向一致,都为北东向和北东北西向。

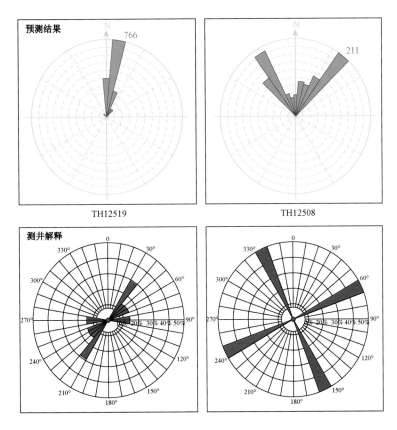

图 4 – 37　塔河 12 区各向异性反演结果图

该方法在玉北地区应用也取得一定效果,图4-38为对比玉北1井处裂缝密度与FMI解释的结果。表明衰减梯度各向异性计算的裂缝密度与井吻合较好,第二套高角度裂缝发育段5658～5682m响应较好,第三套裂缝发育段可能由于中低角度裂缝为主,在剖面上无响应;裂缝纵向上呈分层分布的特点。玉北1井处裂缝方向以北东向为主,与FMI解释一致。而相对波阻抗预测裂缝与井吻合较差,且剖面上无规律。

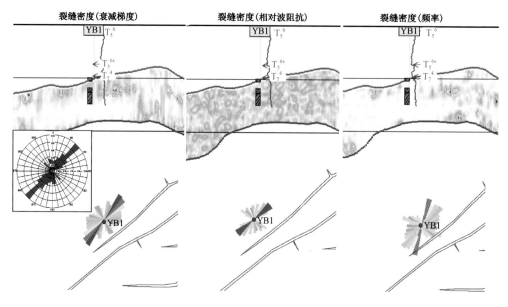

图4-38　玉北1井裂缝对比

沿鹰山组顶向下20ms和40ms分别提取裂缝密度平面图(图4-39和图4-40)。可以看出,玉北地区鹰山组裂缝发育程度与区内近北东向断裂关系密切,沿断裂附近裂缝较发育;裂缝在构造转折部位也发育,如玉北5井东北挠曲部位裂缝成片发育,玉北6井东边条带状裂缝发育带;此外,裂缝在鹰山组内部(20～40ms)比鹰山组表层(0～20ms)发育。

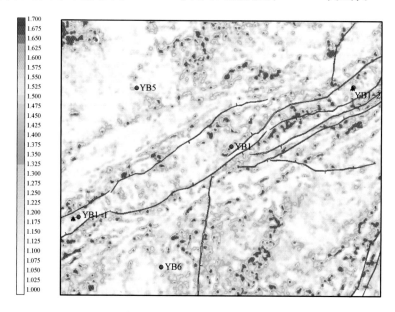

图4-39　鹰山组(0～20ms)叠前各向异性裂缝密度图

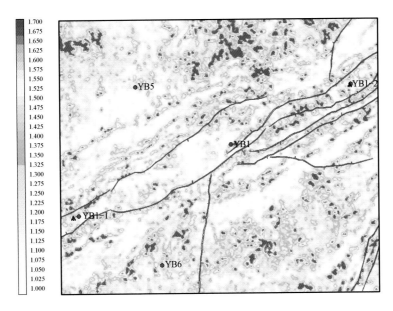

图4-40 鹰山组(20~40ms)叠前各向异性裂缝密度图

第五节 缝洞型储集体量化预测技术

缝洞型碳酸盐岩储层纵横向非均质性很强,储集空间的种类、规模及其相互组合和空间形态分布的差异较大,同时加上后期的叠加改造,形成了不同程度、不同规模的垮塌和充填,造成缝洞体空间几何形态的千差万别,难以准确表征,给定量描述与分析造成了极大的不确定性;同时,缝洞体的真实体积与地震描述技术刻画的地震异常体体积之间的等效关系难以准确表征。本节主要从基于地震正演模型的属性体积校正和波阻抗—孔隙度反演两种方法来介绍缝洞量化的实现过程。

一、地震属性体积校正量化技术

为了认识缝洞的地震波场特征,本书从缝洞的物理、数值正演出发,模拟分析溶洞的地震波场响应特征并建立属性识别溶洞方面的相关量化关系。

(一)模型正演

图4-41是一组大小不同的模拟溶洞的物理模拟示意图。按照1:10000的比例从左至右溶洞的大小分别为:1.4m、1.18m、2.08m、2.56m、2.96m、3.30m、3.70m、4.10m、4.70m、5.20m、5.70m和6m共12个单溶洞,埋深2600m处,速度2040m/s、密度0.12,而围岩速度2975m/s、密度1.23,即溶洞反射系数为0.23。图4-42和图4-43分别是物理模拟叠加剖面和偏移剖面,在叠加剖面和偏移剖面的上部指出了溶洞所在的空间位置。从图中可以看到,随着溶洞的减小,反射能量急剧下降,溶洞1~4的反射能量已与背景值的大小相当,从剖面上基本分辨不出来了(图4-44)。

图4-45是溶洞大小与振幅的关系曲线图,从该图上可清晰看出,两者的相关系数可达0.89,其趋势的指数表达式为 $y = 0.6681e^{0.3289x}$。

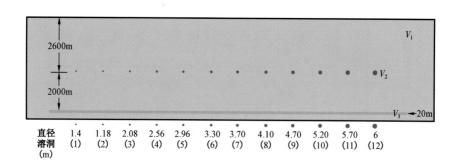

图 4 - 41　不同大小的溶洞模型示意图

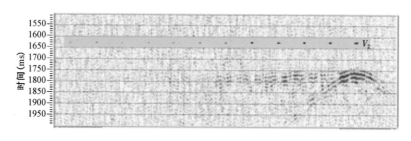

图 4 - 42　不同大小的溶洞物理模拟叠加剖面

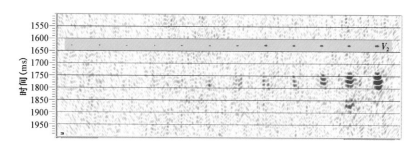

图 4 - 43　不同大小的溶洞物理模拟偏移剖面

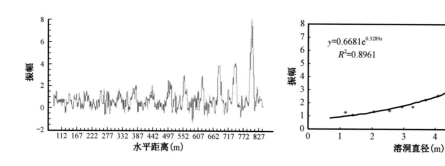

图 4 - 44　不同大小的溶洞振幅曲线　　　　图 4 - 45　溶洞大小与振幅关系曲线

　　为了理解地震异常体与实际洞体之间的量化关系,对模型的偏移结果提取了多种地震属性。图 4 - 46 为反射强度即振幅的包络属性剖面,利用该属性统计了地震预测出的不同溶洞体的高度与宽度,并与实际洞体的宽度与高度分别进行了比较(表 4 - 3、表 4 - 4、图 4 - 47)。由表可见预测宽度相差 13 ~ 22 倍,预测高度相差 20 ~ 33 倍,除受时间、空间采样影响外,当洞体的高度与宽度小于四分之一地震波长时,预测体的大小是实际洞体大小的 15 ~ 20 倍。

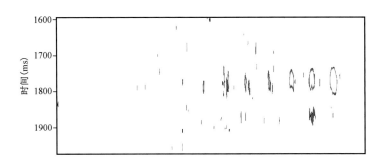

图 4-46 不同洞体的反射强度剖面

表 4-3 实际洞体与地震异常体的宽度统计表

理想溶洞体宽度（m）	地震异常体宽度（m）	异常体宽度/实际宽度
3.00	5 × 9.4	15.74
2.85	5 × 11.3	19.95
2.60	5 × 11.0	21.87
2.35	5 × 6.6	13.99
2.05	5 × 5.6	13.78
1.85	5 × 5.2	14.00
1.65	5 × 4.7	14.31

表 4-4 实际洞体与地震异常体的高度统计表

理想溶洞体高度（m）	地震异常体高度（m）	异常体高度/实际高度
3.00	77.0 × 2.040/2	26.18
2.85	60.0 × 2.040/2	21.47
2.60	53.0 × 2.040/2	20.79
2.35	56.5 × 2.040/2	24.52
2.05	54.0 × 2.040/2	26.87
1.85	59.5 × 2.2040/2	32.81
1.65	36.0 × 2.040/2	22.25

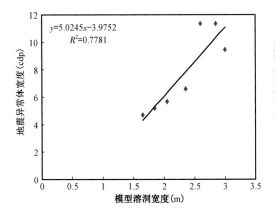
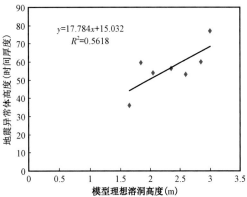

图 4-47 实际洞体与预测洞体的量化关系图

另外还根据物理模型提供的数据,设计了每个洞体的声波曲线,采用了稀疏脉冲反演方法,对模型的偏移结果进行了波阻抗反演(图4-48),阻抗体的高度是实际洞体高度的5~9倍(表4-5),较前面的能量强度体其预测精度有一定的提高。

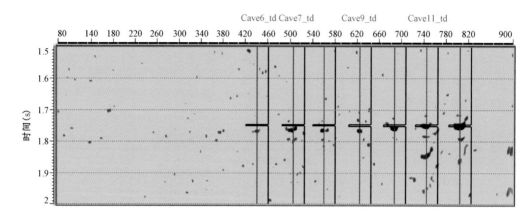

图4-48 不同洞体的阻抗剖面

表4-5 实际洞体与阻抗体的高度统计表

理想溶洞体高度(m)	阻抗异常体高度(m)	阻抗异常体高度/实际高度
6.0	33.73	5.62
5.7	27.75	4.86
5.2	26.69	5.13
4.7	29.84	6.35
4.1	27.75	6.76
3.7	31.94	8.63
3.3	27.75	8.40

(二)校正曲线

1. 不同宽度的溶洞数值模拟研究

为了研究溶洞的宽度对串珠成像的影响,设计如下的一组模型,模型为6个椭圆,椭圆的高均为20m,宽依次为20m、40m、60m、80m、100m、120m,其他模拟参数设置跟前述的完全相同(图4-49)。

首先从反射成像串珠的宽度来看与实际椭圆的宽度间的相互关系,成像剖面中"串珠"的宽度可以从偏移剖面中读出,这里读取波峰两侧变为零振幅之间的CDP宽度作为横向宽度,探讨两者之间的响应变化关系。从图4-50可以得出如下的结论:在溶洞的高度不变(<1/4λ),随着溶洞的宽度不断增大时(最大将近一个波长),成像串珠的宽度也有所增加,并且也基本上成线性比例增加的关系,但是增加的幅度不大,也就是说,宽度对串珠成像面积的影响相对较小。

下面再来研究高度一定条件下振幅响应与洞宽的相互关系,图4-51分别为最大振幅值、最小振幅值与溶洞宽度的比例图。可以得到下面的结论:在溶洞的高度不变(<1/4λ),随着溶洞的宽度不断增大(最大将近一个波长),成像串珠的能量(最大、最小振幅值)也有所增加,并且也基本上成线性比例增加的关系。

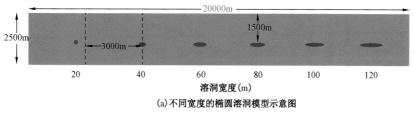

(a)不同宽度的椭圆溶洞模型示意图

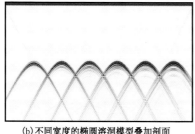

(b)不同宽度的椭圆溶洞模型叠加剖面

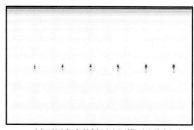

(c)不同宽度的椭圆溶洞模型成像剖面

图4-49　不同宽度的溶洞数值模拟

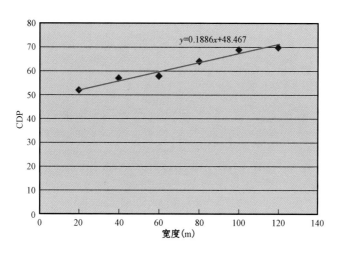

图4-50　模型椭圆的宽度与成像串珠宽度之间的比例图

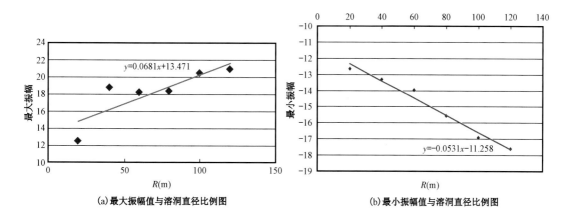

(a)最大振幅值与溶洞直径比例图

(b)最小振幅值与溶洞直径比例图

图4-51　最大振幅值和最小振幅值与溶洞宽度比例图

2. 不同高度的溶洞数值模拟研究

按同样的方式再来研究溶洞的高度对串珠成像的影响,设计如下模型,模型同样为6个椭圆,椭圆的宽均为20m,高依次为20m、40m、60m、80m、100m和120m,其他模拟参数设置同前(图4-52)。同样宽度一定条件下振幅响应与洞高的相互关系,图4-53波峰上下最小振幅之差与溶洞高度的比例图,结合前述的时差研究,可以通过寻找串珠上下部分的最小振幅来当作串珠的上下边界的相对值,从图中可以看到,串珠的上下边界的这一相对值(串珠的高度)与模型椭圆的高成较好的线性比例关系。

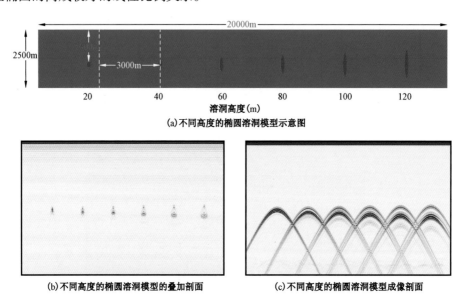

(a)不同高度的椭圆溶洞模型示意图

(b)不同高度的椭圆溶洞模型的叠加剖面　　　　(c)不同高度的椭圆溶洞模型成像剖面

图4-52　不同高度的溶洞数值模拟

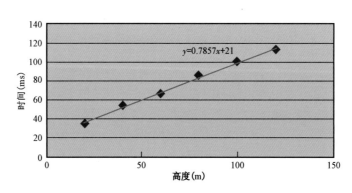

图4-53　模型椭圆的高与成像串珠的上下最小振幅之差比例图

由此我们可以得到下面的结论:在溶洞的宽度不变(<1/4λ),随着溶洞的高度不断增大时(最大将近一个波长),成像串珠的高度明显增大,也就是说,高度对串珠成像面积的大小影响较大。

从图4-54最大、最小振幅值的研究可以发现:在宽度不变(<1/4λ),高度逐渐增加的情况下(从1/4λ增加到λ),串珠的最大振幅值变换不明显,也就是说串珠能量的变换幅度不大,但串珠最小振幅值的绝对值随着振幅的增大明显变小,而且呈较好的线性比例关系。

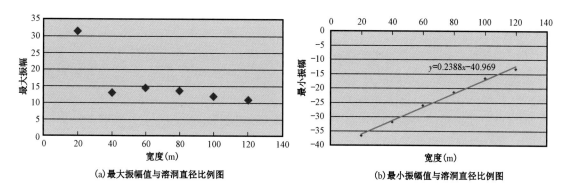

(a)最大振幅值与溶洞直径比例图　　　　　　(b)最小振幅值与溶洞直径比例图

图4-54　最大振幅值(a)和最小振幅值(b)与溶洞高度比例图

3. 成像串珠顶底分离数值模拟研究

从上面的研究可以看到,随着模型溶洞直径的进一步增大,成像串珠也从一个慢慢变化为两个。为了进一步了解这种递变的特征,设计直径从40m到50m的一组溶洞模型,模型尺度按每个2m递增,模型其他参数保持不变,得到的叠加剖面和偏移剖面如图4-55所示。

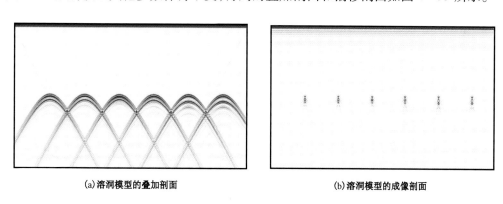

(a)溶洞模型的叠加剖面　　　　　　(b)溶洞模型的成像剖面

图4-55　不同直径的溶洞数值模拟

仔细分析成像串珠的大小以及形态,并综合模型的设计以及参数等诸多问题,发现成像串珠从一个变化为两个是一个渐变的过程,没有明显的突变边界,与数值模型时的边界、观测系统的设置、激发震源的频率等也有关系。

(三)应用效果

为进一步检验地震储层预测的效果,需要与钻井跟踪和测井解释的储层参数进行点对点的对比、分析和评估,即从井点对地震预测的效果进行分析和评价,其目的就是为了证实地质和测井解释的缝洞发育段是否能被地震预测出来,地震预测的缝洞发育段是不是地质和测井解释的缝洞发育段,即地质和测井解释与地震预测是否具有较好的对应关系。为了定量描述缝洞储集体单元,结合生产动态资料、跟踪资料、测井资料从三个方面对缝洞单元体进行了初步的定性—半定量分析。

1. 测井解释与地震预测吻合率分析

由于测井的采样精度是地震采样精度的几十倍,所以地震信息的纵向分辨率远低于测井的分辨率。通过测井解释与地震预测之间的对比是评估缝洞体空间地震描述成果的最直接、最简单的方法。

详细对比标准见表4-6。

（1）如果地震预测的缝洞体发育情况与测井解释相同，即① 测井解释有储层，地震预测也有;② 测井解释无储层，地震预测也无。基本没有深度误差，评定为地震预测和地质与测井解释吻合（代号 A 类）。

（2）以下四种情况为基本吻合（代号 B 类）:① 地震预测的储层与测井解释储层之间的厚度基本一致，且储层顶面误差小于15m（时间域约5ms）（偏上或偏下）;② 地震预测储层较测井解释储层深度误差小于15m（时间域约5ms）;③ 地震预测的缝洞体的厚度小于测井解释储层厚度;④ 地震预测储层与测井解释储层深度基本一致，但地震预测储层偏离直井。

（3）其他情况一律称为不吻合（代号 C 类）。

表4-6 地震预测有利储层与测井解释储层吻合程度标准参照表

吻合（A 类）		基本吻合（B 类）		不吻合（C 类）	
包含	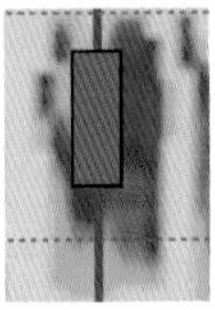	偏下	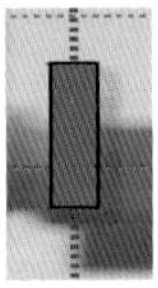	预测有，井上没有	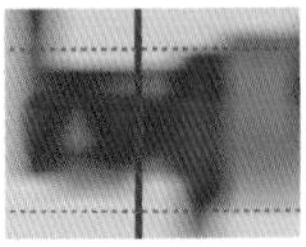
近似	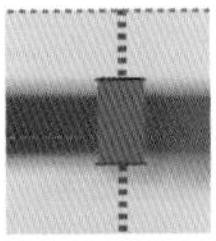	偏上	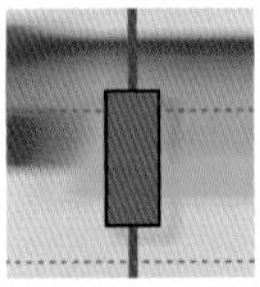	井上有，预测没有	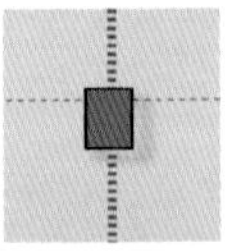
一致	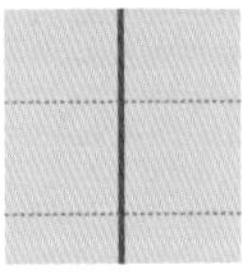	偏离≤5ms（纵向）	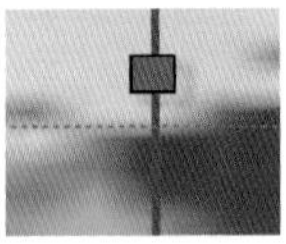	偏离 >5ms（纵向）	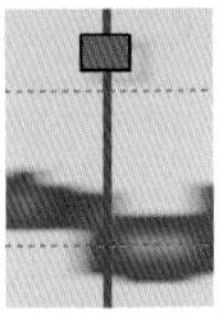
		预测值偏小	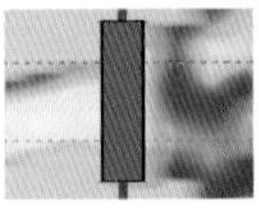		
		偏离2CDP（横向）	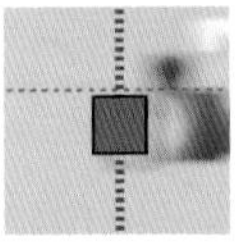		

1）按照地震预测储层与测井解释关键层的吻合率统计

按照表4-6的对比标准，开展了全工区每口钻井的测井结果与地震预测结果吻合率的统计。试验区内共有125口井，共有106口井参加了钻遇吻合率的统计。地震缝洞预测剖面中标注有 T_1、B_1、T_2、B_2，…。符号表示从奥陶系顶界面起计数的钻测井解释的 I—Ⅲ类储层的顶底深度在地震剖面上的反射位置，同时也表示其钻遇储层的序号。选择标定后顶底能相互分离即具备地震可对比的一定厚度的层，或测井储层响应幅度明显的层构成了测井解释关键层(共 167 层)。通过试验区内每口井的测井解释结果与地震预测结果细致的对比和分析可见,地震预测与测井解释相吻合的井有 68 口,占总统计井数的 63.55%,基本吻合的井有 31口,占总统计井数的 28.97%,吻合 + 基本吻合的井共 99 口,占总统计井数的 92.52%,不吻合的井有 8 口,占总统计井数的 7.48%(图 4 - 56)。

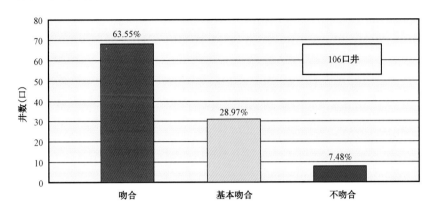

图 4 - 56 地震预测储层与测井解释储层吻合率分析图

2)按照地震预测储层与测井解释储层分类进行统计

由表 4 - 7 通过逐井、逐层进行吻合度和储层类别综合统计,可以得到区内 106 口井位处地震储层预测结果。分别为Ⅰ类、Ⅱ类、Ⅲ类储层共计 365 层、洞穴层 45 层及非储层的吻合度值(表 4 - 7)。通过分析可见:Ⅰ类储层 67 层的吻合率为 70.15%;Ⅱ类储层 88 层的吻合率为77.27%;Ⅲ类储层 210 层的吻合率为 69.05%;洞穴层 45 层的预测吻合度最高,达到了88.89%(A 类 + B 类)~ 93.33%(A 类 + B 类 + C_1 类 + C_2 类)(图 4 - 57)。累计Ⅰ—Ⅲ类储层 + 洞穴储层共计 410 层中有 366 层属吻合 + 基本吻合,预测吻合率合计达到了 77.31%。

表 4 - 7 吻合度和储层类别综合统计

储层类别	A	B	C_1	C_2	C_3	A(%)	B(%)	C_1(%)	C_2(%)	C_3(%)	($A + B + C_1 + C_2$)(%)	总数
Ⅰ类	14	26	0	7	20	20.90	38.81	0	10.45	29.85	70.15	67
Ⅱ类	18	37	1	12	20	20.45	42.05	1.14	13.64	22.73	77.27	88
Ⅲ类	49	77	5	14	65	23.33	36.67	2.38	6.67	30.95	69.05	210
溶洞	24	16	1	1	3	53.33	35.56	2.22	2.22	6.67	93.33	45
none	1	2	0	0	1	25.00	50.00	0	0	25.00	75.00	4

3)按照测井单井储层解释与地震预测结果比较

图 4 - 58 为 K252—TK231—TK454—TK762—TK234—TK229—TK438—TK469—T403—TK410—TK467—S48—TK426(6 线)地震预测储层与测井解释储层对比剖面,这 13 口井中除了有 2 口井无测井解释储层,不参加统计外,11 口井的测井解释储层与地震预测吻合率(吻合 + 基本吻合)均超过了 50%,其中 9 口井的吻合率达到了 100%。

按照表 4 - 6 的对比标准,结合表 4 - 7 的分析结果,对工区内 106 口单井的测井解释储层与地震预测结果吻合率进行统计。通过对统计结果的分析,可以看到工区内有 44 口井的吻合

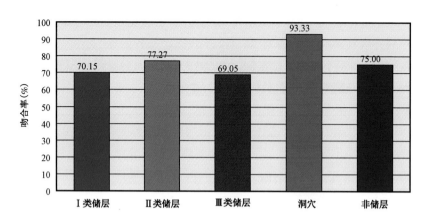

图 4-57　地震预测储层与测井解释储层按类别吻合率统计图

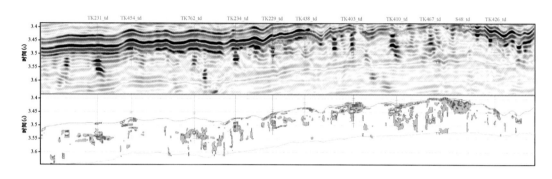

图 4-58　K252—TK231—TK454—TK762—TK234—TK229—TK438—TK469—T403—
TK410—TK467—S48—TK426(6 线)地震预测储层与测井解释储层对比剖面图

率达到了 100%,有 62 口井的吻合率达到了 80% 以上,88 口井的吻合率在 50% 以上,达到了测井总数的 83%(图 4-59)。而小于 25% 以下的井只有 8 口,占 7.5%。

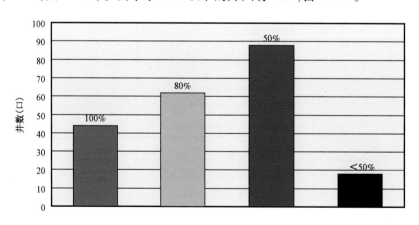

图 4-59　地震预测储层与测井解释吻合率分析图

2. 实钻洞穴高度与缝洞体预测高度的关系

为了检验地震预测缝洞体的准确程度,针对试验区内发育以洞穴、孔洞型储集类型为主的地质特征,开展了缝洞体预测高度与实钻洞穴高度的相关性分析。由于试验区内有多口井未完全钻穿洞穴,如 S48 井在钻进中—下奥陶统碳酸盐岩地层 1.24m 后由于发生钻头放空(放空 1.56m)、井漏(漏失钻井液 2318m³)就直接测试求产,未能完全钻穿整个洞穴体,此种情况的还有 TK423、TK438、TK455 等井,使得统计的实钻洞穴高度值不准确。因此,为了得到一个较为准确的量化关系,在进行缝洞体预测高度与实钻洞穴高度的相关性分析时,剔除了这些异常点,得到地震预测有利储层厚度与井上洞穴高度关系的散点分布图(图 4-60)。虽然两者之间没有什么直接相关关系,但通过简单的数学变换后就清楚地看出两者之间存在一定的对应关系。

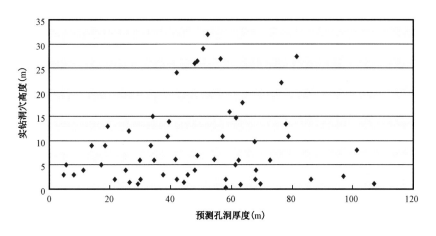

图 4-60　地震预测缝洞体高度与实钻洞穴高度的交会图

若塔河油田碳酸盐岩缝洞体储层速度取 5000m/s、地震资料主频 30Hz,则四分之一波长为 42m 左右,而八分之一波长为 21m。通常时间上可分辨的碳酸盐岩缝洞体的高度一般为四分之一波长。图 4-61 是缝洞体预测高度和实钻洞穴高度的比值与实钻洞穴高度的相关图。从图 4-61 上可以清楚地看到,随着洞穴高度的增加,缝洞体预测高度和实钻洞穴高度的比值迅速降低。洞穴高度越小,由于地震波调谐效应的影响,两者的比值越大;当洞穴高度在 10m 左右以后,缝洞体预测高度和实钻洞穴高度的比值就趋于常数 5 以下。图 4-62 也很好地表明大于 10m 以上的洞穴,其地震预测高度与实际洞穴高度之间呈线性相关。

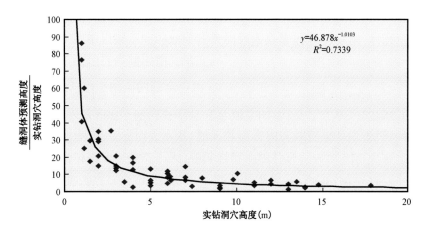

图 4-61　缝洞体预测高度和实钻洞穴高度的比值与实钻洞穴高度的相关图

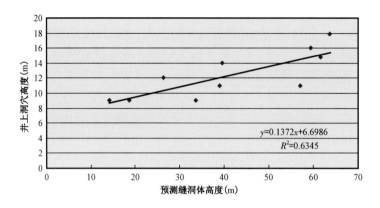

图 4-62 缝洞体预测高度与实钻洞穴高度的相关图（10m 以上的洞穴）

3. 不同深度的实钻洞穴高度与地震预测高度之间的关系

前人研究结果表明，塔河油田碳酸盐岩缝洞型储层的分布除了在平面上表现出分区性，还在纵向上表现为分段性。因此，笔者也从纵向上不同深度段研究了实钻洞穴高度与地震预测高度之间的关系。图 4-63 展示了分段对比结果。

由以上分段对比结果可以看到，地震预测有利储层厚度较大的井，其对应的洞穴高度值也较大，均呈现较好的二次拟合关系（地震预测厚度值≥80m 的例外）。当洞穴高度大于不小于 80m 的情况下，预测值与井上的对应关系不是很好。分析其原因，主要是大尺度洞穴的测井一般都没打至洞底，使得大尺度的有利储层预测的约束条件不够充分，存在多解性。

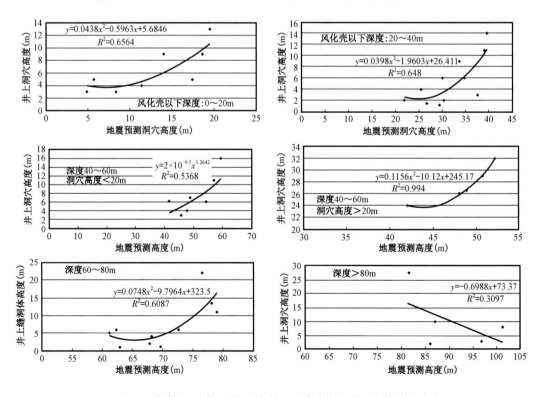

图 4-63 风化壳下不同深度段上实钻洞穴高度与地震预测高度的交会图

4. 缝洞单元异常体体积与储量的关系

通过对试验区17个缝洞单元体的可采储量和地质储量的数据统计,结合地震预测缝洞单元体对同类进行相应的归类统计并进行地震异常体视体积的计算,分别获得了近于相应缝洞单元体的地震异常体的视体积(表4-8),与生产中可采储量、地质储量进行相关关系的交会分析,如图4-64和图4-65所示。从图上可以看到,缝洞单元体异常体的体积与地质储量的关系较好(相似系数R^2为0.6)。同时引用中国地质大学顾汉明教授校正系数量板,对地震异常体的视体积进行了校正,得到了缝洞体的有效体积(表4-8)。

表4-8 S48井高精度三维区缝洞单元预测储层视体积

序号	缝洞单元	地震异常体视体积($m^2 \cdot s$)	有效体积(10^4t)	地质储量(10^4t)
1	S48	289000	4335.00	3068.70
2	S64	51700	775.50	148.00
3	S65	183000	2745.00	560.60
4	S79	87900	1318.50	206.90
5	T414	74400	1116.00	402.78
6	T417	3150	47.25	35.00
7	T436	174000	2610.00	428.87
8	T443	95900	1438.50	225.30
9	T444	40900	613.50	133.30
10	T452	43800	657.00	139.78
11	TK231	16500	247.50	35.90
12	TK404	25600	384.00	105.70
13	TK407	37800	567.00	317.54
14	TK409	93900	1408.50	630.00
15	TK427	30300	454.50	265.00
16	TK456	104000	1560.00	324.60
17	TK462	5250	78.75	153.60

二、波阻抗—孔隙度模板量化技术

波阻抗能够与孔隙度之间进行转换从而达到计算体积的目的,因此反演精度是体积计算的关键。地质统计学拥有更高分辨率,同时能够和岩性、孔隙度和渗透率等信息建立关系,可以多方面反映地层信息。地质统计学反演有两个关键技术,一个是直方图分析,一个是变差函数分析。

(一)波阻抗地质统计学反演

1. 直方图分析

直方图分析是对属性参数一维边缘分布概率密度的估计,从直方图上可以直观地分析属性值分布的总体特征,了解均值、方差、极差等变异情况(图4-66)。

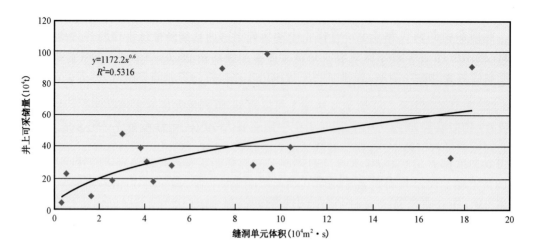

图 4-64 缝洞单元预测视体积与井上可采储量关系图

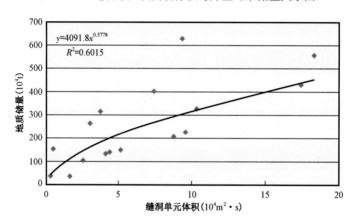

图 4-65 缝洞单元视体积与井上地质储量拟合关系图

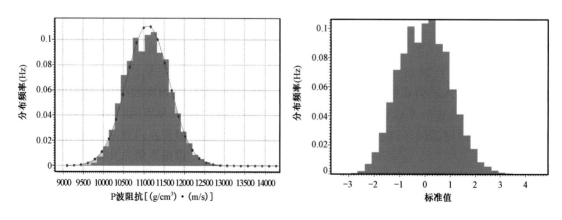

图 4-66 测井波阻抗直方图

2. 变差函数

变差函数是区域化变量空间变异性的一种度量,反映了空间变异程度随距离而变化的特征。变差函数强调三维空间上的数据构形,从而可定量地描述区域化变量的空间相关性,即地质规律所造成的储层参数在空间上的相关性。它是克里格技术以及随机模拟中的一个重要工具(陈程,2002)。

设 $Z(x)$ 是一个随机函数,如果变差函数 $Z(x+h) - Z(x)$ 的一阶矩阵和二阶矩阵仅依赖于点 $x+h$ 和点 x 之差 h。即 $Z(x)$ 为二阶平稳或满足内蕴假设,那么定义这一差函数的方差之半为变差函数 $\gamma(h)$,或称半变差函数(为简明起见,简称变差函数)(陈程,2002),即

$$\gamma(h) = \mathrm{Var}[Z(x+h) - Z(x)]/2 \qquad (4-2)$$

$$\gamma(h) = \frac{1}{2}E\{\{[Z(x+h) - Z(x)] - E[Z(x+h) - Z(x)]\}^2\} \qquad (4-3)$$

式中,x 中空间中的一个点;h 间其中的一个向量。

当 $Z(x)$ 是一阶平稳时,变差函数可写成:

$$\gamma(h) = \frac{1}{2}E\{[Z(x+h) - Z(x)]^2\} \qquad (4-4)$$

变差函数 γ 差函数随滞后(Log)h 变化的各项特征,表达了区域化变量的各种空间变异性质。这些特征包括影响区域的大小,空间各向异性的程度,以及变量在空间的连续性。这些特征可通过变差函数 γ 化的各随 h 变化的各项参数(变程、块金值、基台值等)来表示。

为了检验反演效果,对工区内钻井进行北东和北西两个方向多条连井剖面对比分析,测试不同反演方法效果,同时对比致密层段平面分布情况。

在进行随机模拟和随机反演变差函数分析时采用了两种方式:第一种是以约束稀疏脉冲反演阻抗体作为基础,进行变差函数拟合(图4-67),采用该拟合结果作为随机模拟的空间约束函数。通过过多井连井对比可以看出,该方法对于较大洞穴能够比较好地识别出来(图4-68),但洞穴比较小时,识别效果比较差,基本上能识别 5m 及以上洞穴。

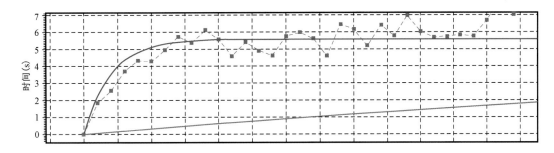

图4-67　采用约束稀疏脉冲反演数据体拟合的变差函数

第二种方式是以井点测井纵波阻抗作为基础,进行变差函数拟合,采用该拟合结果作为随机模拟的空间约束函数(图4-69),连井分析洞穴分辨能力明显提高(图4-70),基本可以识别 3m 及以上洞穴,井点标定后,反演洞穴与井上钻遇洞穴井段对应关系较好。

对比两种反演方式,在反映缝洞储层轮廓特征上基本相似,井点吻合情况第二种方式更好。

对井点波阻抗曲线按照洞穴与非洞穴进行直方图统计,洞穴与非洞穴波阻抗分界在阻抗值 15700[(g/cm³)·(m/s)]附近(图4-71)。图4-72 中 T615 井、TK633 井和 T444 井均钻遇较大洞穴,反演预测洞穴形态自然,与井点吻合关系较好。

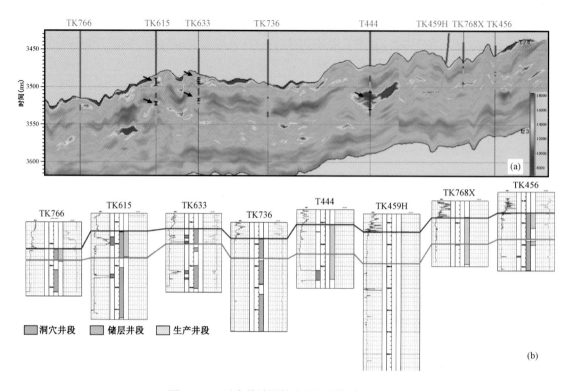

图 4 - 68　过多井波阻抗(a)和连井对比(b)图

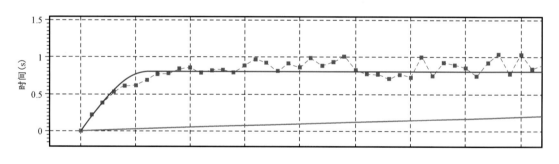

图 4 - 69　采用测井纵波阻抗数据拟合的变差函数

T444 井钻遇 24m 的大型未充填洞穴,该井获得较高累计产量。过 TK614—TK611—TK646—TK602—TK632—T615—TK734 井北西向波阻抗反演剖面,TK602 井钻遇 37m 的洞穴,累计产油达到 37×10⁴t。从钻遇洞穴规模及累计产量分析,大型洞穴是主要的有效油气储集空间。

同时分表层和内幕一段和内幕二段洞穴进行平面范围预测,以表层和内幕井点波阻抗直方图为依据(图 4 - 73),表层洞穴波阻抗主要处于 9400 ~ 14500[(g/cm³)·(m/s)]范围内,内幕波阻抗以 15700[(g/cm³)·(m/s)]附近为分界,低于该值为洞穴响应。各层波阻抗预测表层洞穴在 7 区南部比较发育,通过统计 7 区南部 21 口钻井,其中表层钻遇洞穴井 17 口,钻遇率为 80.95%,与阻抗预测结果比较吻合。

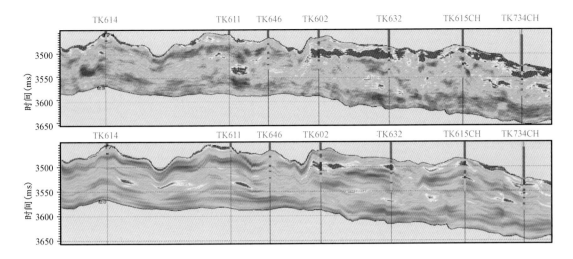

图 4-70　两种变差函数反演结果对比

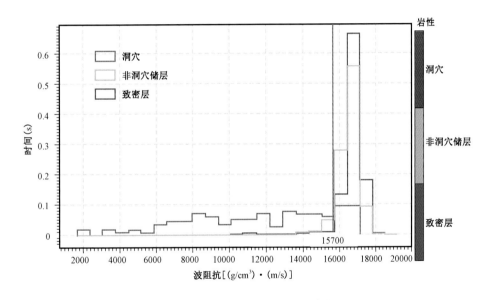

图 4-71　测井波阻抗分类统计直方图

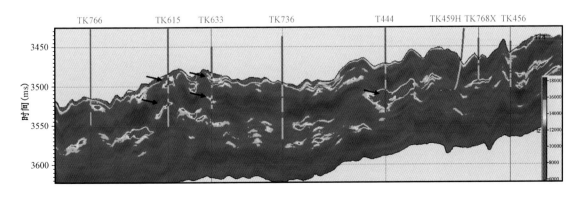

图 4-72　多井波阻抗反演剖面

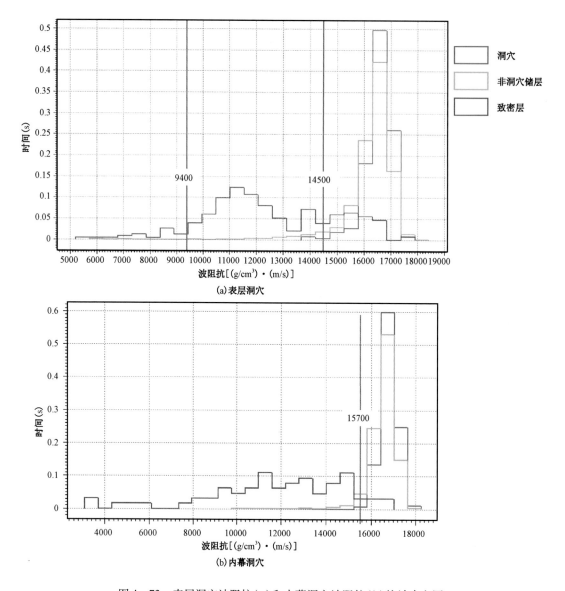

图4-73 表层洞穴波阻抗(a)和内幕洞穴波阻抗(b)统计直方图

(二)缝洞型储集体孔隙度参数确定

1.波阻抗—孔隙度模板

孔隙度的大小直接影响到了速度和密度测量值的大小,在测井上也经常用声波时差(层速度的倒数)和密度测井来计算地层孔隙度。理论上碳酸盐岩中孔隙度与速度和密度的乘积(纵波阻抗)有很好的相关性,实际测井中也确实如此。前面通过地质统计学反演已经得到高分辨率的纵波阻抗数据体,可以应用井上纵波阻抗和孔隙度的关系建立量版。

未放空漏失井的孔隙度较小,制作的量版缺失孔隙度的高值区域。通过统计塔河地区53口放空漏失井且有测井曲线井,分析纵波阻抗和孔隙度之间的岩石物理规律(图4-74),得到主体区的纵波阻抗与孔隙度模板。图4-75为反演的孔隙度剖面,可以发现其分辨率很高,可以较好地刻画储层的空间展布。

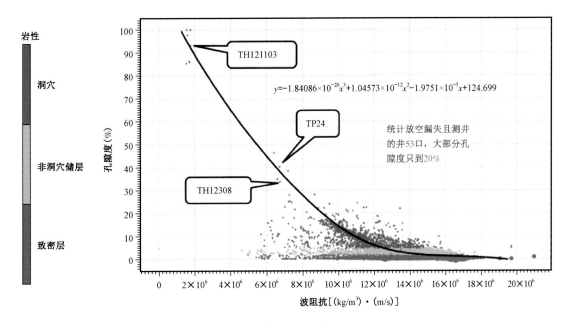

图 4-74　塔河主体区纵波阻抗与孔隙度模板

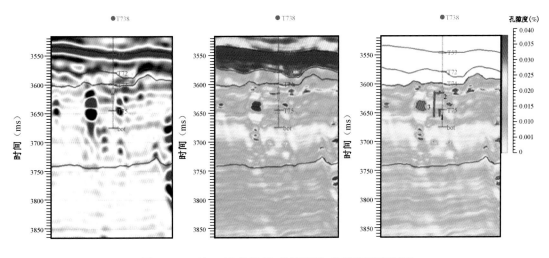

图 4-75　过 T738 井地震、纵波阻抗、孔隙度反演剖面

2. 裂缝型储层的孔隙度赋值

裂缝型储层是碳酸盐岩的一种主要储层类型之一,但反演对于裂缝不敏感。利用精细相干属性刻画裂缝型储层的展布形态,并对其赋值从而达到计算裂缝型储层储集空间的目的。目前相干属性的孔隙度值为通过典型井标定来确定。如图 4-76 所示,TH10240 井发育多套裂缝型储层,在相干剖面上对应的弱相干值域范围小于 40,计算该井的裂缝孔隙度为 0.08%,故将相干值域小于 40 的统一赋值为 0.08%。

(三)量化应用效果分析

前期塔河主体区应用的储量提交方法为容积法,最大的不确定因素为含油面积的确定,认为振幅变化率与储层类型及物性对应关系不明确,利用振幅变化率的值确定含油面积依

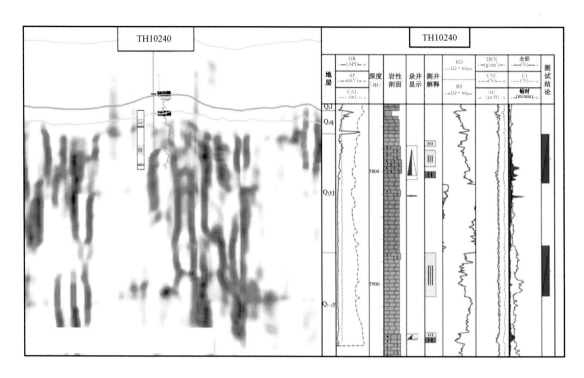

图4-76 TH10240井相干属性标定图

据不充分,从而影响储量计算的精确程度。而体雕刻算法能够相对准确地确定储集空间的形态。

对比 T738 井区的探明储量层计算结果,传统容积法得到的原油地质储量为 3818.62 × 10^4t,体雕刻法为 2905 × 10^4t,相对比率为 76%,综合分析认为,体雕刻法较为合理(表4-9)。

表4-9 体雕刻法与常规法储层计算对比表

方法	井区	层位	计算单元	含油面积 (km^2)	有效厚度 (m)	有效孔隙度 (%)	含油饱和度 (%)	体积系数	原油密度 (g/cm^3)	地质储量 原油 ($10^4 m^3$)	地质储量 原油 ($10^4 t$)
常规法	T738井区	$O_{1-2}yj$	Ⅰ类	61.0	19.7	0.0320	0.71	0.075	0.987	2539.78	2506.76
			Ⅰ+Ⅱ类	61.0	39.5	0.0017	0.90	1.075	0.987	342.93	338.48
		$O_{1-2}y$	Ⅰ类	61.0	5.0	0.0420	0.69	1.075	0.987	822.22	811.53
			Ⅰ+Ⅱ类	61.0	16.9	0.0019	0.90	1.075	0.987	163.99	161.85
	合计									3868.92	3818.62
体雕刻	T738井区	$O_{1-2}y$	Ⅰ类	5.7	22.5	0.1220	0.71	1.075	0.987	1033.40	1019.96
			Ⅱ类	29.5	35.6	0.0268	0.71	1.075	0.987	1858.90	1834.74
			Ⅲ类	28.5	26.7	0.0008	0.90	1.075	0.987	50.97	50.30
	合计									2943.27	2905.00

第六节　缝洞型储集体流体检测技术

随着油田勘探开发的深入,钻井遇水的几率在升高,区分油、水在碳酸盐岩缝洞型储集体中赋存特征,对于碳酸盐岩缝洞型储层的开发就更加重要。研究、探索适合于碳酸盐岩缝洞型储集体中油、水辨识的新的地震属性及其相应的实用技术方法,对塔河油田勘探开发部署是十分有意义的工作。

一、叠后瞬时谐频特征流体检测技术(HFC)

瞬时谐频特征分析(HFC)技术的基本思想是依据储集体的吸收衰减特性和调谐效应的变化,提取能够反映这种变化的单频、多频乃至宽频带的多种地震属性,选择适应于研究区储集体油气水识别特点的敏感属性,用以对储层中油气水的识别。该方法的技术思路为:模型正演和实钻井旁资料分析储集体含油、水的频谱特征,并进行敏感属性优选,最后对目标区进行流体预测。

(一)模型正演谐频特征分析

通过不同充填物的溶洞模型正演,总结溶洞中油气与其他物质充注时谐频特征(图4-77从左至右依次为M_1—M_{12},图4-78),从理论上探寻是否存在油气预测的基础。模型设计的溶洞充填物有固体及流体充填物:致密砂、石英砂岩、海水、油等(表4-10)。

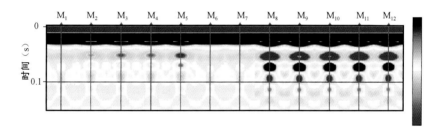

图4-77　不同充填物溶洞正演合成地震记录偏移剖面

表4-10　溶洞模型中充填物的性质和弹性参数

序号	溶洞充填物	密度 (kg/m³)	纵波速度 (m/s)	横波速度 (m/s)	纵波波阻抗 [(kg/m³)·(m/s)]	横波波阻抗 [(kg/m³)·(m/s)]	界面纵波 反射系数
M_1	致密砂	2.500	5000	3500	12500	8750	0.13
M_2	溶积石英砂岩1	2.400	3873	2317	9295	5561	0.27
M_3	溶积石英砂岩2	2.300	3490	2317	8027	5329	0.34
M_4	溶积砂岩1	2.400	3548	1965	8515	4716	0.31
M_5	溶积砂岩2	2.300	3200	1965	7360	4520	0.38
M_6	溶积角砾状石灰岩1	2.500	5623	3098	14058	7745	0.07
M_7	溶积角砾状石灰岩2	2.400	5100	3098	12240	7435	0.14
M_8	海水	1.025	1510	—	1548	—	0.83
M_9	油1	0.700	1330	—	931	—	0.89
M_{10}	油2	0.850	1410	—	1198.5	—	0.86
M_{11}	油3	0.900	1480	—	1332	—	0.85
M_{12}	油4	0.950	1720	910	1634	864.5	0.82

图4-78是12个模型的振幅谱,可以看出以下的特征:(1)12个模型的振幅谱的谐振频率(主频)均为20Hz,与正演的雷克子波的谐振频率一致;(2)充填固态物质的 M_1—M_7,振幅极值是充填流体的1/3,或者更小;振幅谱基本没有出现次级极值,整体的振幅变化率较小(斜率小);(3)充填油和水的 M_8—M_{12},振幅谱出现了次级极值,高边频带的振幅变化率大(斜率大);(4)充填易于流动油的 M_9—M_{10} 的振幅谱在高频部分振幅变大,大于充填水的 M_8。

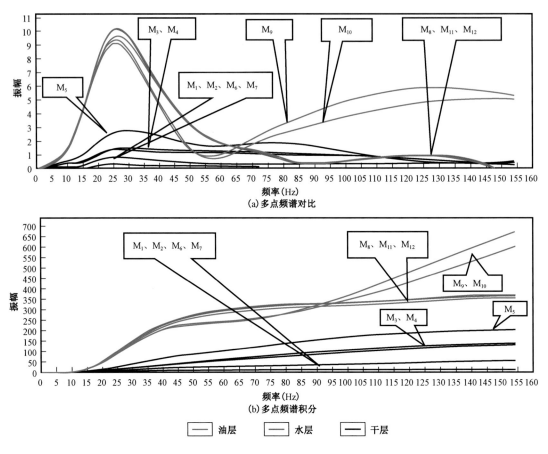

图4-78　充填油和水的溶洞模型正演短反射的振幅谱和积分能量谱

(二)HFC属性流体判别标准

对艾丁地区30口井井旁道产层进行了瞬时谐频谱分析,研究HFC的主要特征。30口井中,油井 21 口:AD6CH、TK1207、TK1023、TK1041、TK1029、TK1206X、TK1234、TK1224、TK1232、TK1211、TH10316、TH10326、TH10329、TH10334、TH12310、TH10345、S99、TH10328、TH10338、AD7、TK1207;油水井7口:AD12、AD13、AD5、TK1215、TK1212、TK1235、TK1213;水井 2 口:TK1214、TK1217。对这30口井进行瞬时谱分析,图中蓝色曲线是水井的谱线,红色为油井和油水井的谱线。图中标出的黑色曲线是剖面上是无油、无水的背景区的谱线。

图 4-79 是16口油井和2口水井的振幅谱和积分能量谱。从图上可以看出,相对于油井,水井的振幅偏低,能量偏弱,且高频部分更低、更弱。

因此不论是模型正演还是实钻井旁地震道统计均表明,谐频特征可以区分出储集体的含油、含水,并能根据低频部分能量的高低预测是否有流体充注。

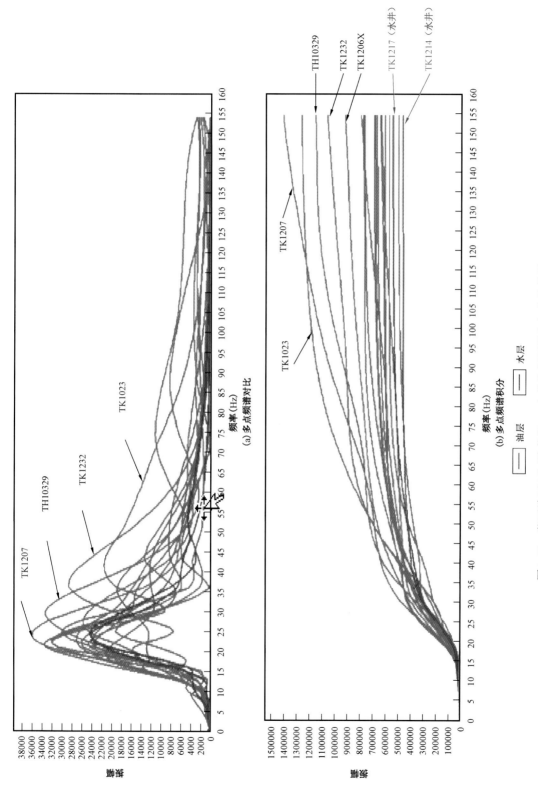

图4-79 艾丁地区16口油井和2口水井的振幅谱和积分能量谱

（三）应用效果分析

10区西南部有验证井27口,抽出3条过验证井的剖面。对每一口验证井求出相应的振幅谱和积分能量谱线,这些谱线用黑色曲线表示;在频谱图上同时绘出19口样本井的振幅谱和积分能量谱曲线以便与预测井的谱线对比分析。

根据振幅谱、积分能量谱、地震波形特征、HFC异常特征,对每口井的主要储层的含油性做出预测。从6口验证井的预测图来看,总体吻合率为81.5%。下面为典型油水井及干井的特征。

（1）YZ-1井（图4-80）,该井在地震剖面上存在"串珠",HFC异常整体为中等,振幅和积分能量中等（图中黑色谱线）,比水井高,为油井。

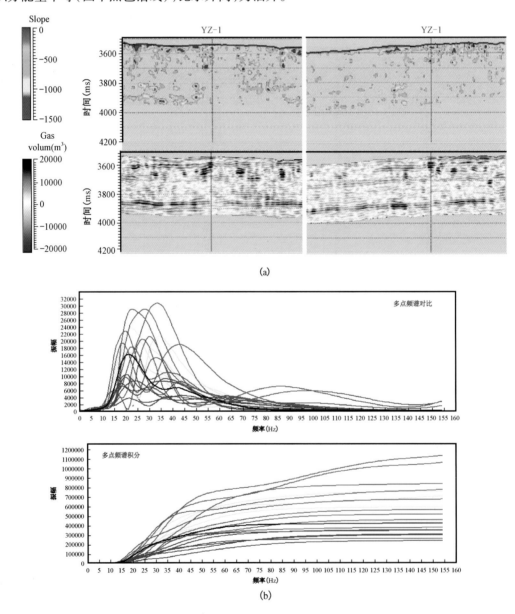

(a)

(b)

图4-80　验证井YZ-1的SUBLINE、CROSSLINE的地震和HFC异常剖面(a)及振幅谱和积分能量谱(b)

（2）YZ-2井（图4-81），SUBLINE上，井旁存在"串珠"，CROSSLINE为小串珠，相应地HFC异常在井旁出现，振幅和积分能量也不强（图中黑色谱线），为水井。

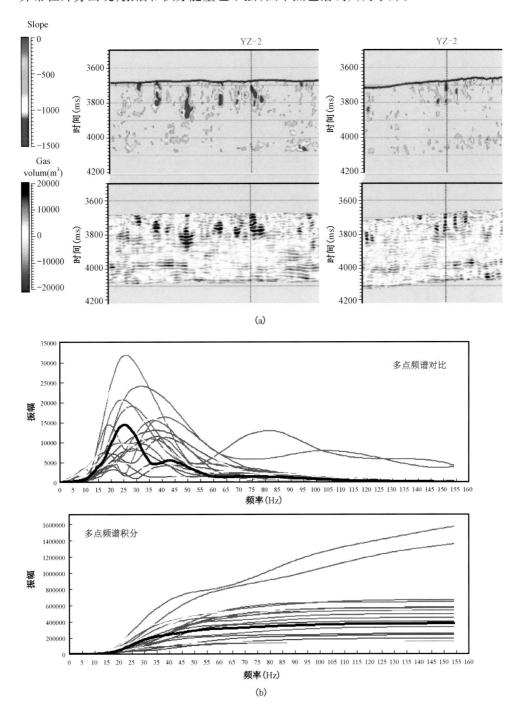

(a)

(b)

图4-81　验证井YZ-2的SUBLINE、CROSSLINE的地震和HFC异常剖面（a）及振幅谱和积分能量谱（b）

（3）YZ-18井（图4-82），地震剖面在风化面附近有小"串珠"，HFC异常基本消失，谐振能量和积分能量均为中等（图中黑色谱线），为干井。

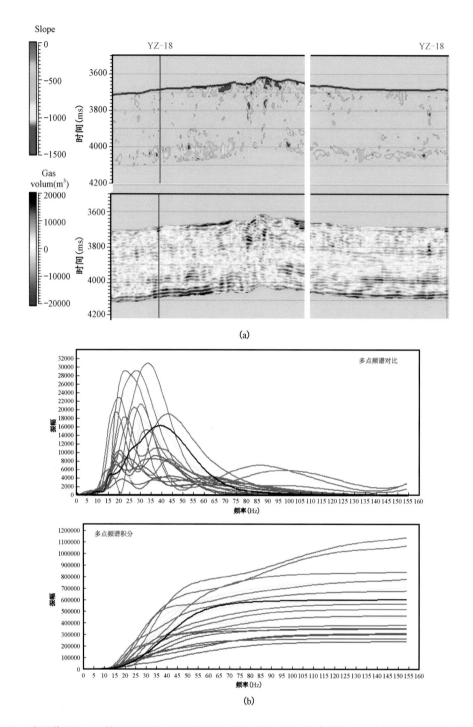

图 4 - 82 验证井 YZ - 18 的 SUBLINE、CROSSLINE 的地震和 HFC 异常剖面(a)及振幅谱和积分能量谱(b)

二、叠前 AVO 频散属性反演技术

(一)基本原理与方法

频散和衰减是地震波传播理论研究的重要内容,孔隙填充介质的喷射流动(或局部黏滞

流动)是引起地震波发生频散和衰减的主要原因已被普遍接受。Chapman 等(2003)从理论上研究了两个弹性层之间夹一个填充流体导致衰减和频散的频散层组成模型的 AVO 特征,认为弹性层和频散层之间的界面会导致地震反射系数随频率的变化而变化,这种变化与 AVO 的类型有关。对于第一类 AVO,速度频散导致反射波能量集中在高频段;而对于第三类 AVO,速度频散导致反射波能量集中在低频段(图 4 – 83 和图 4 – 84)研究表明可以根据反射波能量随频率的变化来研究流体的性质。

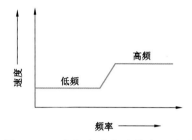

图 4 – 83　速度、频率与流体类型关系
（据 Champman 等）

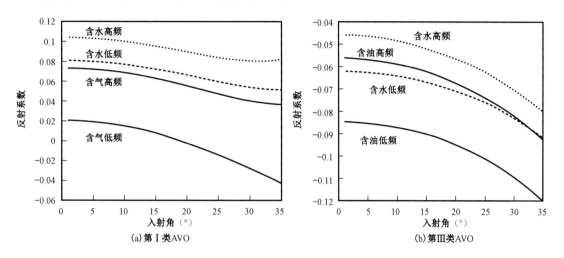

图 4 – 84　含不同流体时纵波 AVO 随频率变化关系

陈小宏等(2009)对模拟记录的底界面进行了分频 AVO 研究,并对不同频率的剖面比较,以弹性介质模拟的分频 AVO 曲线进行归一化,衰减介质的分频 AVO 曲线按照弹性介质对应频率的归一化比例因子进行归一化,其结果如图 4 – 85 所示。从归一化后的结果图可以看出,不同频率的 AVO 响应曲线与弹性介质的全频率的 AVO 响应曲线是基本一致的,这与理论相符,即弹性介质的 AVO 与频率无关。而在衰减介质中随着频率增大衰减增大,且远偏移距衰减更明显,在低频时衰减介质还保持着正确的 AVO 响应规律,随着频率增加,AVO 异常变得不太明显。

针对上述纵波 AVO 特征与不同频率的关系分析研究,为频率依赖的 AVO 反演进行流体检测奠定了理论基础。

(二)反演关键技术与流程

在含烃岩石中,地震波传播速度与频率有关,这种速度频散可能作为流体识别的标志。根据岩石物理理论模型分析,以及 Chapman 等(2003)关于速度频散的观点,假定由于界面两侧频散性质的差异,反射系数会随着频率的变化而变化,即反射系数可以看成是入射角和频率的函数,通过公式运算可以实现纵、横波速度变化率随频率变化参数求取,并将其定义为纵波频散程度属性。

联合高阶时频谱分析和频散 AVO 方程,针对模型或实际 P 波地震资料进行处理,计算地震资料频散程度,分析与流体有关的地震波频散。具体反演步骤为:

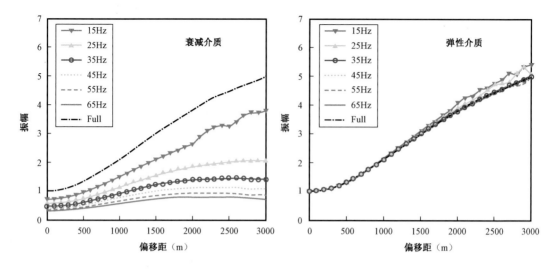

图 4 - 85　不同介质情况不同频率 AVO 曲线特征（据陈小宏等）

（1）利用已知模型分析岩相组合关系，通过建立随机模型完成线性 AVO 方程基函数$F(\theta)$求取；

（2）对叠前道集资料进行动校正、角度转换等相关处理；

（3）对预处理的道集资料利用高阶时频分析进行频谱分解，获得不同频率下的一组等频率道集；

（4）以地震主频为参考频率，以相应等频率道集为标准，对相关等频率道集进行振幅均衡；

（5）根据入射角及样的位置计算离散点的$F_i(\theta j)$；

（6）基于$F_i(\theta j)$和等频率道集反演与频率有关的 AVO 属性；

（7）最终实现纵波频散程度计算。

具体技术流程如图 4 - 86 所示。

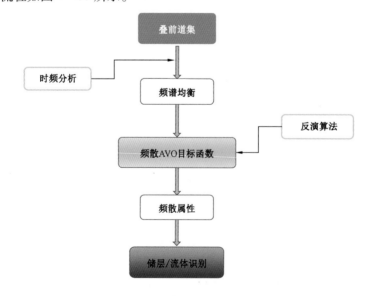

图 4 - 86　频散 AVO 反演实现流程

(三)应用效果分析

为验证方法技术的实用性,这里选取塔河油田主体区井旁地震道集进行频散 AVO 反演,基于反演的纵波频散属性曲线与井资料生产状况对比进行效果评价。图 4 - 87 至图 4 - 89 为不同井叠前叠后地震资料与反演纵波频散程度的对比,其中产油井 TK620(累计产油 $4.4 \times 10^4 t$,平均含水率 28.18%)、S75 井(累计产油 $10.03 \times 10^4 t$)在储层段均有较强的纵波频散异常,而含水井 TK646 反演的纵波频散曲线无明显异常特征。

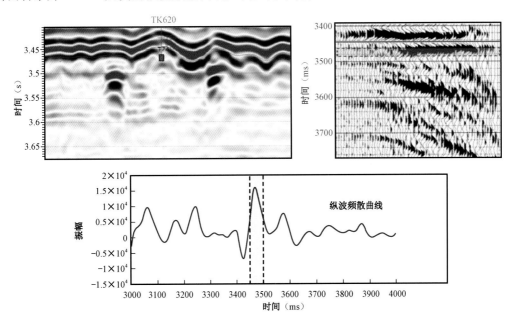

图 4 - 87　TK620 井旁叠后地震、叠前道集资料及反演纵波频散曲线

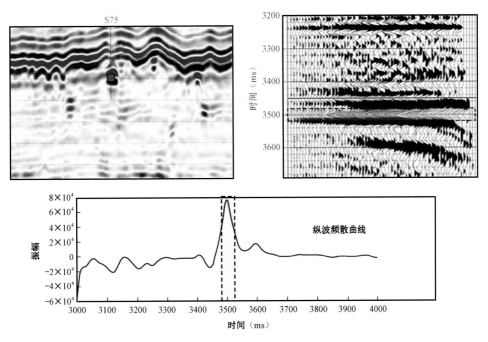

图 4 - 88　S75 井旁叠后地震、叠前道集资料及反演纵波频散曲线

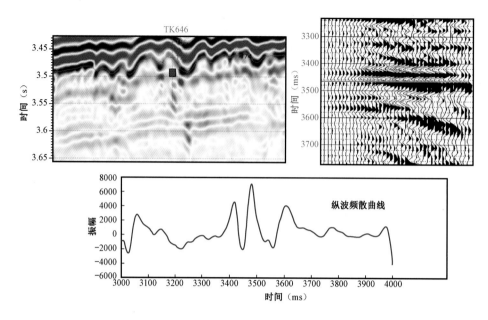

图 4 - 89　TK646 井旁叠后地震、叠前道集资料及反演纵波频散曲线

　　图 4 - 90 为塔河 6 - 7 区频散 AVO 反演得到的频散程度属性平面及连井剖面图,该范围内共有 7 口井。其中 TK670 井钻井过程发生井漏,日产油 3t,含水 80%,解释为稠油层;TK614 井累计产油 9.08 × 10⁴t,平均含水 12.84%;TK663 井试油结论为"含油水层";TK747 井钻井过程发生井漏,累计产油 3.433 × 10⁴t;TK715 井钻井过程发生井漏,累计产油 20.63 × 10⁴t;TK729 井累计产油 3.38 × 10⁴t;TK745 井累计产油 9.42 × 10⁴t。均与纵波频散程度有很好对应关系。在 6 - 7 区共对比 55 口井,其中与预测结果不符的油井有 4 口、差油井有 2 口、水井有 2 口,预测符合率为 85.5%,表明该方法有较好的精度。

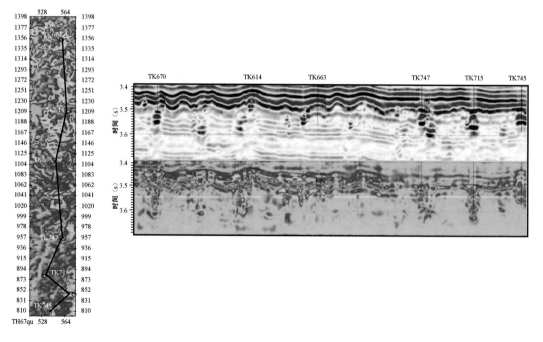

图 4 - 90　塔河 6 - 7 区反演频散程度属性平面及连井剖面图

第五章 目标评价与应用实例分析

碳酸盐岩的目标评价与优选主要包含三个方面：一是圈闭的刻画与描述；二是圈闭评价，包括资源量计算与经济评价等；三是圈闭优选及井位论证。

第一节 缝洞型圈闭描述技术

一、碳酸盐岩缝洞型圈闭定义及分类

圈闭类型多样，一般可以分为构造与非构造圈闭，非构造圈闭一般包括地层圈闭、岩性圈闭及复合圈闭等（表5-1）。碳酸盐岩缝洞型圈闭广义上属于岩性圈闭范畴，但它又不同于碎屑岩的岩性圈闭类型。

表5-1 国内外碳酸盐岩圈闭类型划分表

国外		国内	
圈闭类型	亚类	圈闭类型	亚类
构造圈闭	褶皱背斜 冲断—背斜 正断—背斜 扭动—背斜 基底龙山—背斜 盐活动相关断背斜	构造圈闭	挤压背斜圈闭 逆断层—背斜圈闭 正断层—背斜圈闭 断层—裂缝圈闭
地层圈闭	生物礁 成岩圈闭 不整合地层尖灭带 地层上倾尖灭带 古潜山	岩性圈闭	生物礁圈闭（边缘礁、点礁） 颗粒滩圈闭［鲕滩、生屑滩、砂（砾）屑滩］ 成岩圈闭（白云石化）
		地层圈闭	块断潜山圈闭 准平原化侵蚀古地貌圈闭 残丘古潜山缝洞体圈闭 似层状缝洞体圈闭（顺层岩溶圈闭、层间岩溶圈闭） 地层楔状体圈闭 地层上超尖灭圈闭
复合圈闭	古隆起披覆背斜 鼻状构造—岩性复合 断层—岩性复合 水动力	复合圈闭	构造—岩性复合圈闭 构造—地层复合圈闭 地层—岩性复合圈闭 断层—热液白云岩复合圈闭

根据塔里木盆地碳酸盐岩缝洞型圈闭的储层成因、受控因素、直接盖层等特点的差异，将碳酸盐岩缝洞型圈闭分为风化壳缝洞型、内幕缝洞型、复合型和潜山型四大类。如图5-1所示，塔河油田发育最广泛的风化壳缝洞型和内幕缝洞型圈闭，根据风化壳缝洞型圈闭的主控因素不同又分为喀斯特缝洞型圈闭和断控缝洞型圈闭。喀斯特缝洞型圈闭主要分布在塔河地区

中—上奥陶统剥蚀区,断控缝洞型圈闭主要分布在塔河中—上奥陶统覆盖区,内幕缝洞型圈闭主要分布在奥陶系内幕鹰山组中下段、蓬莱坝组中。潜山型圈闭在雅克拉断凸特征明显,而复合型圈闭在塔中顺南地区有所分布。

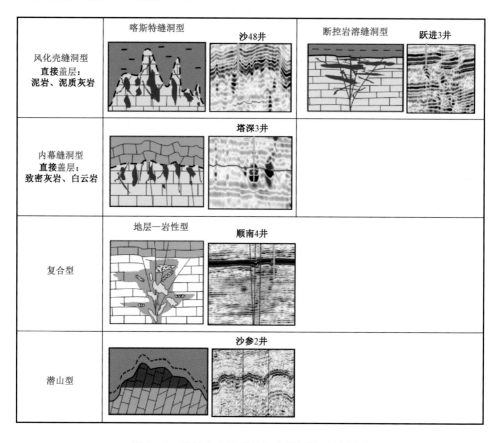

图 5-1 塔里木盆地碳酸盐岩圈闭类型划分图

同时,通过对塔里木盆地碳酸盐岩缝洞型圈闭类型分析研究,提出了碳酸盐岩缝洞型三级圈闭及四级圈闭的概念。三级碳酸盐岩缝洞型圈闭是指在二级构造单元内,碳酸盐岩缝洞具有相同或相似的成因背景,纵横向相互叠置的多个缝洞体组成的缝洞集合体。其中在三级圈闭中相对独立不连通的缝洞体为四级碳酸盐岩缝洞型圈闭。

二、圈闭特征及描述技术

圈闭评价包括圈闭刻画、含油气性评价、资源量计算及经济评价四方面内容,其中圈闭刻画描述是油气勘探中最基础的环节,其可靠性和形态直接影响着探井的成功率及勘探效益。下面对塔里木盆地主要的碳酸盐岩缝洞型圈闭类型的特征及描述技术进行论述。

(一)风化壳型缝洞圈闭

1. 喀斯特缝洞型圈闭

1)圈闭特征

塔河喀斯特缝洞型圈闭受多期岩溶作用,古岩溶形成的溶洞、暗河及受后期构造成岩作用改造的产物,缝洞储集体主要受控于风化壳岩溶作用。在塔河主体区,岩溶风化面以上为石炭系泥岩和砂泥岩互层,盖层条件较好。因此,在该类区域以地表水系、岩溶残丘为背景,结合断裂特征、振幅属性开展喀斯特岩溶缝洞型圈闭的识别与描述。

2) 圈闭描述

该类圈闭描述的主要内容为边界刻画和储层厚度确定。根据圈闭特征,边界的刻画采用地震属性参数、地表水系及地下暗河系统,岩溶残丘三个参数来预测(图5-2)。前期钻探和测试结果证明该类型圈闭的储集类型以裂缝—洞穴及裂缝型为主。应用振幅能量属性或振幅变化率能有效预测大型溶洞的展布形态及范围。如喀斯特岩溶1号圈闭,根据临区钻井共计64口井振幅变化率与储集体发育程度的标定结果,振幅变化率大于20的井均有一定储集体发育,且未钻遇储集体的两口井振幅变化率值低,储层不发育,且无产能,因而选取中—下奥陶统顶面以下0~40ms时窗振幅变化值20~128范围内为有效储层发育部位。

地表及地下河道的分布范围预测需要根据河道的地震反射特征精细解释。其主要做法如下:一是利用初步层位提取相关的边缘检测属性,确定古暗河道大致范围。二是按照河道的不同部位,结合平面和剖面特征识别明、暗河段。经过多年研究攻关,建立了塔河岩溶河道的解释模式:明河段奥陶系顶面相位下凹,上覆相应相位有形变;暗河垂直剖面为"串珠状"反射,沿河道剖面为相对连续的强轴(图5-2)。三是在精细解释岩溶地貌的基础上,识别出明河段及河谷,保留暗河段,其中的暗河段为有利储集体发育位置。

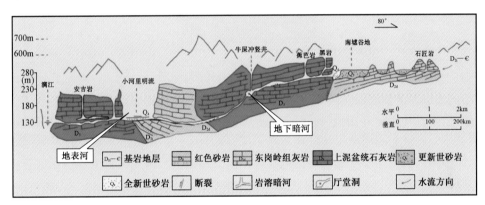

(a)冠岩地质剖面

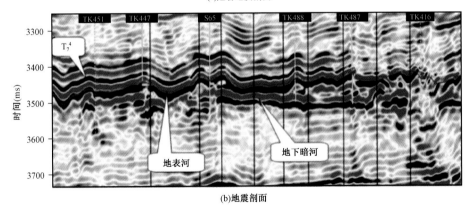

(b)地震剖面

图5-2 塔河油田中—上奥陶统剥蚀区河道解释模板

同时多条岩溶地表水系所环绕的大型古残丘(趋势面正地形)也是储集体发育的有利部位,可识别为三级缝洞型圈闭。

综合利用上述方法,得到喀斯特岩溶 1 号圈闭面积 12.5km²,如图 5-3 所示,圈闭内部暗河、溶洞及大型的岩溶残丘较为发育,边界主要为大型的地表水系。

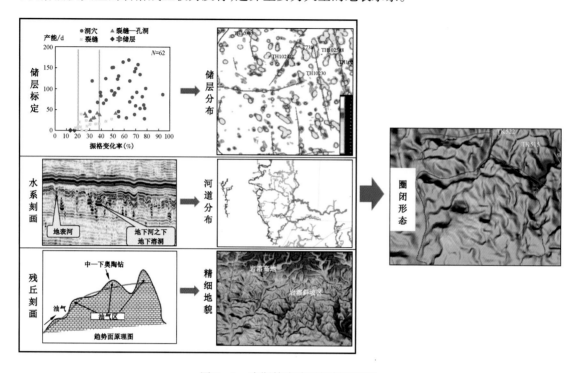

图 5-3　喀斯特岩溶圈闭刻画流程

　　圈闭内储层厚度预测的做法为:将原始地震振幅数据体计算成均方根振幅数据体,在此数据体基础上,通过井震标定,确定储层与非储层门槛值。由于不同工区的构造特征和地质背景不同,那么不同区域的圈闭储层特征也有所不同,同时由于受采集处理参数的不同,属性值也不同,从而不同区域的储层与非储层的门槛值不同。利用工区内实钻井的地层钻遇资料,进行准确的井震标定(图 5-4),得到工区内实钻井有利储层的地震属性门槛值。实钻井较少或没有的勘探区块,可借用邻区的钻井资料进行标定和归一化处理后求取地震属性门槛值,然后利用层位和时窗提取相应的地震属性并预测储层的分布。储层厚度根据属性的时间厚度及速度参数求取,最后根据 500m×500m 的网格节点进行加权平均求取碾平厚度。图 5-5 为得到储层碾平厚度平面图,均值为 58m。

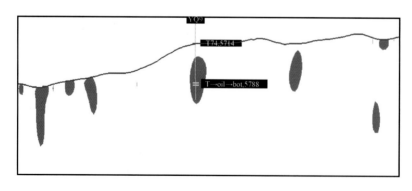

图 5-4　岩溶圈闭内实钻井储层标定均方根振幅剖面图

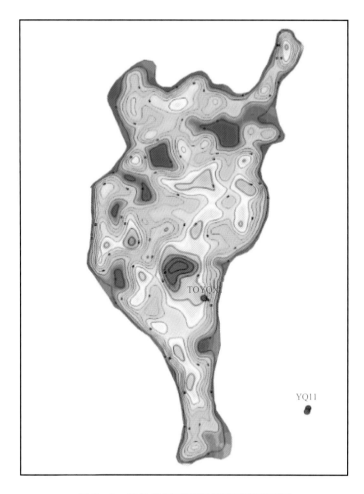

图5-5 岩溶缝洞型圈闭储层厚度平面图

2. 断控岩溶缝洞型圈闭

1)圈闭特征

该类圈闭平面上主要分布于塔河油田上奥陶统覆盖区,储集体发育及展布主要受控于加里东中期沿断裂的古岩溶作用,主要发育裂缝—孔洞型储层。根据前期的实钻情况及研究认识,该种类型圈闭的油气聚集模式有三种。在圈闭边界刻画的基础上:(1)图5-6a所示是断裂带附近的褶皱高部位+"串珠"地震反射特征是含油气圈闭发育的有利部位;(2)图5-6b为断裂发育终止端模式,上倾方向致密灰岩形成遮挡层,含油气圈闭的有利区域(如S1181井);(3)图5-6c为断裂带之间相对孤立的缝洞体模式。

2)圈闭描述

根据上述三种含油气圈闭模式来进行圈闭边界刻画。圈闭边界刻画主要参数有储集体展布范围,断裂发育情况,局部残丘的形态,如图5-7盐下圈闭刻画流程图所示。如上节所述振幅变化率属性等能反映储集体分布特征,通过实钻井标定后圈定储集体的分布范围,选取振幅变化率值域范围20~128作为储层发育区;通过断裂的发育情况能够确定断控型圈闭主要受北东向和南北向断裂控制,空间展布多呈现条带状特征;局部残丘高也是边界的参考依据之一,如高部位储集体发育,是有利的油气富集区,残丘高或者褶皱根据趋势面进行刻画。

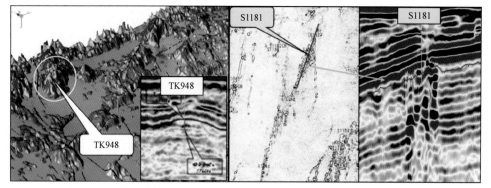

(a)褶皱高部位油气聚集模式图   (b)断裂终止型油气聚集模式

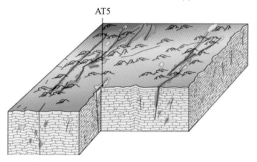

(c)相对孤立缝洞体油气富集模式

图 5-6 断控岩溶缝洞型圈闭油气聚集模式

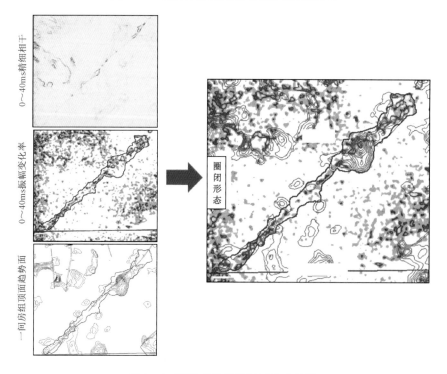

图 5-7 断控型缝洞圈闭刻画流程图

（二）内幕缝洞型圈闭

1. 圈闭特征

以塔河主体区下部的鹰山组内幕为例,由于距离地表深度较大,岩溶作用主要以缓流带溶蚀作用为主,后期为持续性埋藏岩溶作用,主要沿着加里东中期形成的北东向和北西向走滑断裂体系分布,表现为孤立的缝洞体。加里东中期形成的洞穴层,由于海西早期及其以后均处于构造较低部位,有较大程度保存,也可能存在局部深部热流体改造。

2. 圈闭描述

根据地质成因内幕缝洞型圈闭刻画的思路如图5-8所示。寻找内幕储层,局部盖层能够有效封挡,远离深大断裂;因此边界刻画应用储层展布、内幕盖层及断裂发育情况三个参数来综合确定圈闭边界。

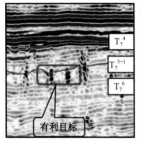

内幕储层——T_7^{5-1}—T_7^6
振幅变化率

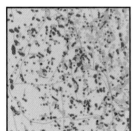

盖层——与表层岩溶
T_7^4—T_7^{5-1}缝洞体搭配关系

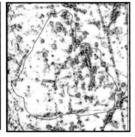

远离深大断裂——T_7^6
等层位相干影像

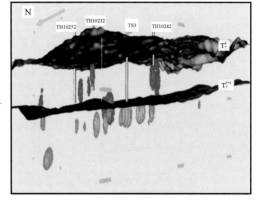

TS3井区能量体三维雕刻示意图

图5-8 内幕型缝洞圈闭刻画流程图

振幅变化率预测有利储层分布区:有鹰山组上段内幕的振幅变化率分布平面图,选取20~128为有效储层分布范围,内幕储层空间展布特征多呈现散点、短线或条带状特征,且储层在平面上普遍发育。

内幕盖层:通过从塔河中—下奥陶统石灰岩的实钻标定来看,致密灰岩可以作为局部盖层和侧向封挡条件。AD15井中—下奥陶统上覆盖层为泥盆系东河塘组砂岩地层,封盖条件极差,该井的高产油证明岩溶缝洞顶部为有效的局部盖层,选取内幕上覆石灰岩地层的振幅变化率0~20值域范围内为有效盖层,表层风化壳型圈闭储层受岩溶地貌、水系影响较大,北部受剥蚀程度更大,盖层条件较差。

断裂发育特征:以北西向次级断裂为主,北东向次之,被数条近东西向或北西西向断裂截切。级别较大的断裂都断至奥陶系顶面,次级断裂断至碳酸盐岩地层内幕。断至顶面的主干断裂保存条件较差。由此方法刻画出的10区东鹰山组上段(以下简称鹰上段)内幕1号圈闭面积39.1km^2。

（三）潜山型缝洞圈闭

1. 圈闭特征

与塔河奥陶系缝洞型油气藏不同,雅克拉断凸的潜山油气富集受控于潜山的构造形态。一般情况是潜山高部位储集油气、低部位为水区的块状底水油气藏,构造内油气具有统一的油水界面,如雅克拉 S4 井震旦系潜山油气藏、桥古潜山气藏等。由于雅克拉断凸长期的隆升,前中生界强烈剥蚀,残留有震旦系、寒武系、奥陶系等多个层系的潜山,存在灰质白云岩、白云岩等多种岩性储层,由于长期暴露,不同岩性抗风化、溶蚀能力的不同,储层的发育程度差异较大,寒武系内幕存在泥质白云岩、泥质岩等致密隔层,寒武—奥陶系白云岩及石灰岩发育有溶缝、溶洞和溶孔等类型储层,储层较发育。

2. 圈闭描述

雅克拉潜山型圈闭的描述,构造落实是关键。最为核心的是潜山顶面及内幕层位、断裂的精细解释和变速成图,其次为潜山地层中有利储层的预测。如图 5 - 9 所示,雅克拉潜山圈闭为呈北东向展布的背斜、断背斜构造。存在 SC2 井区和 S7 井区两个局部高点,两者之间以鞍部相连。其中 SC2 井区为背斜构造,圈闭面积 8.13km²,幅度 35m,高点埋深海拔 -4405m,油水界面海拔 -4440m;S7 井区为断背斜构造,圈闭面积 1.0km²,幅度 15m,高点海拔埋深 -4455m,油水界面海拔深度 -4460m。震旦系、寒武系、奥陶系等地层尖灭线呈北西向展布,地层依次向北东向尖灭,SC2 井区为奥陶系潜山,S7 井区为寒武系潜山。结合古地貌,利用地震属性、相干属性对有利储层进行预测,结果表明印支—燕山期雅克拉潜山东北区为变质岩高地,向西南依次发育震旦系、寒武系、奥陶系潜山,地形坡度逐渐减小,在碳酸盐岩区存在较为明显的岩溶地貌,碳酸盐岩储层发育程度受断裂、不整合面控制。

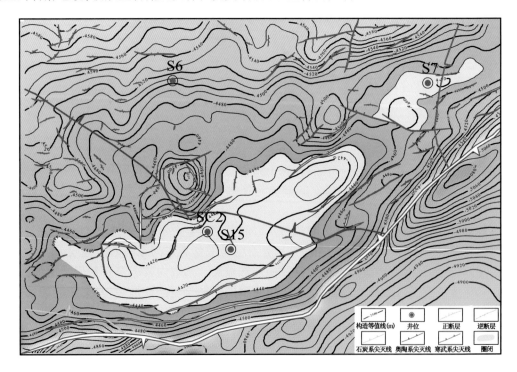

图 5 - 9　雅克拉潜山型缝洞圈闭平面图

（四）复合型缝洞圈闭

1. 圈闭特征

塔中顺南地区在奥陶系内幕主要发育一间房组、鹰山组、蓬莱坝组三段缝洞型储层。顺南4井在鹰山组下段取心显示储层岩性主要为灰色含硅质灰岩、硅质岩及泥晶砂屑灰岩,主要储集空间为裂缝及溶蚀孔洞,局部发育石英晶间孔隙。其中颗粒状孔隙型硅质岩储层孔隙度达到20%以上。该区地震反射特征以"串珠状""条状""片状"异常强反射为主。构造破裂(断裂—裂缝)、大气淡水岩溶、埋藏岩溶及深部流体(热液)改造是控制储层发育的主要因素,储层主要沿着加里东中期形成的北东向、北东东向走滑断裂体系分布。

2. 圈闭描述

内幕岩溶缝洞型圈闭边界应用储层展布、内幕盖层及断裂发育情况三个参数来综合确定圈闭边界。地震波经过碳酸盐岩储层引起反射异常,因此在顺南地区对碳酸盐岩储层展布预测主要是以通过寻找反射异常、属性异常为基础,结合断裂评价、盖层评价、地层构造、地层厚度等因素,综合考虑刻画圈闭。

敏感属性优选:通过对钻遇储层的已钻井井旁地震道地震属性与对应储层段关系的对比分析,选出与缝洞型储层响应敏感的地震属性,然后在此基础上进行有利"异常体"的识别。通过对顺南地区已钻井地震响应属性做直方图统计,振幅变化率、均方根振幅、总能量等属性异常与钻遇储层对应关系较好。顺南4井在储层发育段三种属性上都显示为异常反射,各属性数值较围岩高,明显区别于围岩属性。

信息融合识别储层:通过多时窗的"串珠状""条状"碳酸盐岩储层异常识别的结果取均方根振幅、振幅变化率并集的方式融合,实现纵向、横向上的反射异常的精细识别圈定储层。刻画顺南鹰上4号鹰山组内幕岩溶缝洞圈闭(T_7^5—T_7^6反射波),以每20ms小时窗提取振幅变化率属性,最终纵向上归一化后融合各个时窗振幅变化率属性。该圈闭位于振幅变化率强属性区(门槛值≥10),代表鹰山组内幕发育较好的储层(图5-10)。

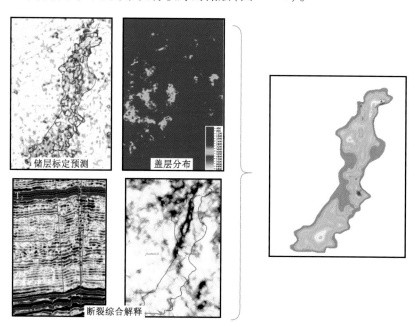

储层标定预测　　盖层分布

断裂综合解释

图5-10　复合型缝洞圈闭刻画流程图

内幕盖层:顺南地区实钻井证实奥陶系碳酸盐岩为致密型地层,储层不发育区可作为有利盖层;同时,中—下奥陶统之上却尔却克组泥岩盖层发育,是该区良好的区域性盖层。通过提取顺南鹰上 4 号圈闭鹰山组顶部(T_7^5上 0 ~ 20ms)时窗范围内均方根振幅属性(振幅门槛值≤3600),该圈闭位于均方根振幅弱属性区,表明岩性较致密,可以作为局部盖层。顺南岩溶 4 号圈闭面积为 69.94km²,储层厚度为 23.15m。

第二节　缝洞型圈闭评价技术

圈闭形态落实之后需要进行圈闭综合评价,为后期的目标优选打下基础。依据中国石化最新圈闭规范,结合塔里木盆地碳酸盐岩圈闭油气成藏特点,研究形成了塔里木盆地中国石化矿区碳酸盐岩圈闭类型及含油气性评价参数和模板。

一、含油气性评价

圈闭含油气性评价是钻探目标发现油气的可能性,一般用含油气概率来体现,其关键是确定含油气概率评价参数和定量化评价标准。基于陆相断陷盆地碎屑岩圈闭含油气性评价的赋值原则和标准相对成熟,但应用到塔里木盆地碳酸盐岩缝洞型圈闭评价中,存在一定的不适用。因此必须分析碳酸盐岩缝洞型圈闭发育的地质条件,明确油气成藏主要控制因素,优化评价参数和赋值标准,主要工作思路如图 5 - 11 所示。

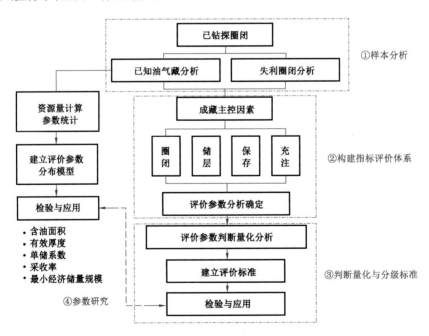

图 5 - 11　塔里木盆地碳酸盐岩圈闭评价模板研究思路及工作流程

(一)含油气性评价地质因子确定

图 5 - 12 为塔里木盆地中国石化矿区 2009—2014 年钻探的 60 口以碳酸盐岩岩溶缝洞型圈闭为目标的失利井或未获工业油气流井分析。表明碳酸盐岩缝洞型储集体欠发育是失利的

主要原因,共有 34 口井,占 56.9%;其次是圈闭的落实程度和保存条件差,分别有 11 口钻井和 10 口钻井,占总井数比例分别是 19% 和 17.2%;油气充注条件差有 3 口钻井,所占比例为 5.2%(图 5 – 13)。通过分析表明塔里木盆地古生界碳酸盐岩油气勘探对碳酸盐岩储层的评价是成功的关键要素。

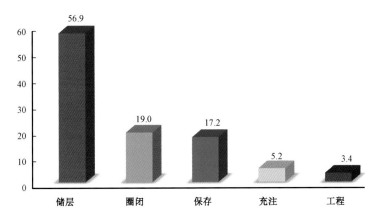

图 5 – 12　西北油田分公司 2009—2014 年勘探井失利因素分析

塔里木盆地碳酸盐岩岩溶缝洞型圈闭,储集空间以构造变形产生的构造裂缝与岩溶作用形成的孔、洞、缝为主。其油气水关系复杂,储层非均质性强,具多期生排烃、多期成藏及调整和破坏等特点。针对这一类型的圈闭含油气性评价,主要考虑圈闭条件、充注条件、储层条件及保存条件四个地质主因子(在评价过程中需重点对碳酸盐岩圈闭储层条件、圈闭条件及后期保存条件加强研究)及 18 项子因子(图 5 – 13)。对其 18 个子因子逐个进行赋值,对圈闭条件、充注条件、储层条件、保存条件四个概率因子中的子因子,以风险最大的值作为其概率因子的赋值(表 5 – 2);四个概率因子赋值的积,作为该圈闭的含油气概率。

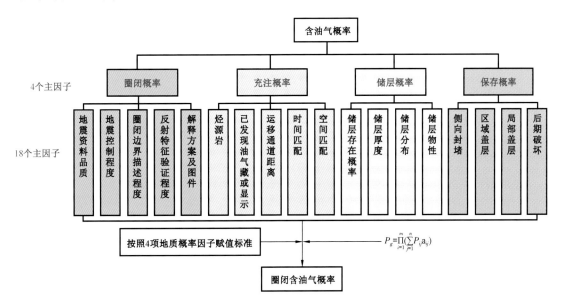

图 5 – 13　碳酸盐岩岩溶缝洞型含油气性评价参数

表 5-2 塔里木盆地碳酸盐岩圈闭含油气概率赋值标准

地质因子	子因子		概率赋值				
			[1,0.8)	[0.8,0.6)	[0.6,0.4)	[0.4,0.2)	(0.2,0]
圈闭条件	地震资料品质		I级	II级	III级	等外品	次品
	地震控制程度		三维地震	"井"	"+"	1条或2条平行线	无地震
	圈闭边界描述程度		吻合,资料齐备	较吻合,资料齐全	吻合度差	不吻合	无法刻画
	反射特征验证程度		有钻井验证	类比钻井验证	相似钻井验证	无钻井验证	—
	解释方案及图件		齐全	较齐全	基本齐全	不齐全	无
储层条件	储层存在概率	地震属性条件	钻井证实	类比钻井证实	地震属性预测	可能不存在	不存在
		储层发育条件	岩溶、断裂叠加	岩溶、断裂之间	岩溶、断裂较发育	岩溶、断裂欠发育	岩溶、断裂不发育
	储层厚度		明显大于储量起算标准	大于或等于储量起算标准	小于储量起算标准	明显小于储量起算标准	—
	储层分布		连片分布、属性特征明显	属性特征明显	分布零星	属性特征不明显	—
	储层物性		洞穴为主	裂缝—孔洞	裂缝、孔隙	孔隙	—
充注条件	烃源岩		已证实	可能	预测	不确定	不存在
	已发现油气藏或显示		已发现油气藏	已发现高级别显示	已发现油气显示	已发现低级别显示	无
	运移通道与距离		存在有效通道、原地成藏	存在有效通道、近源成藏	可能存在有效通道、近源成藏	可能不存在运移通道、远源	不存在
	时间匹配		海西晚期以前定型圈闭	印支期—燕山期定型圈闭	喜马拉雅期定型圈闭	—	—
	空间匹配		海西晚期以前古隆起、古斜坡、深大断裂带	海西晚期以前形成古隆起、古斜坡	喜马拉雅期形成隆起和斜坡	—	—
保存条件	区域盖层		存在	类比存在	预测存在	可能缺失	不存在
	局部盖层		存在	类比存在	预测存在	可能缺失	不存在
	侧向封堵		存在	类比存在	预测存在	可能缺失	不存在
	后期破坏		无	可能存在	预测存在	类比存在	存在

1. 圈闭条件

以地震资料为主要依据,发现、识别并落实圈闭,评价圈闭落实的可靠性。

勘探表明,塔里木盆地碳酸盐岩圈闭类型多样,有风化壳缝洞型、内幕缝洞型、古潜山及复合型,圈闭评价的主体是对碳酸盐岩岩溶缝洞型储集体的评价,往往碳酸盐岩储集体的面积就是圈闭的面积。因此,对碳酸盐岩圈闭条件评价来说,储集体的预测和圈闭边界的刻画至关重要。勘探开发实践亦表明,碳酸盐岩岩溶缝洞型储集体的基本单元为缝洞单元,具有平面上叠加、纵向上叠置的特征,非均质性极强,需依托三维地震勘探及多种技术进行精细刻画。图5-14可以说明,利用三维地震资料落实取得圈闭钻探的成功率远远高于二维地震。

因此,针对碳酸盐岩圈闭圈闭条件评价从地震资料品质、地震控制程度、圈闭边界描述程度、反射特征验证程度、解释方案及图件5个子因子进行评价。依据各子因子在碳酸盐岩圈闭

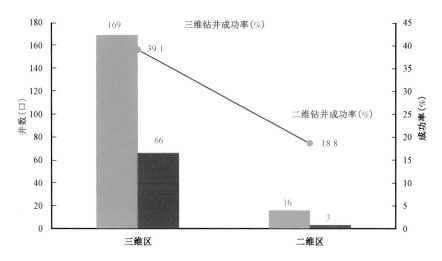

图 5 – 14　塔里木盆地中石化矿区 2009—2013 年勘探井成功率分析

评价中的重要性差异进行权重系数差异赋值,其中碳酸盐岩圈闭边界描述程度、反射特征验证程度和地震控制程度权重系数相对较高。

(1)地震资料品质:概率赋值标准按照目的层地震品质评价的级别及对断裂、标准层的解释清晰程度进行依次差异赋值,地震品质评价级别相应参数依据行业标准执行。

(2)地震控制程度:强调三维地震勘探,在三维区概率赋值为[1,0.8),二维区概率赋值<0.8,二维区内部依据前期圈闭评价规范进行差异概率赋值。

(3)圈闭边界描述程度:目前对碳酸盐岩圈闭边界的描述与刻画主要流程是依据地震属性对碳酸盐岩圈闭边界描述的敏感性,进行属性优选、多属性刻画、设定门槛值,结合地质认识综合确定圈闭的边界。

综上,圈闭边界描述程度差异概率赋值主要参考多属性圈闭边界吻合度、地质认识符合度与平面及立体边界属性资料齐备程度。

(4)反射特征验证程度:确定目的层段及储层的反射特征验证程度。差异概率赋值主要参考相同区带、可类比区带是否有钻井验证,以及正反演结果的相似性。

(5)解释方案及图件:重点评价地层标定与解释、断裂解释及相关构造图、属性图、地质图等的齐备程度。

2. 储层条件

依据钻井、地震、岩心、测井等资料,预测碳酸盐岩储层的发育情况,包括厚度、分布及物性条件。

如前文所述,塔里木盆地碳酸盐岩储层主要发育于下古生界,上古生界石炭系亦有发育,但分布较局限。依据前期发现的碳酸盐岩储集体类型来看,主要是受岩溶作用、构造变形、断裂作用形成的岩溶缝洞型储层,也存在台缘、礁滩等高能相带及成岩与热流体活动形成的孔隙型储层。依据不同储层在地震上的响应特征、结构特征,及其形成的圈闭类型,将目前存在的碳酸盐岩储集体分为 4 类:风化壳岩溶缝洞型、内幕岩溶缝洞型、潜山型、复合型。其中风化壳型、内幕型主要储集空间为溶蚀孔洞、裂缝,受不整合面、古气候、古地貌断裂控制,储集体展布与不整合面、层序界面及断裂相关,内幕型多表现出层带状、准层状分布。孔隙型储层主要储集空间为基质孔隙,主要受沉积相带、古气候、成岩作用控制,多呈带状分布。

综合勘探研究成果,依据碳酸盐岩储层的特点,储层条件评价以储层存在概率中地震属性条件与储层发育条件、储层厚度、储层分布、储层物性 4 个子因子进行评价。同时针对碳酸盐岩圈闭储层条件评价中需要考虑上述不同类型储集体的差异,在评价中权重系数须有所差异、侧重。

(1)储层存在概率:利用钻井、地震、测井、地质资料预测储层是否发育,重点从以下两个方面进行评价。

① 地震属性条件:主要依据钻井资料对地震属性反映储层的可靠性进行验证,差异概率赋值主要参考相同区带、可类比区带是否有钻井验证。

② 储层发育条件:评价不同类型储层发育的地质条件,差异概率赋值主要参考沉积相、岩溶作用、构造变形及断裂作用。

(2)储层厚度:依据地震属性预测储层厚度,并类比相似地质条件下油气藏储量起算厚度统计的概率值进行差异性赋值。

(3)储层分布:由于碳酸盐岩储层的非均质性强,储层横向连续性差,对储层分布差异赋值主要考虑储层分布的稳定性,在区带储层分布评价中引入碳酸盐岩"串珠面积与圈闭面积比值"作为差异赋值的一个参考。

(4)储层物性:储层物性是圈闭资源量计算的重要参数,由于勘探对象主要是以孔洞、裂缝为主要储集空间的岩溶缝洞型储层,储层物性资料难以获取,获取到的往往无法代表真实的储集体,针对这种特点,在差异赋值中主要依据储层储集空间类型进行量化赋值,如以洞穴或裂缝—孔洞型为主的储层,赋值相对较高。

3. 充注条件

塔里木盆地油气勘探实践证明,"逼近主力烃源岩,立足大型古隆起、古斜坡"寻找大型油气田的勘探思路是科学的。研究表明,台盆区发育寒武—奥陶系优质烃源岩,其在长期的低地温背景下具有长期生烃、多期成藏的特征,奠定了台盆区油气勘探的资源基础。目前依据钻井、地震及地球化学资料证实,满加尔坳陷是台盆区主要的生烃坳陷,环满加尔坳陷已发现了多个大中型油气田,也进一步证实该烃源岩区巨大的资源潜力。随着勘探研究的深入,研究认为塔西南坳陷、阿瓦提坳陷、塘沽巴斯坳陷以及顺托果勒低隆起均具有发育寒武系主力烃源岩的条件,但由于主力烃源岩埋深大,缺乏直接资料,只能依靠地球物理资料和岩相古地理资料进行预测。因此,在烃源岩评价方面,从含油气系统的角度,依据钻井、地震及油气源对比资料证实有效烃源岩存在程度,以及已发现与之相关的油气藏(田)规模进行差异赋值。

随着奥陶系碳酸盐岩勘探的深入和扩大,断裂带控藏已经被逐渐证实。塔河地区奥陶系高产、稳产井均分布在深大断裂附近,跃进地区、顺南地区奥陶系高产井均位于断裂带上。统计数据表明,塔河地区 16 条骨干断裂上实施的 300 余口钻井贡献了 70% 的产量,表明断裂带附近圈闭油气成藏条件优越、资源潜力大。

古隆起、古斜坡控制着油气的聚集成藏,但其成藏具有一定的差异。奥陶系油气藏研究表明,隆起区油气的成藏期往往早于斜坡区,隆起区多形成于海西晚期,斜坡区多以喜马拉雅期成藏为主。

综上,依据塔里木盆地碳酸盐岩圈闭成藏的特点,从烃源岩、已发现油气藏或油气显示、运移通道与距离、时间匹配、空间匹配 5 个子因子进行评价,重点评价已发现油气藏或油气显示、空间匹配、运移通道与距离。

(1)烃源岩:引用含油气系统评价思路,依据钻探、地震及油气源对比资料证实有效烃源岩存在程度,以及已发现与之相关的油气藏(田)规模进行差异赋值。

(2)已发现油气藏或油气显示:参考圈闭附近相同层系或不同层系已发现油气藏(显示)

的规模、数量、级别进行差异赋值。

（3）运移通道与距离：依据油气有效运移通道（主要是断裂）证实的程度及圈闭是否在油气运移通道上，同时参考圈闭与主力生烃坳陷的相对距离进行差异赋值。

（4）时间匹配：依据区域油气成藏认识，台盆区主力烃源岩寒武—奥陶系生排烃期较早，多在海西晚期以前，依据古生界碳酸盐岩圈闭定型的时期进行差异赋值，对海西晚期以前定型的圈闭赋值大于 0.8，对印支期—燕山期定型圈闭赋值[0.8,0.6)，对喜马拉雅期定型圈闭赋值不大于 0.6。

（5）空间匹配：依据圈闭发育的部位及其与油气运移的方向进行差异赋值，对海西晚期以前古隆起、古斜坡，深大断裂带附近圈闭赋值大于 0.8，对喜马拉雅期形成隆起和斜坡上的圈闭赋值不大于 0.6。

4. 保存条件

依据钻井、地震资料对圈闭盖层、侧向封堵条件的发育状况、完整程度及后期破坏活动进行研究评价。

塔里木盆地多旋回大型叠合盆地，发育多个区域不整合及局部不整合，存在多期构造隆升及反转，断裂活动及海西期岩浆活动强烈，对古生界碳酸盐岩油气成藏而言，石炭系、上奥陶统泥质区域盖层、古生界致密灰岩局部盖层及侧向遮挡是油气成藏及保存的关键。

因此，对古生界碳酸盐岩圈闭保存条件评价，从区域盖层、局部盖层、侧向封堵、后期破坏 4 个子因子入手，重点强调局部盖层、侧向封堵及后期破坏的评价。

（1）区域盖层：台盆区发育石炭系、上奥陶统泥质区域盖层，从区域盖层的分布来看，除在隆起的高部位及断裂带，台盆区大部分地区被覆盖，对区域盖层评价，主要依据井震资料证实区域盖层的发育程度进行差异赋值。

（2）局部盖层：古生界碳酸盐岩圈闭往往与断裂相半生，在圈闭的顶部常常发育众多的小断裂、裂缝或节理，因此致密灰岩局部盖层的发育程度是油气能否聚集成藏的关键，对致密灰岩局部盖层评价，主要依据井震资料证实局部盖层的发育程度、分布稳定程度、完整程度进行差异赋值。

（3）侧向封堵：如局部盖层所述，古生界碳酸盐岩圈闭往往与断裂相半生，圈闭的上倾方向多被断裂所切割，圈闭的侧向封堵条件对油气聚集至关重要。如塔河盐下地区，以次级断裂上倾方向致密灰岩封挡油气成藏模式为指导，有效地提高了钻探成功率，实现了规模增储。因此，强调对侧向封堵条件（主要是致密灰岩）的评价，主要依据井震资料证实侧向封堵条件（致密灰岩）的存在程度、有效性进行差异赋值。

（4）后期破坏：主要考虑后期构造运动强度、断裂及岩浆活动三个方面。如前文所述，塔里木盆地多旋回叠合盆地存在多期构造运动及反转，构造反转造成了油气调整、聚集规律复杂，如玉北地区受喜马拉雅期构造反转，奥陶系调整油藏规律复杂，规模不清。后期强烈的断裂活动对盖层的完整性和有效性破坏作用强烈，如巴楚隆起喜马拉雅期强烈的断裂活动造成盖层的无效。海西晚期大范围的岩浆活动对早期圈闭和油气的破坏作用已经被证实存在，如阿北 1 井，奥陶系圈闭被岩浆岩体完全破坏。因此，主要依据后期构造运动强度、断裂发育程度及岩浆活动进行差异赋值。

（二）圈闭含油气性评价实例

于奇西岩溶 3 号圈闭含油气因子赋值。

（1）"圈闭条件"赋值：于奇西岩溶 3 号圈闭位于于奇三维地震区，目的层相位能连续追踪，剖面一级品率达到 90% 以上，资料品质完全可以满足解释岩溶缝洞圈闭的需要；工区内钻井标定和地震资料解释吻合度高;储层预测和地震反射特征结果与正演模型有较好的对应关系;圈闭边界刻画综合运用局部构造高、储层预测属性、构造图、岩溶河道和局部盖层等技术方法,圈闭边界清晰;与圈闭相关的地震反射界面清晰,剖面和相干属性联合解释断裂合理,资源评价明显大于下限值指标,且图件清晰、可靠、齐全,综合赋值0.85。

（2）"充注条件"赋值:于奇西油气来源和塔河主体区一致,烃源岩质量高,排烃能力充足,有效运移通道存在。于奇西地区奥陶系以加里东晚期—海西早期油气充注为主,相比塔河其他地区,于奇西地区经历海西早期岩溶作用的破坏,由于水洗氧化作用,轻质组分散失,保留下重质组分。目前该区钻遇的YQ5井、YQ5-1井、YQ5-4井等多口井奥陶系获工业油气流;圈闭内和圈闭附近深大断裂发育,有利于油气再调整聚集成藏,圈闭形成期较早,晚期油气再调整较为有利。综合考虑,于奇西3号充注条件赋值0.75。

（3）"储层条件"赋值:于奇西地区受多期岩溶作用,钻井揭示,于奇西地区奥陶系储层以洞穴型储层为主,大型岩溶缝洞发育,部分砂泥岩充填严重,西部缝洞充填程度较东部低。钻井岩溶缝洞储层标定与预探圈闭储层响应特征一致。于奇西岩溶3号圈闭储层条件统一赋值0.85。

（4）"保存条件"赋值:于奇西地区奥陶系大部处于石炭系巴楚组和卡拉沙依组厚层泥层覆盖区,与塔河主体区盖层条件相似,条件良好。考虑加里东中期成藏,至海西早期存在破坏,主要为保留油气藏和后期再调整成藏,圈闭保存条件赋值0.65。

（5）圈闭的含油气概率

$$P_{含油气(g)} = P_{圈闭(T)} \times P_{充注(ch)} \times P_{储层(r)} \times P_{保存(s)}$$
$$= 0.85 \times 0.85 \times 0.75 \times 0.6 \qquad (5-1)$$
$$= 0.3251$$

表5-3为对预探圈闭含油气概率进行真实性检验:探井成功率37.5%,32.51%的含油气概率在合理范围内。

相应的,对其他典型圈闭进行相关参数赋值,得出含油气概率分别为0.315与0.312。

表5-3 塔里木典型圈闭含油气概率表

名称	类型	圈闭概率（%）	充注概率（%）	储层概率（%）	保存概率（%）	含油气概率（%）
于奇岩溶3号	喀斯特型	85	85	75	60	32.51
盐下岩溶1号	断控型	75	75	80	70	31.5
10区东鹰上段内幕1号	内幕型	80	80	75	65	31.2
雅克拉1号	潜山型	80	80	70	60	31.2
顺南4号	复合型	85	85	75	60	32.51

二、圈闭资源量计算

（一）圈闭资源量计算方法及相关参数

执行中国石化最新圈闭管理办法,资源量计算方法采用容积法,资源量分为地质资源量和可采资源量及风险后资源量,因此对参数研究不仅仅是含油气面积系数、有效厚度、单储系数,还有采收率、含油气概率的分布模型。

计算公式如下。

（1）石油：
$$N = A_o H S_{of} \qquad (S_{of} = \Phi S_{oi}/B_{oi}) \qquad (5-2)$$

式中　A_o——含油面积，km^2；

　　　H——油层有效厚度，m；

　　　S_{of}——原油单储系数，$m^3/km^2 \cdot m$；

　　　Φ——有效孔隙度，%；

　　　S_{oi}——含油饱和度；

　　　B_{oi}——原油体积系数。

（2）天然气：
$$G = A_g H S_{gf} \qquad (S_{gf} = \Phi S_{gi}/B_{gi}, B_{gi} = P_{sc} Z_i T/P_i T_{sc}) \qquad (5-3)$$

式中　A_g——含油面积，km^2；

　　　H——油层有效厚度，m；

　　　S_{gf}——原油单储系数，$m^3/km^2 \cdot m$；

　　　Φ——有效孔隙度，%；

　　　S_{gi}——含油饱和度；

　　　B_{gi}——原油体积系数；

　　　P_{sc}——地表标准压力，MPa；

　　　Z_i——原始气体偏差系数；

　　　T——地表温度，K；

　　　P_i——原始地层压力，MPa；

　　　T_{sc}——地面标准温度，K。

圈闭资源量计算参数依据地震、地质资料预测取得，参考邻区已发现可类比油（气）田储量计算参数所构建的概率分布模型进行校验、并确定取值（计算流程如图5-15）。根据盆地碳酸盐岩缝洞型圈闭特点和碳酸盐岩油气藏储量的计算方法，形成本次针对碳酸盐岩缝洞型圈闭资源量计算参数赋值原则如下。

（1）含油（气）面积＝圈闭面积。

（2）单储系数：类比邻区相类似的油田单储系数。

（3）油层有效厚度。

① 对储层预测厚度图网格化（500m×500m）；

② 求取储层碾平后的平均厚度 H_n（即Ⅰ+Ⅱ类（缝）储层平均厚度）；

③ 最少选取两口已知参考井，按照储量计算标准：

a. 对Ⅰ类（洞）、Ⅰ+Ⅱ类（缝）进行有效储层厚度统计，

b. 求取不同储集类型的净毛比，

c. 求取Ⅰ类储层净毛比占整个储层净毛比比例 Z =（Ⅰ类/（Ⅰ+Ⅱ）类），

d. 确定参与计算的井，求取油（气）层有效厚度的 P_{10}、P_{90} 值。

$$Z_{max} \times H_n = 油（气）层有效厚度 P_{10} \qquad (5-4)$$

$$Z_{min} \times H_n = 油（气）层有效厚度 P_{90} \qquad (5-5)$$

$(Z_{max}$ 最大净毛比, Z_{min} 最小净毛比)

而二维区发现的岩溶缝洞型圈闭直接选取两个已知参考井的 Ⅱ 类(洞)、Ⅰ + Ⅱ 类(缝)有效储层厚度作为油(气)层有效厚度的 P_{90} 和 P_{10} 值。

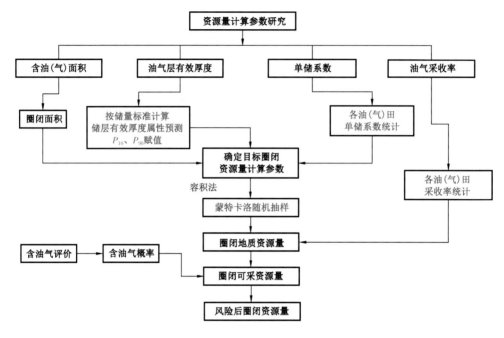

图 5 - 15　圈闭资源量计算流程图

(二)计算参数确定

圈闭资源量参数分布规律的研究决定着圈闭资源量计算的可信程度,影响圈闭经济评价结果,进而影响预探井的部署和圈闭预探的成功率。本文在深入分析碳酸盐岩缝洞型圈闭资源量相关参数(油层有效厚度和单储系数等)的基础上,建立其分布规律。

通过对塔里木盆地碳酸盐岩油气藏储量计算参数进行统计,分析各计算参数分布特点,建立了碳酸盐岩油气藏有效厚度、单储系数、采收率为主的正态分布模型,计算各参数 P_{10}、P_{50}、P_{90} 及 Swanson 均值。根据现有资料的分布状况,重点建立了塔河地区主要圈闭类型的资源量计算参数分布模型,对外围区和类型特殊圈闭类型资源量计算参数参照国内、国际可类比圈闭参数进行。

与碳酸盐岩岩溶缝洞型圈闭资源量计算有关的参数主要有:油气层有效厚度、单储系数、含油(气)面积、油气采收率等。

1. 油气层有效厚度

油气层有效厚度是指储层中具有工业产油(气)能力的那部分厚度。作为有效厚度必须具备两个条件:一是油层内有可动油(气);二是现有工艺技术条件下可提供开发。

据统计的 42 个已知油藏和 14 个气藏的有效厚度(图 5 - 16 和图 5 - 17),将统计的数据在对数概率坐标上绘制出来,由最小二乘法拟合确定一条直线,求得 P_{10}、P_{50}、P_{90} 和 Swanson 均值,建立了油气藏有效厚度概率分布模型(图 5 - 18 和图 5 - 19)。其中油藏有效厚度范围在 14 ~ 31m,气藏有效厚度范围在 22 ~ 82m;油藏的样本点主要来源于塔河地区奥陶系,塔中和玉北地区较少。气藏的样本点主要来源于塔中奥陶系,其次是塔河、巴楚及天山南地区。

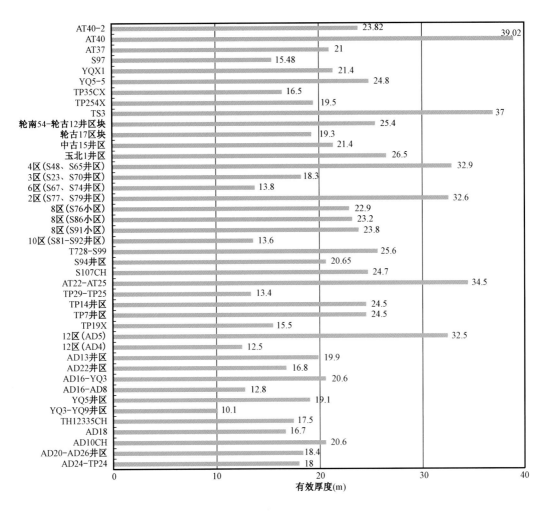

图 5-16　油藏有效厚度统计图

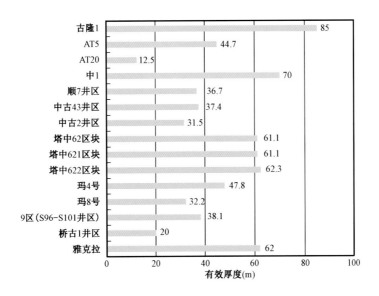

图 5-17　气藏有效厚度统计图

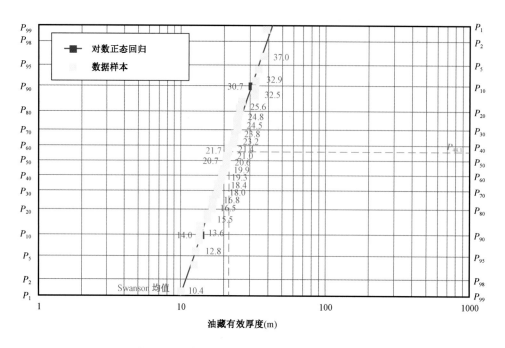

图 5 - 18　碳酸盐岩油藏有效厚度概率分布模型

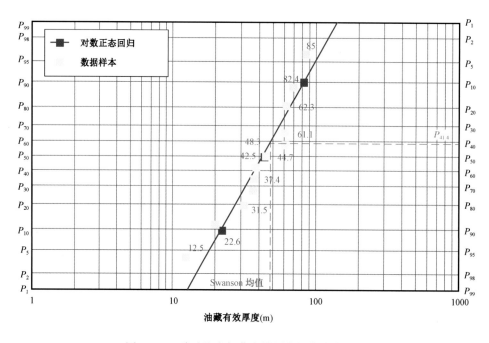

图 5 - 19　碳酸盐岩气藏有效厚度概率分布模型

2. 单储系数

单储系数是单位体积内油气储量的大小，主要与储层孔隙度、含油饱和度、原油密度、原油体积系数等有关。单储系数与原油密度、含油饱和度、储层孔隙度成正比，与体积系数成反比。

据统计的 42 个已知油藏和 15 个气藏的单储系数，将统计的数据在对数概率坐标上绘制出来，由最小二乘法拟合确定一条直线，求得 P_{10}、P_{50}、P_{90} 和 Swanson 均值，建立了油气藏单储系数概率分布模型(图5-20和图5-21)。其中油藏单储系数范围在0.65~4.11,重质油区单储系数高于中、轻质油区;气藏单储系数范围在0.05~0.10。

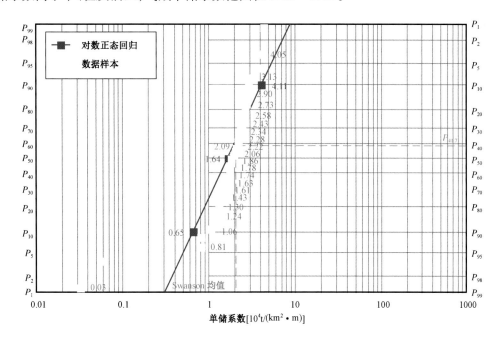

图5-20 碳酸盐岩油藏单储系数概率分布模型

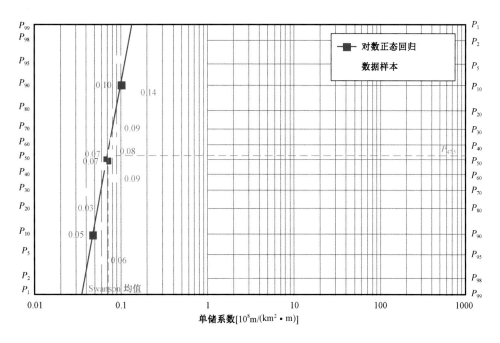

图5-21 碳酸盐岩气藏单储系数概率分布模型

3. 油气采收率

油气采收率是衡量油田开发水平高低的一个重要指标。它是指在一定的经济极限内,在现代工艺技术条件下,从油藏中能采出的石油量占石油地质储量的比率数。采收率的高低与许多因素有关,不但与储层岩性、物性、非均质性、流体性质以及驱动类型等自然条件有关,而且也与开发油田时所采用的开发方案有关。

通过对碳酸盐岩油(气)藏可采系数统计,受样本值较少的约束,目前仅从其分布状况进行描述(图5-22和图5-23)。其中轻质油的采收率为10%~20%,中质油的采收率在18%左右,重质油的采收率为15%~20%,超重油在10%左右,凝析油采收率为20%~30%,天然气采收率为50%~60%。

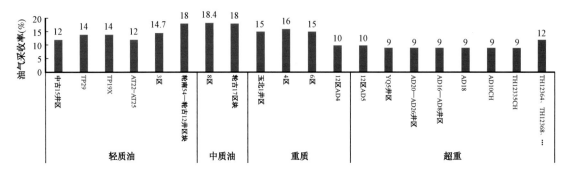

图5-22 碳酸盐岩油藏采收率统计图

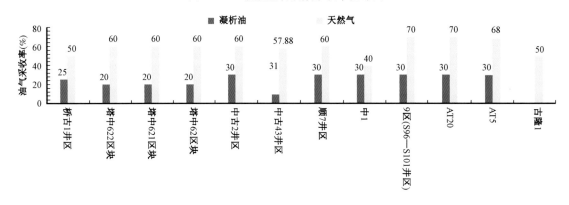

图5-23 碳酸盐岩气藏采收率统计图

(三)圈闭资源量计算实例

以于奇西岩溶3号圈闭为例。

1. 含油(气)面积

因岩溶缝洞型圈闭特殊性,含油(气)面积按圈闭面积计算。

2. 单储系数

根据储量计算结果,计算已提交储量井区的原油单储系数。选取同一层系的单储系数,如果圈闭成藏条件与邻区已提交储量井区相似,则用已知区的单储系数来计算。成藏条件相对较差的圈闭,其单储系数为概率分布模型 P_{90}(下限)值。

于奇西岩溶3号圈闭主要参考艾丁探明储量和于奇地区控制储量提交参数,结合地质条件给出合理的取值,洞为 $2.42 \times 10^4 t/(km^2 \cdot m)$。

3. 油层有效厚度

如图5-24所示,提取 T_7^4 以下0~70ms内均方根振幅属性,通过邻井(YQ5井、YQ5-1

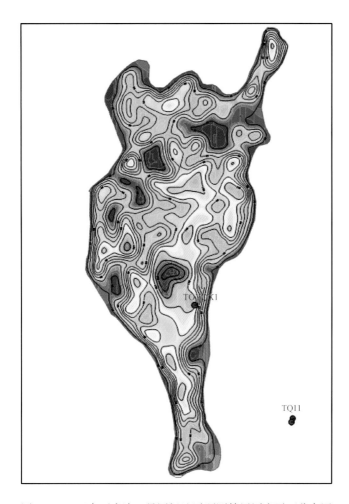

图 5 - 24　于奇西岩溶 3 号圈闭地震预测储层厚度平面分布图

井等)标定,确定有效储层门槛值。预测储层最大厚度 167m,经过网格化处理,读取有效数据点,得到碾平后厚度 67.2m。

根据于奇西岩溶 3 号圈闭的地质条件选择 YQ3 井、YQ5 井等 13 口参考井。对 Ⅰ 类(洞)、Ⅰ + Ⅱ 类(缝)进行有效储层厚度统计,分别求取两种储集类型的净毛比(表 5 - 4),计算出 Ⅰ 类储层净毛比占整个储层净毛比比例 Z,利用 Z 最大和最小值与碾平后厚度相乘,取得最小、最大值作为储量计算参数中油层有效厚度的 P_{90} 和 P_{10} 值:10.8m 与 29.5m(符合油层有效厚度概率分布模型)。

表 5 - 4　塔河于奇西地区预探圈闭参考井净毛比统计表

井号	地层厚度（m）	储层厚度(m)		净毛比		Z
		Ⅰ 类	(Ⅰ + Ⅱ)类	Ⅰ 类	(Ⅰ + Ⅱ)类	Ⅰ 类/(Ⅰ + Ⅱ)类
YQ3	180	22.90	94.00	0.13	0.52	0.24
YQ9	121	9.10	49.00	0.08	0.41	0.19
YQ5 - 4	100	7.20	52.50	0.07	0.53	0.14
YQ3 - 1	125	16.70	37.70	0.13	0.30	0.44
YQ3 - 2	130.5	4.80	28.00	0.04	0.22	0.17

井号	地层厚度（m）	储层厚度（m）		净毛比		Z	
		Ⅰ类	（Ⅰ+Ⅱ）类	Ⅰ类	（Ⅰ+Ⅱ）类	Ⅰ类/（Ⅰ+Ⅱ）类	
YQ5	180.0	25.10	57.50	0.14	0.32	0.44	
YQ5-2	92.0	8.80	41.20	0.10	0.45	0.21	
YQ7	137.5	65.80	121.40	0.48	0.88	0.54	
YQ11	175.5	40.00	75.20	0.23	0.43	0.53	
YQ2	180.0	9.20	67.50	0.05	0.38	0.14	
YQ16	180.0	18.60	97.30	0.10	0.54	0.19	

4. 圈闭含油气面积与可采资源量分布模型

在上述各项资源量计算参数选取的基础上，采用容积法，应用蒙特卡罗技术通过计算机产生的伪随机数进行抽样模拟计算，最后得出圈闭资源量分布曲线（图5-25），得到于奇西岩溶3号圈闭资源量为$507 \times 10^4 t$，可采资源量$50 \times 10^4 t$。

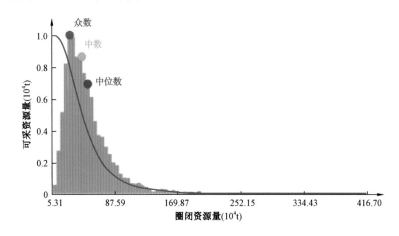

图5-25 于奇西岩溶3号圈闭可采资源量分布图

在对已提交储量井区资源量计算参数统计的基础上，建立合理的油（气）层有效厚度、单储系数等参数的概率分布模型（图5-26），为圈闭资源量计算奠定了基础。

圈闭资源量由独立事件相乘，其积亦趋于对数正态分布，在对数概率坐标系中描绘数据时，斜率比统计的已知油藏要大（图5-27），说明资源量计算参数的取值趋于合理。

应用相同方式，计算出典型圈闭地质资源量及可采储量，见表5-5。

表5-5 塔河地区2015年预探圈闭资源量计算结果表

圈闭名称	面积（km²）	地质资源量		可采资源量	
		（10⁴t）	（10⁸m³）	（10⁴t）	（10⁸m³）
于奇岩溶3号	12.5	507		50.22	
盐下岩溶1号	19.56	50.8	24.3	14.59	16.92
10区东鹰上段内幕1号	39.10	1317.0		165.00	
雅克拉1号	31.55	819.0		123.00	
顺南4号	69.94		253.0		136.00

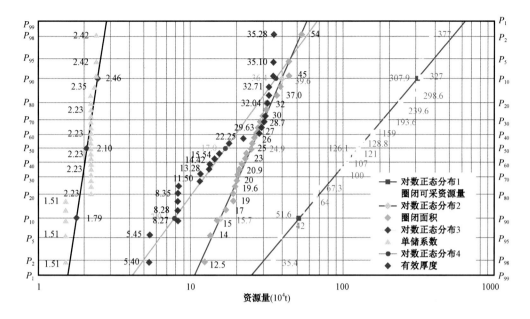

图 5 – 26 碳酸盐岩圈闭面积—单储系数—有效厚度—圈闭可采资源量（石油）概率分布模型图

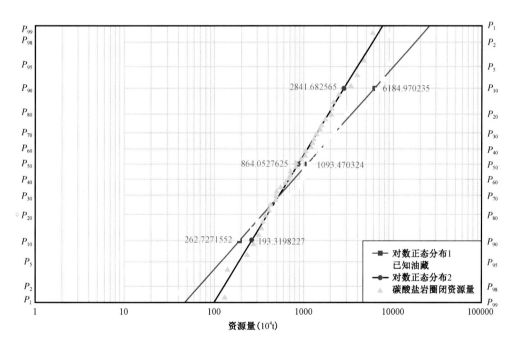

图 5 – 27 碳酸盐岩圈闭资源量—已知油藏资源量概率分布模型图

三、圈闭经济评价

勘探经济评价的应用及其评价结果,为勘探决策发挥了重要参考作用,体现了勘探经济评价工作的重要性。

（一）研究思路与原则

勘探经济评价是通过对勘探开发概念设计方案的分析,预测投资和成本,并结合相应的财税条款对圈闭的可采资源量的经济效益进行钻前评价,为勘探决策提供依据。

经济评价所用的主要指标包括财务净现值、内部收益率、期望净现值、最小经济储量规模等,通过选择有潜在经济价值的勘探目标,根据可采资源量情况,确定开发方案和投资规模,结合税费、成本进行不确定分析,有效把握和规避项目的风险。

主要步骤:(1)开发概念设计;(2)估算项目的投资、确定成本、税费等经济参数;(3)计算项目的税后现金流量和项目经济效益指标。

（二）圈闭经济评价参数研究及取值标准

1. 开发概念设计

1)确定井数

(1)油藏:参考已提交探明或控制储量区井控面积确定井数。

(2)气藏:依据采气速度反推井数,依据采气速度反推井数,一般对于储量大小不同的气藏,其采气速度可按下述标准控制(表5-6):

表5-6　不同储量大小气藏采气速度表

地质储量($10^8 m^3$)	采气速度
≥50	3%～5%
10～50	5%左右
<10	5%～6%

2)确定单井产能和递减

单井产能和递减模型对经济指标影响最大,为最关键因素。

(1)单井产能确定:将类比区块所有生产井日油能力按生产时间拉平,选取初期稳定的三个月是产油能力作为该圈闭单井产能。

(2)递减模型确定:油藏开发模型一般为建设期、稳产期、递减期,总结开发时间较长的奥陶系油藏,基本没有稳产期,直接进入递减期,递减期一般呈三段式,分别为快速递减阶段、较快递减阶段和缓慢递减阶段。如图5-28所示,初期快速递减阶段年递减率一般为20%左右,在3～4年以后,年递减率13%左右,其后递减逐次减缓至6%左右。

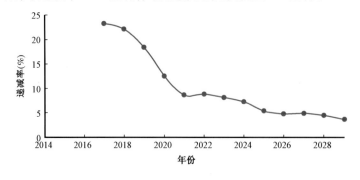

图5-28　奥陶系油藏概念设计递减率预测图

2. 估算项目的投资、确定成本、税费

1)估算投资

投资主要分为钻井投资、采油投资、地面投资三部分,其中影响最大的为钻井投资。表5-7为根据2012—2014年可研报告统计:塔河油田非穿盐区块,钻井投资占总投资的65%~70%;穿盐区块,钻井投资占总投资的72%~80%。采油投资占总投资的12%~16%,地面投资平均占总投资的16%左右。在计算新圈闭投资时可以作为参考。

(1)探井投资:依据勘探部署或临近区块实际下达投资的单位钻井进尺成本。

(2)开发井投资:依据已提交探明或可研方案的相似区块单位钻井进尺成本或分公司定额。

(3)采油投资和地面投资:依据已提交探明或可研方案的相似区块确定单井投资估算。

表5-7 勘探、开发钻井、采油、地面成本取值标准

地区	层系	勘探投资成本		开发投资成本		采油成本(万元/井)	地面成本(万元/井)
		单位进尺成本(元/m)	进尺(m)	单位进尺成本(元/m)	进尺(m)		
塔河	O	8000~13700	5800~8400	4500~6200	5700~8200	425	632
塔中	O	11000~22000	5600~8500	5600~14000	5600~8300	964	1421
	S	12475	5600	7400	5600		
玉北	O	12596	5800~7400	7400	5800~7400	410	509
巴楚	O	17000~20273	2200~5300	6735~8400	2200~5300	964	676
	€		5700~7800		5700~7800		
外围	E	9000	5200~6800	6100	5200~6800	964	1257
	K		5500		5500		
	S	8275	5000	3800	5000		

2)成本取值依据

生产成本主要依据西北油田分公司近几年实际发生的油、气藏开采成本进行综合测算,评价期内不考虑成本上涨。原油、天然气操作成本见表5-8和表5-9。

表5-8 塔河地区石油操作成本表

项目	单位	取值
油气提升费	元/t	104.56
井下作业费	万元/井	67.18
测井试井费	万元/井	3.49
油气处理费	元/t	29.12
制造费用	万元/井	21.89
油区维护费	万元/井	11.62
驱油物注入费—注水	元/t	3.87
合计	元/t	289.01

表 5-9 塔河地区天然气操作成本表

项目	单位	取值
油气提升费	元/10³m³	39.96
井下作业费	万元/井	33.92
测井试井费	万元/井	7.16
油气处理费	元/10³m³	21.58
制造费用	万元/井	61.76
油区维护费	万元/井	22.51
轻烃回收费	元/10³m³	0.64
合计	元/10³m³	108.49

3)油、气价及税费取值依据

经济指标另一重要影响因素即为价格,见表 5-10。油气资源价格除受其价值本身制约外,还受国际政治、经济形势的影响,使得油气价格有很大波动。因此,根据 SEC 规定油价取所属油田一年平均销售油价;天然气价格取合同价格。油、气价均为不含税价。

税费:根据国家政策和规范取值。

表 5-10 税费取值表

序号	项目	单位	取值	备注
1	城市维护建设税	%	7	增值税
2	教育费附加	%	3	增值税
3	资源税	%	3.2	财税〔2010〕54 号文
4	所得税	%	15	《国家税务总局关于深入实施西部大开发战略有关企业所得税问题的公告》
5	安全费	元/t	17	财企〔2006〕478 号文
6	特别收益金	元/t	293	财企〔2011〕480 号文

(三)经济效益指标

(1)油藏项目评价期15年,气藏项目评价期20年。

(2)项目的 NPV、IRR、EMV。

① 净现值(NPV)

$$\text{NPV} = \sum_{t=0}^{n} (CI - CO)_t (1 + i_0)^{-t} \tag{5-6}$$

式中 $(CI-CO)_t$——第 t 年的净现金流量;

i_0——基准折现率;

t——项目计算期。

当 NPV≥0,表示项目在经济上可行;当 NPV≤0,表示项目在经济上不可行。

② 内部收益率(IRR)

内部收益率是指净现值等于零时的折现率,是反映项目实际收益率的一个动态指标,该指标越大越好。财务内部收益率≥基准收益率(税后12%)时,项目可行。

③ 期望净现值(EMV)

$$期望净现值 = 发现储量的概率 × 该情景下的净现值 -$$

$$未发现储量的概率 × 损失的勘探投资$$

期望净现值用来评价与勘探投资相关的风险和收益,从理论上讲,只有当 EMV > 0 时,才能对勘探项目进行投资。

(四)圈闭经济评价结果实例

顺北岩溶 4 号位于顺北三维区、阿克库勒凸起西南斜坡,圈闭面积 44.5km²,储层有效厚度 64.8m,储集体埋深 −6620m;圈闭类型为岩溶缝洞型,圈闭层位为中奥陶统一间房组—鹰山组顶部。

根据圈闭地质参数,对该圈闭进行开发概念设计。

1. 概念设计

1)油藏工程

顺北岩溶 4 号递减模型规律和单井产能均参考 TP29 – TP19X 井区奥陶系油藏,顺北岩溶 4 号圈闭设计井数为 23 口,其中探井 1 口、开发井 22 口,总进尺 17.57 × 10⁴m。单井日产油能力为 35t(表 5 – 11 和图 5 – 29)。

表 5 – 11　经济参数取值表

圈闭	产能指标				备注
	开发总井数(口)	单井初始日产量(10⁴m³)	评价期产量年均递减率(%)	评价期采出程度(%)	
顺北	45	35	11.64	44.14	初产、模型类比 TP29 – TP19X;投资类比跃进区块

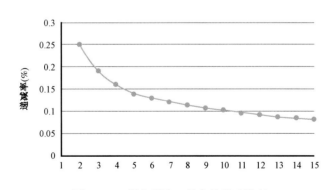

图 5 – 29　顺北岩溶 4 号产量递减模型

2)钻采工程

(1)井身结构:参考跃参区块钻井井身结构,开发井推荐使用四级井身结构。

(2)完井方式:采用裸眼完井。

(3)采油方式:初期采用自喷方式,油井停喷后采用机械采油的方式,推荐采用有杆泵采油。

(4)井口:自喷采油井,对于常规完井的井,采油井口选择 KQ70 – 78/65 型,对于酸压井,井口选择 KQ105 – 78/65 型,电泵采油井口采用 35MPa 带电缆穿越的采油井口及配套,有杆泵可采用 35MPa 通用井口装置。

3)地面工程概念设计

位于沙雅县东南面 160km 左右,距离跃进区块约 50km 左右,附近无配套依托。在区块中部建设原油脱水站 1 座,原油经脱水站净化处理后装车外销;单井配套 22 口;伴生气不经处理就地外销给以合同方式引进的乙方电力及天然气处理公司,区块内生产、生活用电从乙方电力公司购回,以卖气、买电方式运行。

2. 估算投资,确定成本、税费

1)估算投资

(1)勘探投资:依据 2014 年勘探部署,探井单位钻井进尺成本为 11277 元/m,圈闭物探二维、三维费用全部沉没处理。

(2)钻井投资:开发井投资参照跃进区块,钻井单位进尺成本为 5530 元/m。

(3)采油投资:单井采油投资参照跃进区块,投资约 425 万元/口。

(4)地面投资:根据地面概念设计,原油脱水站 6000 万元;集输管线 2000 万元;电力线 1000 万元;生活站点等 900 万元;征地、设计等 2970 万元;预备费 1029.6 万元,顺北岩溶 4 号圈闭地面总投资 13899.6 万元(表 5 – 12)。

表 5 – 12　项目总投资估算表

序号	项目名称	投资估算(万元)	平均单井投资(万元)
1	勘探投资	8830.00	
	资本化	8830.00	8830.00
2	开发工程投资	116076.18	
	(1)钻井工程	92826.58	4219.39
	(2)采气工程	9350.00	425.00
	(3)地面工程	13899.60	631.80
3	总投资	124906.18	

2)确定成本、税费

依据西北油田分公司近两年来实际发生的油气开采成本和费用的平均值取值,评价期内不考虑成本上涨率。

原油操作成本取值 289.01 元/t,管理费用取值 95.62 元/t,其他费用取值为 36.09 元/t。

3)油价

顺北岩溶 4 号圈闭原油密度为 0.8g/cm^3,属轻质油,油价参考跃参区块原油 2013 年一年平均销售油价 5026 元/t(104.83 \$/bbl,汇率:6.1),以上油价均为不含税油价。

3. 经济效益指标分析

经财务盈利和清偿能力分析,顺北岩溶 4 号圈闭税后财务净现值 53994 万元,税后财务内部收益率 33.4%,主要财务指标均达到石油行业的基准收益要求指标详见表 5 – 13 和表 5 – 14。通过基准平衡分析可以看出本圈闭若成功开发,需要经济可采储量 68.1 × 10^{4}t。

表5-13　项目主要财务评价指标计算表

序号	主要财务评价指标	单位	税前	税后	基准
1	财务内部收益率	%	42.40	33.40	12
2	净现值	万元	73999.61	53994	0
3	期望净现值	万元		10960	
4	结论			可行	

表5-14　单因素变化的基准平衡点

序号	主要变化因素	单位	评价值	基准平衡点
1	价格	元/t	5026	3580
2	产量	万t	95.64	68.10

依据上面方法,对2014年80个储备圈闭进行了概念设计、投资估算、效益分析。其中51个储备圈闭税后净现值不小于0,达到行业标准,方案可行(图5-30)。

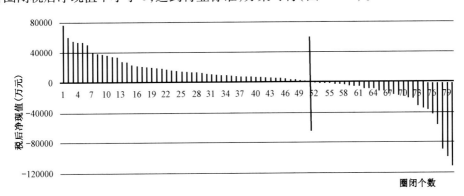

图5-30　未上钻圈闭税后净现值直方图

表5-15为实例圈闭的经济评价结果表。依据《油气田开发项目经济评价方法与参数》,除雅克拉1号圈闭,其他4个圈闭均达到行业标准,方案可行。

表5-15　典型圈闭经济评价结果表

序号	三级圈闭名称	税后净现值(万元)	税后内部收益率(%)	结论
1	于奇岩溶3号	6156	16.2	可行
2	盐下岩溶1号	20203	21.5	可行
3	10区东鹰上段内幕1号	13880	20.1	可行
4	雅克拉1号	-18857	—	不可行
5	顺南4号	76715	27.6	可行

第三节　目标优选及效果分析

经过上节所述的一系列圈闭刻画、含油气性评价、资源量计算以及经济评价,可以得到圈闭的预期收益及税后内部收益率,将油田的所有圈闭进行打分排队,即可以得到圈闭的优选结果。见表5-15,实例圈闭中有四个达到了方案可行标准,进行了钻探,取得了相应的油气成果。

在于奇岩溶3号圈闭内部优选的于奇西1井"串珠状"特征明显,位于近南北向断裂附近的高部位,该井在鹰山组酸压测试获工业油流,为塔河油田北扩打下基础(图5-31)。

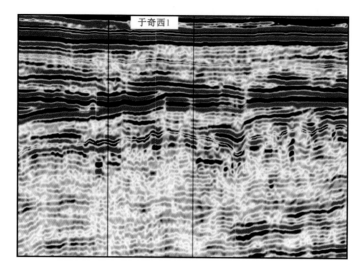

图5-31　过于奇西1井地震时间偏移剖面

盐下岩溶1号圈闭内钻探的AT40-1井在一间房组井漏,自然投产,该井产量保持较为稳定,将塔河油田东部奥陶系气藏的产建阵地向南扩展。

10区东鹰上段内幕1号圈闭深部储集体分布较为集中,有一定的规模性,上覆致密灰岩盖层发育,圈闭上方的风化壳型油藏油气富集程度高,因此含油气评价及经济评价均较高。如图5-32过塔深3井的地震时间偏移剖面所示,该井"串珠状"反射特征明显,上部相位稳定。该井钻至目的层发生多次井漏和溢流,常规测试建产,该井实现了塔河深层鹰上段内幕领域的油气突破,开拓了增储上产的新层系。

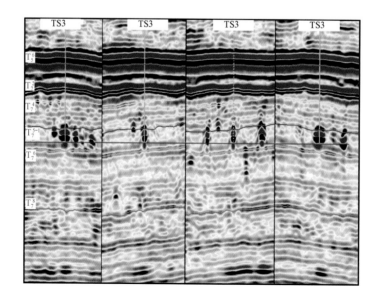

图5-32　过塔深3井地震时间偏移剖面

顺南岩溶4号圈闭中优选的顺南4井,串珠状特征明显,位于北东向断裂张扭部位,该井在鹰山组测试获工业气流,为塔中顺南地区寻找气田打下了基础(图5－33)。

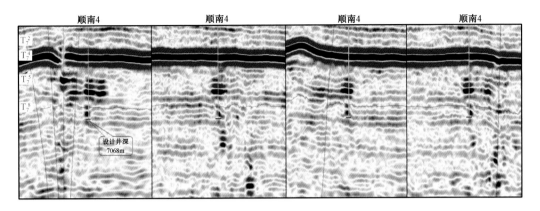

图5－33　过顺南4井地震时间偏移剖面

展　望

　　由于塔河地区碳酸岩盐岩缝洞型储集体具有超深、非均质性强的特点,决定了塔河地区碳酸盐岩缝洞体的预测与描述,是一个永无止境的逼近客观实际的过程,目前缝洞储集体的定量预测技术还在不断发展中。地震采集正朝着面向缝洞型储集体叠前深度偏移成像的全方位、高密度观测系统设计技术方面发展;地震资料处理也正朝着深度域各向异性逆时偏移、宽方位处理、全波形反演等技术方面发展;储层预测技术正逐步向叠前叠后联合预测、频率域预测、地震与非地震联合预测等技术方面发展。同时,面向深层缝洞型储集体的三维地震多波多分量、三维 VSP、井间地震、瞬变电磁等技术逐步展开和探索。这些新技术新方法的发展,为碳酸盐岩缝洞型圈闭的描述与评价奠定了基础,在塔河油田的勘探开发中展现了良好的应用前景。

参 考 文 献

陈程.2002.扇三角洲前缘储层精细地质模型及优化开发调整.中国地质大学(北京)博士论文.

陈小宏,田立新,黄饶.2009.地震分频 AVO 方法研究现状与展望.海相油气地质,14(4):60-66.

陈学强,杨举勇,简先知,等.2007.塔中碳酸盐岩勘探小面元三维地震采集设计方法及应用效果.天然气工业,27(增刊 A)37-39.

成景旺,顾汉明,刘琳,等.2011.海上黏弹弹性介质 FCT 有限差分正演模拟.石油天然气学报,33(12):83-87.

程玖兵,马在田.2010.方位保真局部角度域成像方法及其储层与油气预测意义.中国地球物理2010——中国地球物理学会第二十六届年会、中国地震学会第十三次学术大会论文集:504.

程玖兵,马在田.2011.针对目标的方位保真局部角度域成像方法.石油地球物理勘探,46(3):374-387.

程明道,王栋承,李刚.2009.塔里木盆地深层二维地震采集技术方法.海洋地质动态,25(9):37-42.

狄帮让,魏建新,夏永革.2002.三维地震物理模型技术的效果与精度研究.石油地球物理勘探,37(6):562-568.

丁勇,王允诚,徐明军.2005.塔河油田志留系成藏条件分析.石油实验地质,27(3):232-237.

董良国,黄超,刘玉柱,等.2010.溶洞地震反射波特征数值模拟研究.石油物探,49(2):121-124.

杜启振.2004.各向异性黏弹性介质伪谱法波场模拟.物理学报,53(12):4428-4434.

杜正聪,贺振华,黄德济.2003.缝洞储层地震波场数值模拟.勘探地球物理进展,26(2):103-108.

郭乃川,王尚旭,董春晖,等.2012.地震勘探中小尺度非均匀性的描述及长波长理论.地球物理学报,55(7):2385-2401.

韩革华,漆立新,李宗杰,等.2006.塔河油田奥陶系碳酸盐岩缝洞型储层预测技术.石油与天然气地质,27(6):860-871.

郝守玲,赵群.2002.地震物理模型技术的应用与发展.勘探地球物理进展,25(2):34-43.

贺振华.2003.裂缝系统的地震识别与检测研究.中国地球物理2003——中国地球物理学会第十九届年会论文集:529.

侯嵩,尹军杰,王赟.2009.道间距对地震偏移的影响.石油地质与工程,23(4):32-34.

焦方正,窦之林,漆立新,等.2006.塔河油气田开发研究论文集.北京:石油工业出版社:105-106.

李刚.2013.广角反射在胶莱中东部地区地震采集过程中的应用.内蒙古石油化工,2013(1):24-25.

李宗杰,漆立新,樊政军,等.2007.塔河油田碳酸盐岩储层地球物理识别预测技术//2007年油气藏地质及开发工程国家重点实验室第四次国际学术会议.

李宗杰,邱绳德.2005.塔河油田碳酸盐岩缝洞型储层地震波分频预测技术研究//中国地球物理第二十一届年会论文集.

李宗杰,王勤聪.2002.塔北超深层碳酸盐岩储层预测方法和技术.石油与天然气地质,23(01):35-40.

李宗杰,王勤聪.2004.塔河油田奥陶系古岩溶洞穴识别及预测.新疆地质,21(2):181-184.

李宗杰,王胜泉.2004.地震属性参数在塔河油田储层含油气性预测中的应用.石油物探,43(5):453-457.

李宗杰,樊政军,杨林.2006.塔河油田碳酸盐岩缝洞型储层地球物理识别模式.塔河油气田勘探与评价文集.北京:石油工业出版社:308-316.

李宗杰,刘群,李海英,等.2014.塔河油田缝洞储集体油水识别的谐频特征分析技术应用研究.石油物探,53(4):484-490.

李宗杰.2003.塔河油田碳酸盐岩油藏水平井部署方法.石油物探,42(04):477-479.

李宗杰.2008.塔河油田碳酸盐岩缝洞型储层模型与预测技术研究.成都理工大学.

凌云,高军,吴琳.2005.时频空间域球面发散与吸收补偿.石油地球物理勘探,40(2):176-182.

凌云.2001.大地吸收衰减分析.石油地球物理勘探,36(1):1-8.

马灵伟,顾汉明,赵迎月,等.2013.应用随机介质正演模拟刻画深水区台缘礁碳酸盐岩储层.石油地球物理勘探,48(4):583-590.

闵小刚,顾汉明,朱定.2006.塔河油田孔洞模型的波动方程正演模拟.勘探地球物理进展,29(3):187-191.

牟永光,裴正林.2005.三维复杂介质地震数值模拟.北京:石油工业出版社:4-6.

牛滨华,孙春岩.2007.黏弹介质与地震波传播.北京:地质出版社.

裴正林,牟永光.2004.地震波传播数值模拟.地球物理学进展,19(4):933-940.

漆立新,顾汉明,李宗杰,等.2008.基于地震波振幅分辨塔河油田溶洞最小高度的理论探讨.地球物理学进展,23(5):1499-1506.

漆立新,云露.2010.塔河油田奥陶系碳酸盐岩岩溶发育特征与主控因素.石油与天然气地质,31(1):1-12.

漆立新.2005.塔河油田碳酸盐岩储层高精度地震勘探的思考.石油物探,44(4):10-15.

漆立新.2010.塔河油田缝洞储层地震地质模型建立及其地震响应特征研究.中国地质大学(武汉).

宋常瑜,裴正林.2006.井间地震黏弹性波场特征的数值模拟研究.石油物探,45(5):508-513.

田原,梁德群,宋焕生.1998.基于多尺度屋顶状边缘的目标检测.信号处理,14(4):313-317.

王军锋,戈宝存,李强,等.2012.消除低频层影响的激发深度设计技术.石油物探,51(5):459-463.

王世星.2012.高精度地震曲率体计算技术与应用.石油地球物理勘探,47(6):965-972.

王震,邓光校.2011.分频混色技术在塔河油田碳酸盐岩储层预测中的应用.中国地球物理学会第二十七届年会论文集.

魏建新,狄帮让,王立华.2008.孔洞储层地震物理模拟研究.石油物探,47(2):156-160.

魏建新,牟永光,狄帮让.2002.三维地震物理模型的研究.石油地球物理勘探,37(6):556-561.

吴清岭,赵海波,李来林,等.2008.基于波动方程正演模拟的偏移孔径分析.大庆石油地质与开发,27(6):116-122.

奚先,姚姚,顾汉明.2005.随机溶洞介质模型的构造.华中科技大学学报(自然科学版),33(9):105-108.

奚先,姚姚,顾汉明.2005.随机溶洞介质模型及其波场模拟.地球物理学进展,20(2):365-369.

奚先,姚姚.2001.二维随机介质及波动方程正演模拟.石油地球物理勘探,36(5):546-552.

奚先,姚姚.2002.随机介质模型的模拟与混合型随机介质.地球科学(中国地质大学学报),27(1):67-71.

夏洪瑞.2007.道间距对偏移结果影响的讨论.勘探地球物理进展,30(1):33-38.

姚姚,唐文榜.2003.深层碳酸盐岩岩溶风化壳洞缝型油气藏可检测性的理论研究.石油地球物理勘探,38(6):623-629.

姚姚,奚先.2002.随机介质模型正演模拟及其地震波场分析.石油物探,41(1):31-36.

姚姚,奚先.2004.区域多尺度随机介质模型及其波场分析.石油物探,43(1):1-7.

殷学鑫,刘洋.2011.二维随机介质模型正演模拟及其波场分析.石油地球物理勘探,46(6):862-872.

俞仁连.2005.塔里木盆地塔河油田加里东期古岩溶特征及其意义.石油实验地质,27(5):468-472.

云露.2008,塔河油田奥陶系油气成藏模式研究.中国地质大学(北京)博士论文.

张海燕.2008.Paradigm三维可视化解释技术在大庆探区岩性解释中的应用.中外能源,13(3):43-46.

张永刚.2003.地震波数值模拟方法.石油物探,42(2):143-148.

张智,刘财,邵志刚,等.2005.伪谱法在常Q黏弹介质地震波场模拟中的应用效果.地球物理学进展,20(4):945-949.

周发祥,宁鹏鹏,刘斌,等.2008.吸收衰减对地震分辨率的影响.石油地球物理勘探,43(增刊2):84-87.

朱生旺,魏修成,曲寿利,等.2008.用随机介质模型方法描述孔洞型油气储层.地质学报,82(3):420-427.

Arntsen B, Nebel A G, Amundsen L. 1998. Visco-acoustic finite-difference modeling in the frequency domain. Journal of seismic exploration,7(1):45-64.

Birch F. 1961. The velocity of compressional waves in rocks to 10 kilobars-Part 2. Journal of Geophysical Research,66(7):2199-2224.

Carcione J M. 1993. Seismic modeling in viscoelastic media. Geophysics,58(1):110 – 120.

Chapman M. 2003. Frequency – dependent anisotropy due to meso – scale fractures in the presence of equant porosity. Geophysical Prosecting,51:369 – 379.

Ergintav S, Canitez N. 1997. Modeling of multi – scale media in discrete form. Journal of Seismic Exploration,6: 77 – 96.

Ergintav S, Canitez N. 1997. Modeling of multi – scale media in discrete form. Journal of Seismic Exploration,6: 77 – 96.

Estebar M , Klappa C F . 1983. Subaerial exposure environment//Sckolle P A , Bebout D G, Moore C H(ed). Carbonate Depositional Environments, AAPG Mem .33: 1 – 95.

Gray D, Head K. 2000, Fracture detection in Manderson Field: A 3 – D AVAZ case history. The Leading Edge, 19 (11): 1214 – 1221.

Ikelle L, Yung S, Daube F. 1993. 2 – D random media with ellipsoidal autocorrelation function. Geophysics,58(9): 1359 – 1372.

Ikelle L, Yung S, Daube F. 1993. 2 – D random media with ellipsoidal autocorrelation.

Johnston D H, Toksoz M N. 1979. Attenuation of seismic wave in dry and saturated: II mechanisms. Geophysics, 44:691.

Korn M. 1993. Seismic wave in random media. Journal of Applied Geophysics, 29:247 – 269.

Robertsson J O A, Blanch J O, Symes W W. 1994. Viscoelastic finite – diffence modeling. Geophysics,59(9):1444 – 1456.

Saenger E H, Bohen T. 2004. Finite – difference modeling of viscoelastic and anisotropic wave propagation using the rotated staggered grid. Geophysics,69(2):583 – 591.

Sun J. 1998. On the limited aperture migration in two dimensions. Geophysics,63(3):984 – 994.

Thomsen L. 1995, Elastic anisotropy due to aligned cracks in porous rock. Geophysical Prospecting, 43 (6): 805 – 829.

Yilmaz O. 2001. Seismic data analysis Society of Exploration Geophysics.